高等学校教材

现代光学系统设计

毛 珊 曾 超 赵建林 编著

U0179494

西北工业大学出版社

西 安

【内容简介】 应用光学领域中出现了许多新分支,例如衍射光学、非球面光学、红外光学、超构光学以及计算光学成像等前沿领域,对传统光学系统设计产生了重大影响。本书主要介绍现代光学系统设计理论和方法,并在新型光学系统中引入这些新技术,主要内容包括现代应用光学概述、现代光学设计基础、典型光电仪器及像差理论、衍射光学元件设计及应用、光学非球面理论及应用、红外成像光学系统、光学超构透镜及其成像应用、计算光学系统设计理论和方法等。

本书可用作高等学校光学工程、光电信息科学与工程、光电信息工程、光电仪器等专业的教材,也可供相关专业的教师及从业人员阅读、参考。

图书在版编目(CIP)数据

现代光学系统设计 / 毛珊,曾超,赵建林编著. —
西安:西北工业大学出版社,2023.12
　　ISBN 978 - 7 - 5612 - 9126 - 9

　　Ⅰ.①现… Ⅱ.①毛… ②曾… ③赵… Ⅲ.①光学系统-系统设计 Ⅳ.①TH740.2

中国国家版本馆 CIP 数据核字(2024)第 004759 号

XIANDAI GUANGXUE XITONG SHEJI
现 代 光 学 系 统 设 计
毛珊　曾超　赵建林　编著

责任编辑:曹　江		**策划编辑**:倪瑞娜	
责任校对:朱晓娟		**装帧设计**:李　飞	
出版发行:西北工业大学出版社			
通信地址:西安市友谊西路 127 号		邮编:710072	
电　　话:(029)88493844,88491757			
网　　址:www.nwpup.com			
印　刷　者:陕西天意印务有限责任公司			
开　　本:787 mm×1 092 mm		1/16	
印　　张:15.5			
字　　数:377 千字			
版　　次:2023 年 12 月第 1 版		2023 年 12 月第 1 次印刷	
书　　号:ISBN 978 - 7 - 5612 - 9126 - 9			
定　　价:68.00 元			

如有印装问题请与出版社联系调换

前　　言

    光学是一门古老而又年轻、极具生命活力的学科,随着科学技术的发展和进步,光学领域中的新理论和新技术给光学设计提供了新的实现途径和发展动力。光学设计是现代光电仪器的灵魂,现代光电仪器的研发离不开成熟的光学设计思想和精细的加工技术。现代光学系统设计是一个快速发展的新兴学科分支,它体现了众多学科交叉的特征。现代光学系统设计也是一个广泛应用的学科领域,其发展紧密围绕现代国防、现代工业、生物医学、商业等众多领域对成像质量和系统设计的要求,在现代光学工程领域中扮演着重要的角色。近几十年来,现代光学工程领域中涌现出诸如衍射光学、非球面光学、红外光学、超构光学等新理论,以及计算光学成像、人工智能等用于提高光学成像系统性能的新技术,这些新理论和新技术为传统光学系统设计注入了新的活力,推动了现代光学系统的快速发展。

    基于在光学领域多年的研究和积累,笔者结合国内外现有教材和专著,对光学设计理论、方法及应用简明而系统地进行了阐述,并介绍了国内外有关现代应用光学的新理论和新技术。本书的主要特色:①突出几何像差理论,并将其贯穿于各类光学系统的像质分析和评价中,如折衍混合成像光学系统、自由曲面光学系统、计算成像光学系统等;②将物理光学、应用光学、光学设计方法及应用等知识有机结合,突出了现代光学技术,如衍射光学、非球面光学、超构光学等;③将计算光学成像等新方法引入现代光学系统设计中,例如基于深度学习的光学系统设计,拓宽了现代应用光学的前沿技术;④以应用光学理论为基础,围绕现代光学系统设计方法和应用目标需求,尽可能体现出多学科交叉特点。相比较于传统光学设计类教材,本书还引入了系列虚拟仿真实验,有助于加强读者对光学设计中的概念、原理、现象等难理解知识点的掌握。此外,本书中对于相应光学系统的设计原理和方法,引入了详细的设计案例,有助于促进理论知识转化为工程实践能力。因此,本书可用作高等学校光电信息科学与工程、光学工程、测控技术与仪器及其他相关专业的教学参考书,也可用作从事光学工程相关领域专业人员的参考书。

本书的编写是由毛珊、曾超和赵建林共同完成的。其中,第1~6章和第8章由毛珊编写,第7章由曾超编写,赵建林对书稿内容、框架构成等提出了建议,袁沛琦、赖涛、唐玉凤、宋逸辰、张博强等做了公式编辑、插图绘制等工作。此外,武汉光驰教育科技有限公司在虚拟仿真实验软件的开发方面提供了帮助。

在本书的编写过程中,笔者参考了相关文献资料,在此向其作者一并表示感谢。

在本书的出版过程中,还要向西北工业大学教务处和西北工业大学出版社的全力支持表示衷心的感谢。最后,要感谢家人,是他们的支持,让笔者得以全身心投入工作和学习。

由于水平有限,书中不足之处在所难免,欢迎读者不吝赐教,如有任何意见和建议,可发邮件至 maoshan_optics@nwpu.edu.cn。

编著者

2023 年 6 月

目　录

第1章　现代应用光学概述

1.1　我国古代光学思想启蒙

光学,起源于"成像",是物理学众多分支学科中最古老的分支之一。利用光学相关原理和技术进行信息获取、光束传输和波面变换等光学过程,大都涉及"成像"。我国古代的光学是被公认的古代物理学发展较好的学科之一,其最早的历史可追溯到战国初期墨翟、东汉王充、宋代沈括、元代赵友钦等,他们都在光学发展上作出了重要贡献,主要代表有:

(1)据我国古籍记载,古时常用"夫燧""阳燧"来取火,实际上是使用一种凹面镜进行聚光,因其用金属制成,所以统称为"金燧"。记载如:《周礼·秋官司寇》中有"司烜氏,掌以夫燧,取明火于日";《淮南子·天文训》中著有"阳燧见日,则燃而为火";王充的《论衡·乱龙》中也明确指出"今伎道之家,铸阳燧取飞火于日"。

(2)《墨经》中记载了"小孔成像"、镜面对称、影子现象、面镜等光学现象及其原理,被称为"光学八条"。例如:墨子在世界上最早进行了"小孔成像"实验,并指出了光的直线传播性质。《墨经》著有:"景,光之人煦若射。下者之人也高,高者之人也下。足敝下光,故成景于上;首敝上光,故成景于下。在远近有端,与于光,故景障内也。"意思是,光照到人身上,人体所反射的光线好比射箭直线前进。这样,人的下部在屏的上面成像;人的上部在屏的下面成像,即所成的人像为倒立。其原因是:来自足部的光线,其下面一部分被遮蔽了;来自头部的光线,其上面一部分被遮蔽了。但正因为在光路上或者远或者近存在着小孔,可让光线透入,故暗匣内所成的像是个明亮的影像。

《墨经》也讨论了影子现象及光源、物体、投影三者的关系。如:"景到,在午有端与景长。说在端。""景不徙,说在改为",是说明景(即影子)是不动的,如果移动了,那是光源或者物体发生移动,使原影不断消逝,新影不断生成的缘故。另有:"光至,景亡;若在,尽古息。"这说明在出现投影的地方,如果光一照,影子就会消失,如果影子存在,表明物体不动,只要物体不动,影子就始终存在于原处。此外,这也解释了本影、半影现象。《墨经》中有这样的记载:"住景二,说在重""景,二光夹一光,一光者景也",意思是一物有两种投影,即本影和半影,说明它同时受到两个光源重复照射的结果,如果是一种投影,说明它只受一个光源照射,并且强调了光源与投影的关系。与此相连,墨家还根据物和光源相对位置的变化,以及物与光源本身大小的不同来讨论影的大小及其变化。

墨家对凸面镜和凹面镜也做了深入的观察和研究,并在《墨经》中有明确、详情的记载。关于凸面镜有:"鉴团,景一。说在刑之大。"其中鉴团是指凸面镜,也称团镜,"景一"表明凸面镜成像一种。关于凹面镜有:"鉴低,景一小而易,一大而正,说在中之外、内。""低"表示深、凹之意,"鉴低"就是指凹面镜。"中"是指球心到焦点这一段,说明物体放在焦点外边,得到的像是比物体小而倒立的;物体放在焦点内部,得到的像是比物体大而正立的。

(3)《淮南万毕术》中记载:"削冰令圆,举以向日,以艾承其影,则火生。"可以看出,古人已提出使用冰透镜取火的方法,但由于用冰制成透镜不能长期保存,之后便出现了用琉璃或者玻璃来制造透镜。

(4)北宋沈括对凹面镜的焦距进行了测定。他用手指置于凹面镜前,观察成像情况,发现随着手指与镜面距离的远近变化,像也发生相应的变化,并在《梦溪笔谈》中记载:"阳燧面洼,以一指迫而照之则正,渐远则无所见,过此遂倒。"这说明手指靠近凹面镜时,像是正立的,渐渐远移至某一处(焦点附近),则表示没有像(即像成在无穷远处);移过这段距离,像就倒立了。这一实验既表述了凹面镜成像原理,同时也是测定凹面镜焦距的一种粗略方法。

(5)利用平面镜能反射光线的特性,将多个平面镜组合起来,得到了有趣的结果。如《庄子·天下篇》的有关注解,《庄子补正》中对此作了记载:"鉴以鉴影,而鉴以有影,两鉴相鉴则重影无穷。"这样的装置具有"照花前后镜,花面交相映"的效果。《淮南万毕术》中记有:"取大镜高悬,置水盆于其下,则见四邻矣。"这表明很早就有人制作了最早的开管式"潜望镜",能够隔墙观望户外的景物。

1.2 光学学科分类

根据对光的本质的认识,人们将光学的研究范畴分为应用光学(也称几何光学)和物理光学,物理光学又分为波动光学和量子光学两部分。

(1)应用光学。应用光学以光的直线传播为基础,研究光在光学系统中的传播和成像问题。一般地,光学系统的结构尺寸远大于光波的波长,这样光波就可以近似为沿一条直线进行传播。应用光学的理论基础是费马原理,或者具体为光的直线传播定律、光的折反射定律、光的独立传播原理以及光路的可逆性原理。将光波近似为直线的应用光学,在光学研究领域具有十分重要的意义,主要体现在以下几点:①一般光电仪器的孔径能够通过的光束与光的波长相比近似于无限大,因而应用光学的结论符合实际情况;②应用光学是物理光学中波长为0时的极限情况;③采用应用光学的方法可方便计算和设计光学系统,方法简单明了,结果合理、可靠。

(2)波动光学。波动光学以光的波动性质为基础,研究光的传播及其规律。一般地,在波动光学的研究范畴,光学系统的结构尺寸与光波波长在可以比较的范围之内。因此,在考虑光波的传播过程时,不能忽略光波的波动特性。波动光学研究的理论基础是麦克斯韦方程组以及惠更斯原理、惠更斯-菲涅耳原理等。

(3)量子光学。量子光学以光与物质相互作用时显示的粒子性为基础来研究光学问题。一般来说,在量子光学的研究范畴,与光子发生相互作用的物质尺寸是在原子尺度范围内的,远小于光波的波长。量子光学研究的理论基础是量子力学。

作为一门历史悠久的学科,光学在 20 世纪得到了突飞猛进的发展,形成了现代光学。尤其是 20 世纪 60 年代后,随着激光的问世,光学进入了一个新的发展时期,并衍生出了许许多多新兴的学科分支,主要包括傅里叶光学、全息光学、薄膜光学、光纤光学、集成光学、激光光学等。可以这样说,20 世纪的后 20 年是现代光学与光子学快速发展的年代,也是我国光学大步前进的 20 年,可以看到我国光学发生了很多重大变化:

(1)传统光学向现代光学的转变。光学突破了传统理论的束缚,工作波段从可见光波段拓宽至紫外、可见、红外、太赫兹,甚至微波波段,应用领域从传统的成像,扩展到通信、显示、传感、监控、遥感、精密测量以及生物医学、机械加工等许多领域,由此产生的现代光学仪器和设备也从传统的光机结构转变为具有"光、机、电、算、材"一体化特征的结构,并且逐步走向自动化、微型化和智能化。

(2)新型光学成像原理和系统结构的发展。随着现代光学理论和技术的发展,应用光学出现了很多新的分支,例如衍射光学、非球面光学、自由曲面光学、红外光学、超构光学等,以及用于扩展和提高光学成像系统性能的计算成像、人工智能等新方法与新技术,为光学系统设计注入了新的活力,促进了现代光学系统的快速发展。

(3)微电子技术、计算机技术等在光学系统中的应用。随着微电子技术和计算机技术的发展,许多新兴领域和方向逐渐应用于光学领域中,并在现代光电仪器中扮演着重要角色,推动着现代光电仪器向集成化和智能化发展。电子学、半导体技术等,也逐渐与光学渗透和结合,产生了光电子学这一新兴学科,并成为光学领域的重要交叉学科分支,特别是在光纤通信领域中的应用,并由此产生了很多有地区性特色的高新技术科技园和产业园。

此外,我国在光学领域形成了一系列新的学科分支并向其他学科渗透,例如非线性光学、纤维光学、强光光学、全息光学、自适应光学、X 射线光学、天文及大型光学工程、激光光谱学、瞬态光学、红外光学、遥感技术、声光学和信息光学等多门新的学科分支。另外,光子学与物理学、化学、生物学、医学结合,产生了例如激光物理学、量子光学、激光等离子物理体、激光微观动力学,光化学、激光诱导荧光光谱学、激光生物学,生理光学、激光医学等学科。现代光学工程已经发展成为以光学为主,与信息科学、能源科学、材料科学、生命科学、空间科学、精密机械与制造、计算机科学及微电子技术等紧密交叉和相互渗透的学科。现代光学与其他学科和技术的融合,在人们的生产和生活中发挥着日益重大的作用和影响,为人们认识自然、改造自然以及提高劳动生产率提供了强有力的科技力量。

1.3　光学仪器的发展简史

在我国古代,人们就知道"阳燧"、小孔成像、物像关系、平面镜成像、凹面镜成像和凸面镜成像等原理和现象;古希腊叙拉古的阿基米德(Archimedes)就曾经用非常大的凸透镜对着阳光,把光能量聚焦到古罗马的战船上使之燃烧。另外,在很早以前,人类也已经掌握了传统玻璃的制造技术。下面介绍典型光学仪器,例如望远镜、显微镜、照相机光学系统的起源。

(1)望远镜光学系统。典型望远镜光学系统主要包括折射式和反射式两种结构。1608

年,汉斯·利伯希(Hans Lippershey)发现将一个凸透镜和一个凹透镜组合在一起可以对物体进行放大。随后,伽利略(Galileo)将凸透镜和凹透镜组合,将光学系统的放大倍率从3倍提高到了30倍,即形成了"伽利略型"望远镜;同时,德国著名天文学家开普勒(Kepler)提出了使用两个凸透镜组成的天文望远镜结构,也就是"开普勒型"望远镜。后来,在17世纪20年代,沙伊纳(Scheiner)制作出了首台开普勒型望远镜。伽利略型望远镜和开普勒型望远镜都是采用两个透镜组合形成的,成像质量有限(关于二者的区别在第3章详细说明)。上面为折射式望远镜结构。

1668年,英国科学家牛顿(Newton)发明了反射式望远镜,解决了色差问题,并于1672年制作了首台大口径反射式望远镜(至今还保存在皇家学会的图书馆里)。之后,人们把这种反射式望远镜称为牛顿式望远镜。牛顿式望远镜经过不断改型,衍生出了很多其他结构,例如格里高利系统、卡塞格林系统、马克苏托夫系统等。

(2)显微镜光学系统。1590年,在荷兰米德尔堡,一个眼镜制造商制作了世界上第一台显微镜样机。半个世纪后,英国物理学家胡克(Hooke)制作了一台显微镜,并首次观察到了细胞。1665年,荷兰生物学家列文虎克(Leeuwenhoek)制作了当时世界上最先进的显微镜,放大倍率可达300倍。目前通常认为显微镜的发明者是胡克。

(3)照相机光学系统。1839年,法国画家达盖尔(Daguerre)公布了"达盖尔银版摄影术"。摄影术经历了从胶片到数码、从黑白到彩色、从专业到普及的发展过程,现在的相机、手机等,均属于照相机光学系统。

当前,光学仪器从传统的望远镜、显微镜和照相机光学系统,已经发展成为一个宠大的技术领域,在很多地方都有重要应用。例如:望远镜技术已经应用于天文观测、军事观瞄、军事侦察、激光测距、跟踪测试等领域;显微镜技术主要应用于工业监控、微纳米制造、生物技术、材料科学等工业生产和科学研究中;照相机技术已发展成数码影像技术,应用于图像获取、影视娱乐、航空侦察、深空探测等民用或者高新技术领域等。上面仅仅是传统光电仪器的一些新应用,现代光学仪器已经深入军用、民用、工业和科研等各个领域。

1.4 我国成像光学的发展概述

中华人民共和国成立初期,百废待兴。根据国防建设和国民经济发展的需求,我国成像光学学科自解放后开始建设。20世纪50年代初期,中国科学院根据国家科学发展规划,建立了第一个光学科研机构,即中国科学院长春光学精密机械与物理研究所(含上海光电仪器厂和长春材料试验机厂等),浙江大学等高校也开始开设光电仪器专业,我国光学由此起步。到20世纪50年代末,中国科学院和工业部门的研究所和光学工厂也陆续建立,并开始了光学工程领域的研究和光电仪器的制造。这一时期的我国光学的突出成果主要是中国科学院长春光学精密机械与物理研究所研制的高精密光电仪器"八大件",即1 s精度的大地测量经纬仪、1 μm精度的万能工具显微镜、大型石英摄谱仪、中型电子显微镜、中子晶体谱仪、地形测量用多臂航摄投影仪、红外(变像管)夜视镜、以及系列有色光学玻璃等。此外,还有北京工业学院(现北京理工大学)研制的大型天像仪等。以上工作和成果,初步奠定了我国光学技术基础,也为后来的光学人才培养起到了奠基作用。

从 20 世纪 60 年代开始,我国光学类研究单位和从业人员逐渐增多,特别是激光、微光、红外等技术的出现,丰富了传统的光学领域。这个时期的典型代表有:1961 年,中国科学院长春光学精密机械与物理研究所研制了红宝石激光器,比美国物理学家梅曼(Maiman)在休斯实验室发明的红宝石激光器仅晚一年;我国第一台大型光测设备开创了我国独立自主从事大型精密光学装备研制和生产的先河;为"两弹一星"服务的光学装备和国防光学工程的研究和开发,在激光技术、红外技术、热成像、微光夜视、光电遥感与靶场光电仪器、核试验高速摄影设备以及大型天文光电仪器等研制方面都取得了重要的成就。自 20 世纪 80 年代开始,由于高新技术发展的需要,现代光学与光子学——激光、微光、红外、全息、光纤通信、光存储、光显示的迅猛发展,促进了当时科技、国防、经济的发展和人民物质水平的提高。国家自然科学基金的设立以及国家高技术研究发展计划(863 计划)的实施,促使应用光学和光学工程的科学研究、实验条件有了很大的改善。

同时,中国科学院上海光学精密机械研究所、中国科学院西安光学精密机械研究所、中国科学院光电技术研究所、浙江大学、北京理工大学、华中科技大学等都开始培养光学类创新人才,促进光学工程学科的发展,为开展学术交流和合作创造了良好的条件。

目前,我国的光学与光子学的研究已有相当强大的队伍,有了较好的基础。据不完全统计,我国从事应用光学和光学工程的大、中型研究所和企业有近 300 家,从业人员约 15 万人,主要分布在中国科学院、国家教委、机械、电子、兵器、航空航天等部门。全国有 80 余所高校设立了光学、光电相关专业。1979 年起,中国光学学会正式成立,下设 17 个专业委员会,积极开展国内外学术交流工作。

1.5　光学设计的含义

光学系统是由反射镜、透镜、棱镜或者光栅等光学元件,基于光学材料对入射光线的反射、折射或者衍射等,按照一定的方式组合在一起,通过把入射光线按照光学工程师的要求传递到需要的位置或者方向,从而满足一定需求的系统。最简单的光学系统是由一片单透镜组成的,但单片透镜往往不能满足成像需求,因此需要将光学系统结构复杂化、面型复杂化等,于是形成了包含数十、上百个光学元件的复杂光学系统。

现代光学系统在国防军事、国民经济等领域都有重要应用,为满足实际需求,成像光学系统一般要满足成像清晰度和形变要求。但是,实际的光学系统总会有这样或者那样的缺陷,导致成像不能同时满足以上两条要求。因此,需要进行光学设计,保证光学系统成像清晰度和形变要求。在应用光学中,常见的光学系统,例如望远镜、显微镜、照相机和投影仪等,这些光学系统在初始设计的时候是基于近轴光学理论计算的,并未考虑到它们的实际成像质量。然而,事实上,光学系统要满足使用要求,并不是通过简单地罗列镜片就可以实现的,而是需要光学工程师"特意布置"它们的半径、间隔或者元件厚度、光学材料或者镜片组合,从而满足成像质量要求,例如满足赛德(Seidel,又译为塞德、赛德尔)像差和各种综合评价指标等。这种"特意布置"光学镜片的过程就是光学设计。

传统光学设计就是基于近轴光学系统理论(也称高斯光学或者理想光学系统理论),根据光学系统的使用需求和技术要求,分析、计算光学系统需要满足的成像特性的初始结构参数,然后利用像差理论求解或者评价光学系统,并使用现代光学设计软件对系统进行反复优化设计,以满足成像质量要求的过程。可以看出,光学设计主要包括三个阶段:①利用近轴光学系统理论计算成像特性的阶段,又称为预设计;②利用像差理论进行设计优化的阶段,又称为像差平衡;③进行成像质量的评价阶段,又称为像质评价。

此外,现代应用光学正处在迅速增长和进步之中。除了自身的理论与技术进步外,与众多其他领域的交叉研究持续涌现,推动着这一学科的发展。应用光学的发展催生了许多新的分支,如衍射光学、非球面光学、自由曲面光学、红外光学以及超构光学等,它们又为传统光学系统的优化设计提供了新颖的解决方案,对光学系统的结构和性能进行了有效提升。同时,提高成像光学系统性能的原理和技术也在不断演进,如计算光学成像、人工智能方法等,为传统光学系统设计带来了新的实现路径与设计方法,有助于推动现代光学系统的快速发展。

第 2 章　现代光学设计基础

2.1　应用光学基本概念

在应用光学中,研究光的传播与成像时,将光源抽象化处理,认为光源是发光体或者发光点,本身发光或者经照明后反射光的几何点,其无大小且无体积,但能辐射能量。物体可以被看作是大量发光点的集合。因此,讨论物点的成像现象和规律,是全面了解光学系统成像特性的基础。

波面是光源向外发射光波时,在某一时刻光波振动相位相同的点所构成的曲面,也称为波阵面,最简单的波面有球面、平面等。与球面光波对应的同心光束根据光的传播方向不同又分为会聚光束和发散光束;与平面波相对应的是平行光束,是同心光束的一种特殊形式。一般地,对于成像光学系统,同心光束或者平行光束经过实际光学系统后,由于像差的作用,其将不再是同心光束或者平行光束,对应的光波波面变为非球面,即形成像散光束。相关概念如图 2.1 所示。

应用光学的研究对象尺度远大于照射光波的波长,因而忽略了光的波动性质,或者说是波长近似为零的一种特殊情况。由于仅考虑光能量的流动,所以可将这种能量的流动抽象成空间的几何线,即光线。光线是自发光点(即光源)向周围空间发出的携带光能量的几何线,也代表着波面法线,因此既无直径又无体积。若周围空间充满各向同性的均匀介质,则由点光源形成的波面是以发光点为中心的球面(即平面波)。光在真空中的速度 c 约为 3×10^8 m/s,不同波长的光在透明介质中传输的速度不同,即产生色散。

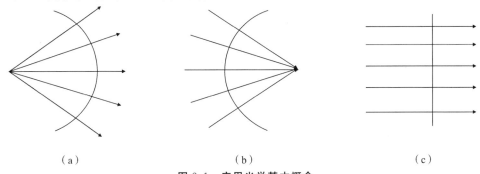

（a）　　　　　　　　　　（b）　　　　　　　　　　（c）

图 2.1　应用光学基本概念

（a）球面光波与发散光束；（b）球面光波与会聚光束；（c）平面光波与平行光束

2.2　应用光学基本定律

2.2.1　光传播的基本定律

现代光学设计中,由于光学系统的结构尺寸远大于入射波长,所以采用应用光学理论和方法能够满足设计要求。应用光学将光经过介质的传播问题主要归结为光的直线传播定律、独立传播定律、光路可逆性原理以及光的折射和反射定律等,这些定律和原理是研究各种光的传播现象和规律以及光学系统成像特性的基础。

(1)光的直线传播和独立传播定律。应用光学认为,在各项同性均匀介质中,光是按直线传播的,例如影子的形成、日食、月食等现象都可以用光的直线传播定律解释。此外,不同光源发出的光线在空间某点相遇时,互相不影响,在该点处各光束能量叠加,通过该点后光线继续保持原路径传播。

需要注意的是,光的直线传播和独立传播定律是在忽略光的波动性前提下才能成立的。实际上:当光线通过小孔或者狭缝时,光的传播会偏离直线,产生衍射现象;当空间两束有固定相位差的相干光束在空间同一点相遇时,会产生干涉现象;当光在非均匀介质中传播时,其整体上不满足直线传播特性,但在每个薄层均匀介质中的传播却保持直线传播。光的独立传播需要满足弱光和线性条件,如果是强光或者在非线性介质中,光的独立传播定律不再成立。在忽略光的波动性的前提下,使用应用光学基本定律能够很大程度上简化光学系统设计过程。光的直线传播和独立传播定律分别如图 2.2(a)(b)所示。

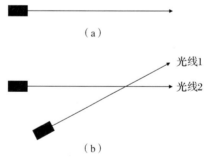

(a)

光线1
光线2

(b)

图 2.2　光在均匀介质中的传播定律

(a)直线传播;(b)独立传播

(2)光的反射定律和折射定律。如图 2.3(a)所示,光线 AO 自折射率为 n 的介质入射到与折射率为 n' 介质的分界面 PQ 上,在 O 点处发生反射和折射。其中,反射光线 OB 仍位于介质 n 中,折射光线 OC 则位于介质 n' 中,NN' 为过 O 点的界面法线。入射光线、反射光线和折射光线与法线的夹角 I、I''、I' 分别称为入射角、反射角和折射角,它们均以锐角度量,由光线转向法线,顺时针方向旋转形成的角度为正,反之为负。

反射定律总结为:

1)反射光线位于由入射光线和法线所决定的平面内。

2)反射光线和入射光线位于法线的两侧,且反射角与入射角的绝对值相等,符号相反,即：$I = -I'$。

折射定律归结为：

1）折射光线位于由入射光线和法线所决定的平面内。

2）折射角的正弦与入射角的正弦之比与入射角的大小无关，仅由两种介质的折射率决定，表示为

$$n\sin I = n'\sin I' \qquad (2-1)$$

此外，折射定律与反射定律存在一定关系，可以互相转化，即在式（2-1）中，令 $n' = -n$，则有 $I' = -I$，此时折射定律转化为反射定律。反射定律可视为折射定律的一种特殊情况。

折射率是表征透明介质光学性质的主要参数之一。不同频率的光在真空中的传播速度均为 c，而在不同介质中的速度 v 各不相同。介质的折射率定义为

$$n = c/v \qquad (2-2)$$

介质相对于真空的折射率称为绝对折射率。由于标准条件下空气的折射率与真空折射率非常接近，因此也把介质相对于空气的相对折射率近似称为折射率。从物理学上讲，折射率不可能为负值，但是这样人为的定义在应用光学中有实用价值。应用光学的所有光线追迹公式都是根据折射定律导出的，遇到反射界面，光线追迹公式不变，同样可得出正确的结果。

在一定条件下，入射到介质上的光会全部反射回原来的介质中，没有折射光产生，这种现象称为光的全反射。设 n' 大于 n，即光线由光密介质进入光疏介质，则按照折射定律，当增大入射角以至于折射角达到 $90°$ 时，光不再发生折射，而是在界面上发生全反射，如图 2.3(b)所示。此时的入射角 I_c 称为临界角，其正弦值可表示为

$$\sin I_c = \frac{n'}{n}\sin 90° = \frac{n'}{n} \qquad (2-3)$$

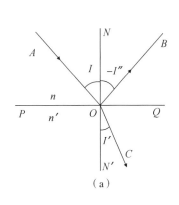
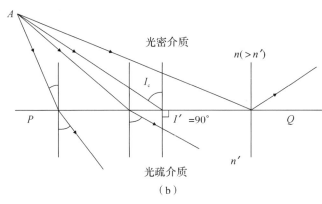

图 2.3　光在界面处的传播定律

(a)折射和反射定律；(b)全反射原理

全反射原理的典型应用主要包括转向棱镜和光纤，转向棱镜主要用于改变光束传播方向，如利用各种全反射棱镜代替平面镜，以改变光路结构并减少光能损失。从理论上讲，全反射棱镜可将入射光全部反射，而镀有反射膜层的平面反射镜只能最多反射 90% 左右的入射光能。图 2.4 为常用的全反射棱镜结构。

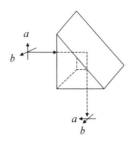

图 2.4　常用的全反射棱镜结构

光纤的全名是光导纤维,其作为全反射原理的另一典型应用,已广泛应用于光纤通信和各种光纤传感器中,其结构如图 2.5 所示。光纤通常用直径 $d=5\sim60\ \mu m$ 的透明玻璃细丝作芯料,为光密介质;外有包层,为光疏介质。只要光线在其中满足全反射条件,便可实现无损传输。

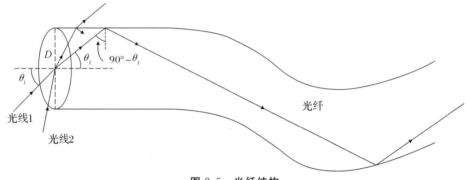

图 2.5　光纤结构

(3)光路的可逆性原理。在应用光学中,当光在弱光及线性条件下传播且光的传播方向逆转时,光线将按照原来的行进路径逆向传播,即光线的传播是可逆的[见图 2.3(a)],若光线在折射率为 n' 的介质中沿 CO 方向入射,由折射定律可知,折射光线必沿 OA 方向出射。同样,如果光线在折射率为 n 的介质中沿 BO 方向入射,则由反射定律可知,反射光线也一定沿 OA 方向出射。

(4)费马原理。光在各向均匀介质中的传播,可由前述应用光学的基本定律来确定,而研究光在非均匀介质中的传播更有普遍的意义。现在考虑这样一个问题,光由任一介质中一点传播至另一介质中一点,其光线的轨迹如何?费马原理指出:光从一点传播到另一点,其间无论经过多少次折射和反射,其实际光路的光程取极值。或者说,光是沿着光程为极值(极大、极小或者常量)的路径传播的,即光沿着所需时间为极值的路径传播,传播过程如图 2.6 所示。

设有 K 层均匀介质,光从介质 n_1 的 Q 点传至介质 K 的 P 点所需时间 t 为

$$t = \frac{\Delta L_1}{v_1} + \frac{\Delta L_2}{v_2} + \frac{\Delta L_3}{v_3} + \cdots + \frac{\Delta L_i}{v_i} = \sum_{i=1}^{k} \frac{L_i}{v_i} = \frac{1}{c} \sum_{i=1}^{k} n_i \Delta L_i \qquad (2-4)$$

式中:$n_i \Delta L_i$ 为光在第 i 层介质的光程。借助光程的概念可将光在非真空介质中所走的路程折算为光在真空介质中的路程的长度,这样便于比较光在不同介质中所走路程的长度,也就是光程差。

如果光线在折射率连续改变的介质中,从 A 点传输到 B 点,根据费马原理,实际上它是

按光程最小的路径在传输，即应满足

$$\delta \int_A^B n \, \mathrm{d}l = 0 \tag{2-5}$$

式中：δ 为变分算符。

上述光学基本定律均可看成是费马原理的推论。由费马原理完全可得出光的反射和折射定律的结论。根据费马原理，可以深刻理解应用光学理想成像的特点：一个物点发出的发散光束经光学元件折射或者反射后，最终能否会聚于同一个像点，完全取决于光束中各条光线的光程是否相等。

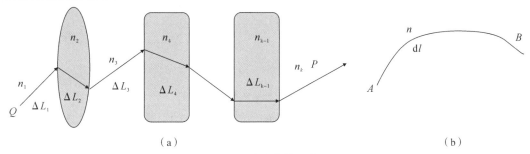

图 2.6　光线传输示意图

(a)在透镜中的传输；(b)在折射率连续改变介质中的传输

(5)马吕斯定律。马吕斯定律是 1808 年马吕斯提出的，并于 1816 年由杜宾修正，用来描述光线经过任意多次反射、折射后，光束与波面、波面与光程之间相互关系的定律。马吕斯指出，当光束在各向同性的均匀介质中传播时，始终保持着与波面的正交性，并且入射光束波面与出射光束波面对应点之间的光程均为定值。这种正交性表明，垂直于波面的光线束经过任意多次的折射、反射后，无论折射、反射面形如何，出射光束仍垂直于出射波面。

2.2.2　应用光学中的物像关系

设计和使用光学成像仪器，离不开物像的基本概念。物体通过光学系统成像，所成的像由人眼或者光电探测器件接收，从而完成成像到探测的过程。光学系统通常由一系列光学元件组成，常见的有透镜、棱镜、平行平板和反射镜等。光学系统根据所有光学元件的曲率中心是否都在同一条直线上，分为共轴光学系统和非共轴光学系统，其中共轴光学系统中所有光学元件的曲率中心都在一条直线上，非共轴光学系统中所有光学元件的曲率中心不全在一条直线上，即至少有一个光学表面的曲率中心不在光轴上。

图 2.7 为光线在光学系统中的传输，为了便于讨论应用光学的物像关系，根据图 2.7，给出如下概念和规定：

(1)光轴。对于一个球面，光轴是通过球心的直线；对于一个透镜，光轴为两个球心的连线；对于光学系统，若组成光学系统的各个光学元件的曲率中心在一条直线上，则该轴线成为光学系统的光轴。

(2)顶点。其指光轴与透镜表面的交点称为顶点。

(3)物。在应用光学中，光学系统的入射光线或者其延长线会聚点的集合，称为该系统的物。根据是实际光线会聚点还是延长光线会聚点，物可以分为实物和虚物两种，其中：实物的入射光线真正会聚交于一点；虚物的入射光线不会真正会聚交于一点，只是其延长线交于同一点。

（4）像。在应用光学中，把相应的出射光线或者其延长线会聚点的集合，称为光学系统对该物所成的像。同理，像可以分为实像和虚像两种，其中：实像的出射光线真正交于一点；虚像的出射光线不会真正地交于一点，只是其延长线交于同一点。

（5）物空间和像空间。物体所在的空间称为物空间，像所在的空间称为像空间。物与像之间的对应关系在光学上称为共轭，包括点共轭、线共轭、面共轭和体共轭等。

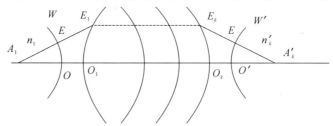

图 2.7　光线在光学系统中的传输

图 2.8 为光学系统中的物和像。物和像的概念具有相对性，图 2.8(e)中，A' 点既是物点又是像点：对光组 I 来说，A 是物点，A' 是物点 A 的像点；对光组 II 来说，A' 是物点，A'' 是物点是 A' 的像点。依此类推。

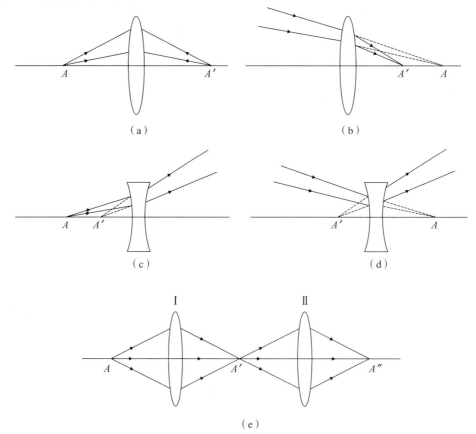

图 2.8　光学系统中的物和像

(a)实物成实像；(b)虚物成实像；(c)实物成虚像；(d)虚物成虚像；(e)多个光具组成像

2.2.3　理想成像条件

如图 2.9 所示,若物点 A 发出一个球面波,经过一系列光学元件后,其仍为一球面波,对应的出射光束仍是同心光束,则 A' 是物点 A 的理想成像,即理想像点。理想成像有 3 种表述。

表述 1:入射面为球面波时,出射波面也为球面波。

表述 2:入射光束为同心光束时,出射光束亦为同心光束。

表述 3:根据马吕斯定律,入射波面与出射波面对应点间的光程相等,则理想成像条件用光程的概念表述为——物点 A 与其像点 A' 之间任意两条光线经历的光程相等。

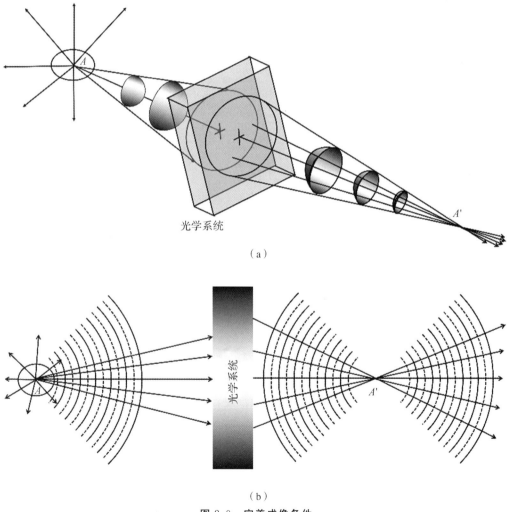

（a）

（b）

图 2.9　完善成像条件

（a）光学系统传播；（b）光线及波面图

2.3　球面和球面光学系统

大多数光学系统都是由折射、反射球面或者平面组成的共轴球面光学系统。平面可以看成是曲率半径 $r \to \infty$ 的特例,反射则是折射在 $n' = -n$ 时的特例。可见,折射球面光学系统具有普遍意义。物体经过光学系统成像,实际上是物体各点发出的光线经过光学系统中光学元件逐个表面折射、反射的结果。因此,需要首先讨论光线经过单个折射球面折射的光路计算问题,然后逐个表面过渡至整个光学系统。

2.3.1　基本概念与符号规则

符号及符号规则开始时是约定俗成、人为规定的,但现在已成为系列国家标准,必须严格遵守,使在某种情况下推导的公式具有普遍性,便于在工程实际中与同行交流,也能避免计算带来的错误。在光学系统设计中,具有符号的量主要包括线量和角量,即分别为衡量长度的量和衡量角度的量。本书符号规则均采用《光学手册》(陕西科学技术出版社,2010)第14章"成像光学"中的符号规则阐述。

(1)线量。

1)物距、入瞳距:以成像光学系统第一光学面顶点为原点,物(入瞳)点在左,物(入瞳)距为负;物(入瞳)点在右,物(入瞳)距为正。

2)像距、出瞳距:以成像光学系统最后一个光学面顶点为原点,像(出瞳)点在右,像(出瞳)为正;像(出瞳)点在左,像(出瞳)为负。

3)物(像)高:以光轴为基准,垂直于光轴的物(像)点,在光轴上方为正,在光轴下方为负。

4)光学面的顶点曲率半径:以光学面顶点为原点,顶点在圆(弧)的圆心在左,曲率半径为负;顶点在圆(弧)的圆心在右,曲率半径为正。

5)焦距:透镜(组)对光线(束)起会聚作用,焦距为正;起发散作用,焦距为负。

(2)角量。

1)光线孔径角:光线与光轴之间的夹角。以光轴为起始位置,由光轴锐角(下同)转向光线,顺时针旋转,孔径角为正;逆时针旋转,孔径角为负。

2)入射角、折射角:光线与光学面法线之间的夹角。以法线为终结位置,光线转向法线,顺时针为正,逆时针为负。

3)法线与光轴夹角:以光轴为起始位置,光轴转向法线,顺时针为正,逆时针为负。

(3)其他量。

其他量包括线量和角量的导出量或者其他需要用正负之分表示的量。例如,横向放大率为长度的导出量,当透镜系统对某物体成正像,或者实物成虚像,或者虚物成实像时,垂轴放大率为正,反之为负;又如,一般约定光学从左向右经过介质传播,此时介质折射率为正;当光线从右向左(例如反射之后)通过介质时,认为其折射率为负值。其符号规则可按照具体定义,由长度量或者角度量的符号规则确定。

此外,通常在应用光学与光学设计领域,像方参量符号与其对应的物方参量符号用相同的字母表示,并用撇号"′"加以区别。如图 2.10 所示,OE 是折射率为 n' 的单个折射球面,C 为球心,OC 为球面曲率半径,以 r 表示。通过球心 C 的直线即为光轴,光轴与球面的交点 O 称为球面顶点。图中各量均为几何量,用绝对值表示。因此,凡是负值的量,图中相应量的符号前均加负号。

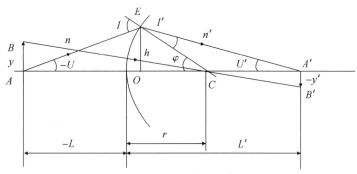

图 2.10　光线经过单个折射球面的折射

把通过物点和光轴的截面称为子午平面。显然,轴上物点 A 的子午平面有无数多个,但轴外物点的子午平面只有一个。在子午平面内,光线的位置由物方截距和物方孔径角两个参量确定,分别是:顶点 O 到光线与光轴的交点 A 的距离为物方截距,用 L 表示,即 $L = OA$;入射光线与光轴的夹角为物方孔径角,用 U 表示,即 $U = \angle OAE$。

轴上点 A 发出的光线 AE 经过折射表面 OE 折射后,与光轴相交于 A' 点。同样,像方光线 EA' 的位置由像方截距 $L' = OA'$ 和像方孔径角 $U' = \angle OA'E$ 确定。为了确定光线与光轴的交点在顶点的左边还是右边、光线在光轴的上边还是下边、折射球面是凸面的还是凹面的,还必须对各符号参量的正负进行规定,即通常所说的符号规则。因此,对图 2.10 中相关参数,可得到以下符号分析:

1)沿轴线段(例如 L、L' 和 r):规定光线的传播方向自左至右为正方向,以折射球面顶点 O 为原点,由顶点到光线与光轴交点(A、A')或者球心(C)的方向和光线传播方向相同时取正,相反时取负。因此,图中 L 为负,L'、r 为正。

2)垂轴线段(例如光线矢高 h):以光轴为基准,在光轴以上为正,在光轴以下为负。因此,图中 h 为正。

3)光线与光轴的夹角(例如 U、U'):用由光轴转向光线所形成的锐角度量,顺时针为正,逆时针为负。因此,图中 U 为负,U' 为正。

4)光线与法线的夹角(例如 I、I'):由光线以锐角方向转向法线,顺时针为正,逆时针为负。因此,图中 I 和 I' 为正。

5)光轴与法线的夹角(例如 φ):由光轴以锐角方向转向法线,顺时针为正,逆时针为负。因此,图中 φ 为正。

6)相邻两折射球面间隔(例如 d):由前一面的顶点到后一面的顶点,顺光线方向为正,逆光线方向为负。在折射系统中,d 恒为正值。

2.3.2　实际光线的光路计算

计算光线经过单个折射面的光路,就是已知球面曲率半径 r、介质折射率 n 和 n' 及光线

物方坐标 L 和 U，求像方光线坐标 L' 和 U'。如图 2.10 所示，在 $\triangle AEC$ 中，应用正弦定律，有

$$\frac{\sin I}{-L+r}=\frac{\sin(-U)}{r} \tag{2-6}$$

于是

$$\sin I=(L-r)\frac{\sin U}{r} \tag{2-7}$$

在 E 点应用折射定律，有

$$\sin I'=\frac{n}{n'}\sin I \tag{2-8}$$

此外，$\varphi=U+I=U'+I'$，由此得到像方孔径角 U' 表示为

$$U'=U+I-I' \tag{2-9}$$

在 $\triangle A'EC$ 中使用正弦定律，得

$$\frac{\sin I'}{L'-r}=\frac{\sin U'}{r} \tag{2-10}$$

于是，得像方截距表示为

$$L'=r\left(1+\frac{\sin I'}{\sin U'}\right) \tag{2-11}$$

当孔径角 U 很小时，I、I' 和 U' 都很小。这时，光线在光轴附近很小的区域内，这个区域称为近轴区，近轴区内的光线称为近轴光线。由于近轴光线相关的角度量都很小，因此将式 (2-7)～式 (2-11) 中角度的正弦值用其相应的弧度值来代替，并用相应小写字母表示，则有

$$\left.\begin{array}{l} i=\dfrac{l-r}{r}u \\[2mm] i'=\dfrac{n}{n'}i \\[2mm] u'=u+i-i' \\[2mm] l'=r\left(1+\dfrac{i'}{u'}\right) \end{array}\right\} \tag{2-12}$$

由这组公式可知，在近轴区内，对一给定的物距 l，不论物方孔径角 u 为何值，像距 l' 均为定值。这表明，轴上点在近轴区内以细光束成的像是完善的，这个像通常称为高斯像。通过高斯像点且垂直于光轴的平面称为高斯像面，其位置由 l' 决定。这样一对构成物像关系的点称为共轭点。

2.3.3 单个折射球面的成像放大率

(1)垂轴放大率(横向放大率)。垂轴放大率描述的是垂直于光轴平面像高与物高的比值关系。如图 2.11 所示，在近轴区内，垂直于光轴的平面物体可以用子午平面内的垂轴小线段 AB 表示，经过球面折射后所成像 $A'B'$ 垂直于光轴 AOA'。由轴外物点 B 发出的通过球心 C 的光线 BC 必定通过 B' 点，这是因为 BC 相当于轴外物点 B 的光轴(称为辅轴)。

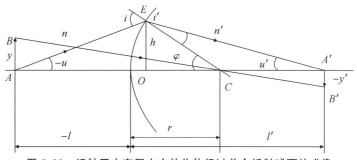

图 2.11　近轴区内有限大小的物体经过单个折射球面的成像

令 $AB = y$，$A'B' = y'$，定义垂轴放大率 β 为像的大小与物体的大小之比，即

$$\beta' = \frac{y'}{y} \tag{2-13}$$

由于 $\triangle ABC \sim \triangle A'B'C'$，则有

$$-\frac{y'}{y} = \frac{l'-r}{r-l} \tag{2-14}$$

利用式(2-13)，得

$$\beta' = \frac{y'}{y} = \frac{nl'}{n'l} \tag{2-15}$$

由此可见，垂轴放大率是一个有符号的数，且仅取决于共轭面的位置。在一对共轭面上，β 为常数，故像与物是相似的。

根据 β 定义及式(2-15)，可以确定物体的成像特性，即像的正倒、虚实、放大与缩小：①若 $\beta > 0$，即 y' 与 y 同号，表示成正像；反之，y' 与 y 异号，表示成倒像；②若 $\beta > 0$，l' 和 l 同号，表示物像虚实相反；反之，l' 和 l 异号，表示物像虚实相同；③若 $|\beta| > 1$，则成放大的像，$|\beta| < 1$，成缩小的像，$|\beta| = 1$，表示像既不放大也不缩小，即像和物是等高的。

(2)轴向放大率。轴向放大率表示光轴上一对共轭点沿轴向的移动量之间的关系，它定义为物点沿光轴做微小移动 $\mathrm{d}l$ 时，所引起的像点移动量 $\mathrm{d}l'$ 与物点移动量 $\mathrm{d}l$ 之比，用 α 表示轴向放大率，即

$$\alpha = \mathrm{d}l'/\mathrm{d}l \tag{2-16}$$

对于单个折射球面，对式(2-16)两边取微分，得

$$\frac{n\mathrm{d}l}{l^2} - \frac{n'\mathrm{d}l'}{l'^2} = 0 \tag{2-17}$$

于是得轴向放大率：

$$\alpha = \frac{\mathrm{d}l'}{\mathrm{d}l} = \frac{nl'^2}{n'l^2} \tag{2-18}$$

这就是轴向放大率的计算公式，它与垂轴放大率的关系为

$$\alpha = \frac{n'}{n}\beta^2 \tag{2-19}$$

需要注意的是，式(2-16)和式(2-18)只适用于 $\mathrm{d}l$ 很小的情况，如果物点沿轴移动有限距离，那么其不再适用。此外，可以得出如下两个结论：①折射球面的轴向放大率恒为正，因此，当物点沿轴向移动时，其像点沿光轴同向移动；②轴向放大率与垂轴放大率不相等，因

此,空间物体成像时要变形,比如,一个正方体成像后,将不再是正方体。因此,设计某些特殊光学系统(例如,体式显微镜),为避免图像过于失真,一般不宜设计成较大放大率。

(3)角放大率。角放大率表示折射球面将光束变宽或者变细的能力。在近轴区内,角放大率定义为一对共轭光线与光轴的夹角,即像方孔径角 u' 与物方孔径角 u 之比值,用 γ 表示,即

$$\gamma = u'/u \tag{2-20}$$

利用 $l'u' = lu$,得

$$\gamma = \frac{l}{l'} = \frac{n}{n'}\frac{1}{\beta} \tag{2-21}$$

式(2-21)表明,角放大率只与共轭点的位置有关,而与光线的孔径角无关。

垂轴放大率、轴向放大率与角放大率之间是密切联系的,三者之间的关系为

$$\alpha\gamma = \frac{n'}{n}\beta^2\ \frac{n}{n'\beta} = \beta \tag{2-22}$$

由

$$\beta = \frac{y'}{y} = \frac{nl'}{n'l} = \frac{nu}{n'u'} \tag{2-23}$$

得

$$nuy = n'u'y' = J \tag{2-24}$$

式(2-24)表明,当实际光学系统在近轴区内成像时,在物像共轭面内,物体大小 y、成像光束的孔径角 u 和物体所在介质的折射率 n 的乘积为一常数,且与像高 y、像方孔径角 u 和像方介质的折射率 n 的乘积相等,该常数 J 称为拉格朗日-赫姆霍兹不变量,简称拉赫不变量。拉赫不变量是表征光学系统性能的一个重要参数。

2.3.4 球面反射镜成像

前面已经指出,反射是折射的特例。因此,令 $n' = -n$,即可由单个折射球面的成像结论,导出球面反射(简称球面镜)的成像特性。

(1)物像位置关系。根据高斯定律可知,球面反射镜的物像位置关系为

$$\frac{1}{l'} + \frac{1}{l} = \frac{2}{r} \tag{2-25}$$

(2)成像放大率。将 $n' = -n$ 分别代入式(2-15)、式(2-18)和式(2-20),得

$$\left.\begin{array}{l} \beta = \dfrac{y'}{y} = -\dfrac{l'}{l} \\[2mm] \alpha = \dfrac{\mathrm{d}l'}{\mathrm{d}l} = -\dfrac{l'^2}{l^2} = -\beta^2 \\[2mm] \gamma = \dfrac{u'}{u} = -\dfrac{1}{\beta} \end{array}\right\} \tag{2-26}$$

由此可见,球面反射镜的轴向放大率 $\alpha < 0$。这表明,当物体沿光轴移动时,像总是以相反的方向移动的。另外,对于凸面镜,当 $l \gg r$ 时,$\beta \ll 1$,成一正立、缩小的虚像,且有很大的成像范围。因此,凸面镜常用作汽车后视镜,在"T"或者"L"形路口也常立有一面马面镜,以瞭望行人及路况。

2.3.5　共轴球面系统成像

上面讨论了单个折射、反射球面的光路计算及成像特性,它对构成光学系统的每个球面都是适用的。因此,只要找到相邻两个球面之间的光路关系,就可以解决整个光学系统的光路计算问题,并分析整个光学系统的成像特性。

(1)共轴球面系统的过渡公式。设一个共轴球面光学系统由 k 个折射面组成,其成像特性由下列结构参数确定:①各球面的曲率半径 r_1, r_2, $\cdots$, r_k,其中 r_1 为第一球面曲率半径,r_2 为第二球面曲率半径,依此类推;②相邻球面顶点间的间隔 d_1, d_2, $\cdots$, d_{k-1},其中 d_1 为第一面顶点到第二面顶点间的沿轴距离,d_2 为第二面到第三面间的沿轴距离,依此类推;③各面之间介质的折射率 n_1, n_2, $\cdots$, n_k, n_{k+1},其中 n_1 为第一面前(即系统物方)介质的折射率,n_{k+1} 为第 k 面后(即系统像方)介质的折射率,n_2 为第一面到第二面间介质的折射率,依此类推。

图 2.12 所示为某一光学系统的第 i 面和第 $i+1$ 面的成像情况。显然,第 i 面的像方空间就是第 $i+1$ 面的物方空间,第 i 面的像就是第 $i+1$ 面的物。因此折射率、孔径角和高度之间的关系可以表示为

$$n_{i+1}=n_i{}', \quad u_{i+1}=u_i{}', \quad y_{i+1}=y_i{}' \quad (i=1,2,\cdots,k-1) \tag{2-27}$$

第 $i+1$ 面的物距与第 i 面的像距之间的关系可以表示为

$$l_{i+1}=l_i{}'-d_i \quad (i=1,2,\cdots,k-1) \tag{2-28}$$

式(2-27)和式(2-28)即为共轴球面光学系统近轴光路计算的过渡公式。式(2-27)和式(2-28)对于宽光束的实际光线同样适用,只需将相应的小写字母改为大写字母即可。根据过渡公式和单个折射表面光线追迹公式,可以对任意光学系统进行光线追迹。

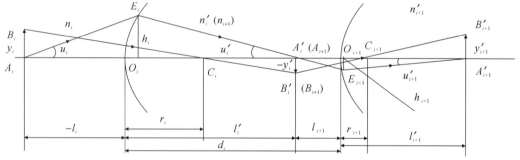

图 2.12　共轴球面光学系统的成像过程

可见,拉赫不变量 J 不仅对单个折射面的物像空间,而且对于整个光学系统各个面的物像空间都是不变量,即拉赫不变量 J 对整个系统而言是个不变量。利用这一特点,可以对计算结果进行校对。

(2)系统的成像放大率。根据过渡公式,很容易证明系统的放大率为各面放大率之乘积,即

$$\left.\begin{array}{l} \beta=\beta_1\beta_2\cdots\beta_k \\ \alpha=\alpha_1\alpha_2\cdots\alpha_k \\ \gamma=\gamma_1\gamma_2\cdots\gamma_k \end{array}\right\} \tag{2-29}$$

三个放大率之间的关系仍满足 $\alpha\gamma=\beta$。因此,整个光学系统各放大率公式及其相互关系与单个折射球面完全相同。这充分说明了单个折射球面的成像特性具有普遍意义。

2.4 理想光学系统

任何光学系统都是由一个或者多个反射或者折射元件组成的,光线在不同介质的界面上将发生反射或者折射。在完成了光学系统的初步结构设计后,都要进行光线追迹或者光路计算,即跟随通过光学系统的光线去追踪光迹,从而根据追迹的结果判断系统的成像质量是否满足设计和使用要求。

原理上,只要在每一个与光线相遇的表面,应用反射或者折射定律,就可精确跟踪光线的踪迹。但是,直接应用折射定律涉及大量的三角函数运算,计算烦琐,一般只是在非近轴子午光线追迹和空间光线追迹时才使用。

实际上,对于靠近光轴的近轴光线,折射或者反射时的入射角均很小,计算时三角函数完全可用它们级数展开前一项或者两项代替。例如,正弦函数可展开为

$$\sin u = u - \frac{u^3}{3!} + \frac{u^5}{5!} - \frac{u^7}{7!} + \cdots \tag{2-30}$$

近轴光学理论是在将正弦级数展开式的第一项作为正弦值近似值的基础上发展而来的。近轴光学简单地阐明了光学系统近轴区域物像之间的共轭关系,是研究各种实际光学系统所必备的基本知识。光学结构设计阶段都采用近轴光学的计算方法,在计算时将角度的正弦值或者正切值替代为角度的弧度值。高级理论(三级理论或者五级理论)则分别要求取级数的前二项,或者前三项,结果也更为精确,一般用于高级像差计算。

严格地讲,只有靠近光轴的不大空间的细光束才是近轴光,它们所成的像才是完善的。实际的光学系统都要求有大的成像范围,并以较宽的光束成像。但是,通过引入理想光学系统的概念,即设想上述近似关系在整个空间都成立,也就是物体所成的像没有像差,这样的光学系统称为理想光学系统,或者称为高斯光学系统。对于理想光学系统,可以较方便地计算其主要参数,确定成像关系和放大率等,从而便于后续光学系统的优化设计和分析。

近轴光学理论的近似计算方法不仅用在光路计算上,也用在系统像差分析方面。光学系统像差是由各个折射、反射面所产生的球差传递到像空间后相加得到的,各表面对像差的贡献可用像差分布式表达。将实际像差分布式中三角函数作近轴近似,就可得到较为简单的初级像差分布式。

2.5 常见光学材料

成像光学系统包括折射、反射等光学元件,例如折射透镜、反射镜、棱镜、球面反射镜等,这些光学元件都是由光学材料组成的,光学材料的质量、性能都会直接影响到光学元件和光学系统的成像质量。根据光学系统结构的不同,光学材料还可以分为折射光学材料和反射光学材料,折射光学材料需要满足高透过率要求,反射光学材料需满足高反射率要求。

根据材料形态的不同,光学折射材料主要分为玻璃材料、晶体材料、树脂材料、液体材料

等。其中,玻璃材料是最常见的光学系统材料,是由熔融物冷却、固化后得到的非晶态固体,具有一系列非常可贵的特性,即透明、坚硬、良好的化学稳定性,可通过化学组成的调整,大幅度调节玻璃的物理和化学性能,主要的玻璃材料有光学玻璃、石英玻璃、钢化玻璃、浮法玻璃、超白玻璃等;光学晶体是一种广泛存在于自然界中的物质形态,具有良好的光学性能和机械性能,部分材料覆盖真空紫外、可见光、近红外到中红外波段,其具有的优良的光学、力学、热学、化学及电学性能决定了晶体材料在军事领域及民用领域中的重要地位和作用(将在第 4 章中具体介绍);树脂材料,也被叫作光学塑料,是以合成树脂为主要成分,加入适量的添加剂组成的光学材料,可以采用喷射成型法大量制造,在光学和机械性能上还不及光学玻璃,在一些对成像质量要求不高的光学系统中已得到广泛应用,对整体的光学产业发展起到了积极的作用;液体透镜是将液体作为透镜材料,通过改变液体的曲率实现焦距改变的。反射光学材料是在抛光玻璃表面镀上高反射率金属材料的薄膜而制成的,不存在色散,其反射率根据所镀金属膜材料反射率的不同而不同,同一金属材料的光反射膜也会随着入射波长的不同而不同,当所选用的材料不同、膜层不同时,反射率也不同。常见的反射膜层材料有金、银、铜、铂、铝等。

在光学材料中,一般有以下主要的光学参量和光学常数:

1)D 光或者 d 光的折射率 n_D 或者 n_d,以及其他若干谱线的折射率,例如 n_C、n_F 等;

2)平均色散 $n_F - n_C$;

3)阿贝常数(也称阿贝数)$\nu = \dfrac{n_d - 1}{n_F - n_C}$;

4)若干谱线的部分色散 $n_d - n_C$;

5)若干谱线的相对色散 $P = P_{d,C} = \dfrac{n_d - n_C}{n_F - n_C}$。

在光学材料目录中,除了上述光学常数外,还列出了一些标志物理、化学性能的有关数据,例如密度、热膨胀系数、化学稳定性等。此外,光学材料的光学均匀性、化学稳定性、气泡、条纹、内应力等,皆对成像质量有影响,因此应根据光电仪器设计和使用要求挑选不同等级的光学材料。

第 3 章　典型光学仪器及像差理论

3.1　成像光学系统的基本概念

光学系统是由一系列光学元件组成的,其中,每个光学元件都有一定通光孔径,这些孔径会限制进入光学系统的光能量,阻拦了某些光线,从而决定了成像的大小。实际光学系统是在有限视场上,用有限光束孔径进行成像的。光阑、光瞳、窗等是成像光学系统的重要概念。下面介绍成像光学系统的一些基本概念。

(1)光阑:分为孔径光阑和视场光阑两种。孔径光阑是限制轴上物点成像光束孔径(或孔径角)的实体,孔径光阑在物方的像对物点的张角最小;视场光阑是限制光学系统视场角角度的实体,其在物空间所成的像对入瞳中心的张角最小。

(2)光瞳:分为入射光瞳和出射光瞳两种。入射光瞳是孔径光阑经前面光学系统(若有)在物方所成的像,经等面积细分进入瞳面,可以产生物方光线束;出射光瞳是孔径光阑经其后光学元件(若有)在像方所成的像,此时,出瞳面上的波像差构成的光瞳函数是计算成像质量指标的重要概念。

(3)窗:分为入射窗和出射窗两种。入射窗是指视场光阑经前面的光学面在物空间所成的像;出射窗是指视场光阑经后面的光学面在像空间所成的像。

(4)远心光路:分为物方远心光路和像方远心光路两种。物方远心光路是指孔径光阑位于其前面光学系统的像方焦点,使物方主光线平行于光轴的光路;像方远心光路是指孔径光阑位于其后面光学系统的物方焦点,使像方主光线平行于光轴的光路。

(5)出瞳距离:出射光瞳离最后一个光学面顶点的距离,也叫眼点距。

(6)渐晕:对大视场光学系统来说,光学元件的口径有限,造成轴外物点的成像光束孔径(角)小于轴上物点的情况。其直观现象是视场中边缘照度小于中央照度,即中央亮、边缘暗。

(7)景深:光学系统接收单元(或者人眼)的分辨率有限,使得对准目标前后一定深度范围的物面信息也能在接收器上成清晰的像。一般地,光学系统 F 数越大,景深越大;反之,景深越小。

此外,成像光学系统常用的接收单元主要包括人眼和光电探测器件。其中:人眼主要用于目视光学仪器中;现代光学系统中常用的光电探测器件包括主要包括电荷耦合器件(Charge Coupled Device,CCD)和互补金属氧化物半导体(Complementary Metal Oxide Semiconductor,CMOS)图像传感器。关于光电探测器件的构成和探测原理,此处不做重点说明,读者可具体查阅光电子器件相关教材。随着电子技术的发展,图像传感器的分辨率越来越高,价格越来越低,且 CMOS 传感器件的分辨率一般高于 CCD 传感器件的分辨率,要根据实际使用要求具体选用。

3.2　典型光学仪器

常见的典型光学仪器基于应用光学原理和方法设计完成,大体上可以分为成像仪器、助视仪器、分光仪器三类。成像仪器主要是横向放大仪器,例如:照相机(含摄影机、摄像机等)、投影机(含放大机、放映机、投影仪、幻灯机等),主要应用于像的记录、缩放及显示;助视仪器主要是视角放大仪器,如放大镜、显微镜、望远镜,主要用于放大视场角、测量角度或者长度;分光仪器(含分光计、单色仪、摄谱仪等)主要用于光谱分析;等等。光学仪器虽然种类很多,功能丰富、设计原理和方法差异较大,但是从传递信息的角度看,其核心功能都是对人体视觉器官的延伸。

3.2.1　人眼及其光学系统

眼睛是一个完整的成像光学系统,同时也是目视光学系统的接收器,可以看成是整个目视光学仪器的重要组成部分。一般地,目视光学仪器常和人眼一起使用,达到提升人眼的视觉能力的目的。因此,了解人眼的结构及其光学特性,对设计目视光学仪器非常必要。眼睛作为一个光学系统,其各种有关参数可以由专门仪器测出,根据大量测量结果从而确定出眼睛的各种光学常数,例如角膜、房水、晶状体和玻璃体折射率,各光学表面曲率半径,各组件之间的距离等。

1. 人眼的结构——成像光学系统

从生物医学角度来看,在角膜和视网膜之间的生理构造均可以看作成像元,例如角膜、前室(水状液)、水晶体和后室(玻璃体)。由图 3.1 可以看出,人眼仅在空气和角膜之间的界面处有较大的折射率差(1.00/1.38),物体主要通过这个界面在视网膜上成像,视网膜起到光屏的作用,视神经受到刺激会产生视觉。在视网膜上所形成的像是倒像,但由于神经系统的内部作用,感觉仍然是正立的像。主平面 H 和 H' 距角膜顶点后约 1.3 mm 和 1.6 mm,人眼焦距 $f \approx -17$ mm 和 $f' \approx 23$ mm。人眼的眼轴总长约为 24 mm,总屈光度约为 62.35 D(屈光度)属非定计量单位,1 D=1 m^{-1}。以上数据来源于《光学手册》,均为近似值,仅适用于未调节的人眼。

从仿生学角度来看,人眼相当于一台结构极为复杂而又能够理想成像的变焦距摄像机,其中:角膜和晶状体组合相当于成像物镜;虹膜和瞳孔组合相当于孔径光阑、入射和出射光瞳;巩膜和脉络膜组合相当于暗箱;视网膜相当于感光芯片,即眼睛是一只自动变焦和自动收缩光圈的照相机。水晶体由外层向内层折射率逐渐增大(1.37～1.41),是由多层膜构成的双凸透镜。水晶体周围肌肉的调节,可改变水晶体的曲率半径(40～70 mm),从而改变人眼的焦距,使不同距离的物体都自动成像在视网膜上。在水晶体前的虹彩,中央是圆孔,即人眼瞳孔,它是人眼的孔径光阑。根据物体的亮暗程度,瞳孔直径可自动变化(2～8 mm),以调节进入人眼的光通量。黄斑中心与眼睛光学系统像方节点的连线称为视轴。人眼的视场可达150°,但能同时清晰地观察物体的范围只在视轴周围 6°～8°,故在观察物体时,眼球自动旋转,使视轴对准物体。

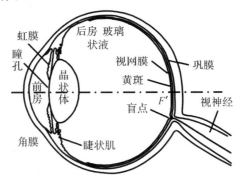

图 3.1 典型人眼结构

人眼成像过程中,睫状肌压缩水晶体,以改变折射球面的曲率半径,从而改变其焦距。当人眼观察无限远处物体时,睫状肌处于最松弛状态,折射球面的曲率半径约为 5.7 mm,物像方焦距分别为 17.1 mm 和 22.8 mm。欲看清楚近处物体,须张紧睫状肌以压缩水晶体,使折射球面曲率半径缩小,焦距变短;相反,欲看清楚远处物体,则放松睫状肌,使折射球面曲率半径变大,焦距变长。此外,由于人眼相当于一个大小可以调整的孔径光阑,因此能够自动调整进入人眼的光通量,即:在明亮的环境中,瞳孔较小;在较暗的环境中,瞳孔将变大。

2.人眼的调节及校正

人眼成像系统对任意距离的物体进行自动调焦的过程称作人眼的调节。环形肌肉的调节使水晶体的曲率半径变小,导致水晶体表面的曲率增大,从而人眼的焦距可由 $f'\approx23$ mm下降至 $f'\approx18$ mm。

人眼的调节能力用能清晰调焦的极限距离表示,即远点距离 l_r 和近点距离 l_p,其倒数 $R=1/l_r$ 和 $P=1/l_p$ 分别表示远点和近点的发散度(也叫会聚度),其单位为屈光度(D)人眼的调节能力以远点距离 l_r 和近点距离 l_p 的倒数之差来度量,即

$$\frac{1}{l_r}-\frac{1}{l_p}=R-P=\bar{A} \tag{3-1}$$

其单位也为 D。

人们在阅读时,或者眼睛通过目视光学仪器观测物像时,为了工作舒适,习惯上把物或者像置于眼前 250 mm 处,称此距离为明视距离,即对于正常人的眼睛,远点在无限远处,明视距离为250～30 mm。由于肌肉的收缩总有一定的限度,因此近点到人眼尚有一段距离。

人眼的远点在无限远处,或者说,人眼光学系统的后焦点在视网膜上,称为正常眼;反之,称为反常眼。若远点位于眼前有限距离,称为近视眼;若远点位于眼后有限距离,称为远视眼。50 岁以后的远视眼,也称作老花眼。欲使近视眼的人能看清无限远点,必须在近视眼前放一负透镜,其焦距恰能使其后焦点与远点重合,如图 3.2(a)所示,表示为

$$f' = l_r \tag{3-2}$$

同理,欲校正远视眼,需在远视眼前放一正透镜,使其焦距恰等于远点距,如图 3.2(b)所示。远点距离 l_r(单位为 m)的倒数表示近视眼或者远视眼的程度,称为视度,单位为屈光度(D)。通常医院和眼镜店把 1 D 称作 100 度。

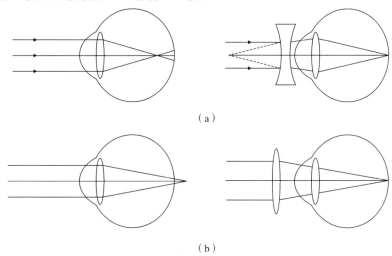

（a）

（b）

图 3.2　眼的缺陷及校正

（a）近视及其校正；（b）远视及其校正

若水晶体两光学表面不对称,则细光束的两个主截面的光线不再交于一点,即两主截面的远点距也不相同,因此,将其视度之差作为人眼的散光度 A_{ST},表示为

$$A_{ST} = R_1 - R_2 \tag{3-3}$$

式中:R_1 和 R_2 分别代表细光束在两个主截面上的视度。

为校正散光,可用圆柱面[见图 3.3(a)(b)]或者双心圆柱面[见图 3.3(c)]透镜。用两正交的黑白线条图案可以检验散光眼。由于存在像散,所以不同方向的线条不能同时看清。

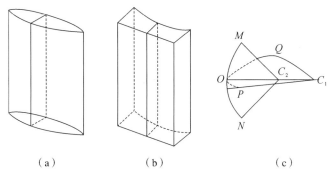

（a）　　　　　　　（b）　　　　　　　（c）

图 3.3　校正散光的圆柱面透镜

（a）（b）圆柱面透镜；（c）双心圆柱面透镜

近视眼、远视眼、散光眼都是人眼的水晶体的缺陷导致的,而视网膜的缺陷(例如,网膜炎、网膜血管阻塞等)是人眼的另一种重要疾病,其症状表现为中心视力减退,有中心暗点,物像变形。视网膜疾病产生原因暂时不详,目前认为以上疾病是黄斑视网膜下的新生血管长入所致,须在医院用眼底相机检测,并由眼科医生治疗。

3. 人眼——辐射接收器

视网膜是由锥状细胞和杆状细胞组成的辐射接收器。两种细胞具有完全不同的性质和功能。杆状细胞对光刺激极其敏感,但完全不感色;锥状细胞的感光能力比杆状细胞差得多,但它们能对各色光有不同的感受。因此,锥状细胞的存在,决定了分辨颜色的能力——视觉。在亮照明时,视觉主要由锥状细胞起作用,弱照明时,视觉主要由杆状细胞起作用。最小的亮度灵敏度约为 683 lm/W,最大的亮度灵敏度约为 1 725 lm/W。人眼对不同的波长的光辐射有不同的灵敏度,称作光谱灵敏度。人眼可接受的光谱范围是 380~780 nm,即从紫光到红光,最敏感的波长是 555 nm。故对于目视光学系统,一般选择 d 光或 e 光校正单色像差,选择 C 光、F 光校正色差。

人眼对周围空间光亮情况的自动适应程度称为"适应",适应分为明适应和暗适应两种类型。明适应发生在由暗处到亮处时,暗适应发生在由亮处到暗处时。适应是通过瞳孔的自动增大或者缩小完成的。当由暗处进入亮处时,瞳孔自动缩小;反之,瞳孔自动增大。适应会有个过程,最长可达 30 min。

4. 人眼的分辨率

一般地,人眼的分辨率包括空间分辨率、时间分辨率和对比度分辨率三种类型。

(1)空间分辨率。通过视网膜结构,人眼能把两相邻的点分辨开。视神经能够分辨的两像点间最小距离应至少等于两个视神经细胞直径,若两像点落在相邻的两个细胞上,视神经无法分辨出两个点,故视网膜上最小鉴别距离等于两神经细胞直径,即不小于 0.006 mm。人眼能够分辨最靠近两相邻点的能力称为眼的分辨能力,或者视觉敏锐度。

物体对人眼的张角称作视角,对应视觉周围很小范围,在良好的照明条件下,人眼能分辨的物点间最小视角称作最小视角分辨率 ε,满足

$$\tan\varepsilon = \frac{0.006}{f'} \times 206\ 265''$$

(3-4)

人眼在没有调节的松弛状态下,取 $f' \approx 23$ mm,可得 $\varepsilon \approx 60''$。若把人眼看作理想光学系统,则 $\varepsilon = 140''/D$(D 的单位为 mm)。当 $D = 2$ mm 时,$\varepsilon \approx 6''$。当瞳孔直径增大时,人眼光学系统的像差增大,分辨能力随之减弱。由于眼睛具有较大色差,故视角分辨率随光谱而异,连续光谱中间部分的视角分辨率高于红光和紫光部分的分辨率。

人眼的分辨能力或者视觉敏锐度是极限鉴别率的倒数,定义为视角敏锐度 $1/\varepsilon$,ε 以"'"为单位。一般视角敏锐度取作 1(或者视角分辨率取 1')。人眼的视角分辨率因人而异,并随着观察条件而变化。

与人眼的空间分辨率相关的因素有:

1)与物体亮度与对比度有关:当照度≥50 lx(勒克斯,lux,简写为 lx)时,对比度大时分辨率高。

2)与照明光谱成分有关:单色光分辨率高(眼睛有色差)。

3)与网膜上成像位置有关:黄斑处分辨率最高。

在设计目视光学仪器时,应确保仪器本身由衍射决定的分辨能力与人眼的视角分辨率相适应,即光学系统的放大率和被观察物体所需要的分辨率的乘积应等于人眼的分辨率。

(2)时间分辨率。视觉惰性是人眼的另一个重要特性,即光信号一旦在视网膜上形成,人眼视觉将对该图像的感觉保留一个有限的时间,这种生理现象称为视觉暂留。对于中等光亮度的刺激,视觉暂留的时间为 0.05～0.2 s。因此,人眼的时间分辨率取决于视觉暂留的时间,人眼的时间分辨率一般定义为 25 f/s(帧/秒),故当把一运动的目标以 50 f/s 的速度拍摄后放映时,人眼感觉目标是连续运动的,没有闪烁。

(3)对比度分辨率。人眼的对比度分辨率(即对比度灵敏度变化)很小,大约为 0.02,这个值也称作韦伯比。当背景亮度较强或者较弱时,人眼分辨亮度差异的能力下降。这一点被应用于目视光学系统光学传递函数的像质评价中(后面将介绍光学传递函数相关概念)。

5. 人眼的对准精度

对准和分辨是两个不同的概念,分辨是指眼睛能区分开两个点或者线之间的线距离或者角距离的能力,而对准是指在垂直于视轴方向上的重合或者置中过程。对准后,偏离置中或者重合的线距离或者角距离称为对准误差。

图 3.4(a)是两实线重合,对准误差为±60″,图 3.4(b)是两直线端部重合,对准误差为±10″～±20″,图 3.4(c)(d)分别是双线对准单线和叉线对准单线,对准精度均可达±10″。

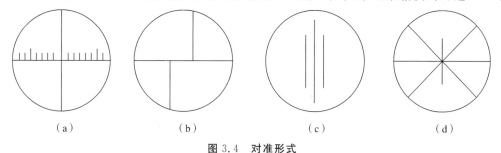

（a）　　　　　　　　（b）　　　　　　　　（c）　　　　　　　　（d）

图 3.4　对准形式

(a)两实线重合;(b)两直线端部重合;(c)双线对准单线;(d)叉线对准单线

6. 人眼的景深

当人眼调焦于某一对准平面时,眼睛不必调节就能同时看清对准平面前和后某一距离的物体,称作眼睛的景深。如图 3.5 所示,对准平面 P 上物点 A 在视网膜上形成点像 A',在对准平面的远景平面 P_1 和近景平面 P_2 上的 A_1 和 A_2 在视网膜上形成弥散斑,弥散斑的尺寸对应人眼的极限分辨角 ε。因此,A_1 和 A_2 在视网膜上形成的像等效于对准平面上 ab 两点在视网膜上形成的像 $a'b'$,因节点处的角放大率等于 1,所以 ab 相对节点 J 的张角也等于 ε。设眼瞳直径为 D,则由图 3.5 得

$$ab = -P\varepsilon \qquad (3-5)$$

和

$$\left.\begin{array}{l} \dfrac{D}{P_2} = \dfrac{P\varepsilon}{-P+P_2} \\[3mm] \dfrac{D}{P_1} = \dfrac{P\varepsilon}{-P_1+P} \end{array}\right\} \qquad (3-6)$$

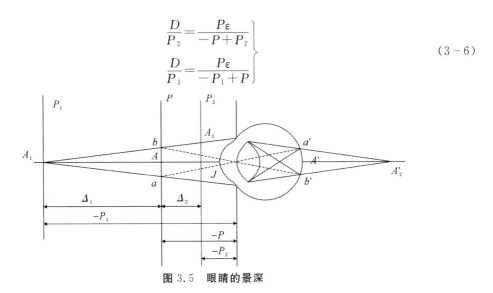

图 3.5　眼睛的景深

由此可得远景和近景到人眼的距离分别为

$$P_1 = \frac{PD}{D+P\varepsilon} \qquad (3-7)$$

$$P_2 = \frac{PD}{D-P\varepsilon} \qquad (3-8)$$

远、近景深可以分别为

$$\Delta_1 = P-P_1 = \frac{P^2\varepsilon}{D+P\varepsilon} \qquad (3-9)$$

$$\Delta_2 = P_2-P = \frac{P^2\varepsilon}{D-P\varepsilon} \qquad (3-10)$$

若眼睛调节在无限远,即 $P \rightarrow \infty$,对式(3-7)和式(3-8)取极限,则远景深和近景深距离分别为

$$\left.\begin{array}{l} P_{1\infty} = +D/\varepsilon \\ P_{2\infty} = -D/\varepsilon \end{array}\right\} \qquad (3-11)$$

7. 双目立体视觉

用单眼判读物体的远近,是利用眼睛的调节变化所产生的感觉。因水晶体的曲率变化很小,故判读极为粗略。一般单目判读距离不超过 5 m。

单眼观察空间物体是不能产生立体视觉的。但对于熟悉的物体,由于经验,往往在大脑中把一平面上的像想象为一空间物体。当用双目观察物体时,同一物体在左、右两眼中分别产生一个像,这两个像在视网膜上的分布只有适合几何上某些条件时才可以产生单一视觉,即两眼的视觉汇合到大脑中成为一个像,这种影响是出自心理和生理的。

当双目观察物点 A 时,两眼的视轴对准 A 点,两视轴之间夹角 θ 称为视差角,两眼节点

J_1 和 J_2 的连线称为视觉基线,其长度以 b 表示,如图 3.6(a)所示。物体远近不同,视差角不同,使眼球发生转动的肌肉的紧张程度也就不同,根据这种不同的感觉,双目能容易地辨别物体的远近。

若物点 A 到基线的距离为 L,则视差角 θ_A 为

$$\theta_A = b/L \qquad (3-12)$$

若两物点和观察者的距离不同,它们在两眼中所形成的像与黄斑中心有不同的距离。或者说,不同距离的物体对应不同的视差角,其差异 $\Delta\theta$ 称为"立体视差",简称"视差"。若 $\Delta\theta$ 大,人眼感觉两物体的纵向深度大;若 $\Delta\theta$ 小,人眼感觉两物体的纵向深度小。人眼能感觉到 $\Delta\theta$ 的极限值 $\Delta\theta_{min}$ 称为"体视锐度",数值大约为 $10''$,经训练可达到 $3''\sim5''$。图 3.6(b)所示为不同距离的物体对应的视差角。

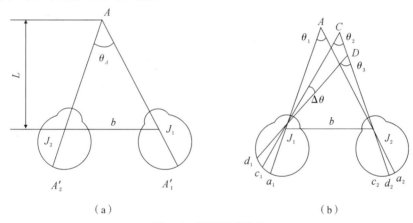

（a）　　　　　　　　　　　　（b）

图 3.6　双目观察物体

(a)双目立体视觉;(b)立体视差

无限远物点对应的视差角 $\theta_\infty = 0$,当物点对应的视差角 $\theta = \Delta\theta_{min}$ 时,人眼刚好能分辨出它和无限远物点的距离差别,即是人眼能分辨远近的最大距离。人眼两瞳孔间的平均距离 $b=62$ mm,称作立体视觉半径,用 L_{max} 可表示为

$$L_{max} = \frac{b}{\Delta\theta_{min}} = 62 \times 206\ 265/10'' \approx 1\ 200 (\text{m}) \qquad (3-13)$$

立体视觉半径以外的物体,人眼则不能分辨其远近。然而,在某些情况下,观察点虽在体视半径以内,仍有可能不产生或者难以产生立体视觉,例如:①若两物体(例如线)位于两眼基线的垂直平分线上,由于此时的像将不再位于视网膜的对应点,在目视点以外的点产生双像,破坏立体视觉。此时只要把头移动一下,便可恢复立体视觉。②如图 3.6(b)所示,在右眼中 C 点和 D 点的像互相重合,由于点 C 被点 D 遮挡,右眼看不到点 C 的像,故不可能估计点 C 的位置,只要移动一下头部,使点 C 在右眼中单独成像即可。双眼能分辨两点间的最短深度距离称作立体视觉阈,可通过对式(3-12)取微分计算得到。

3.2.2　显微镜光学系统

为了观察近距离的微小物体,要求光学系统有较高的视角放大率,因此必须采用复杂的

组合光学系统,如显微镜系统。显微镜由物镜和目镜组成,物体经显微镜物镜放大成像后,其像再经目镜放大以供人眼观察。如图 3.7 所示,其成像过程为:待观察物体 QP 放在 FO 的外侧附近,经物镜在 FE 内侧附近成一放大的实像 $Q'P'$。然后再经目镜于眼睛的明视距离 L 处或者其外侧附近成一放大的虚像 $Q''P''$,如图 3.7 所示。

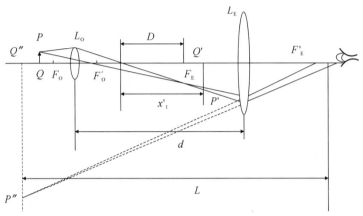

图 3.7　显微镜成像原理

(1)显微镜的视角放大率。目视光学仪器的放大率用视角放大率表示,定义为用仪器观察物体时视网膜上的像高 y'_i 和用人眼直接观察物体时视网膜上的像高 y'_e 之比,用 Γ 表示。当人眼直接观察时,一般把物体放置在明视距离处。此外,若把显微镜看作是由物镜和目镜组成的整体光学系统,根据理想光学系统成像原理(此处不赘述推导过程,具体可查阅《应用光学》"理想光学系统"中"双光组光学系统组合"内容),其组合焦距为

$$f' = -f'_o f'_e / \Delta \tag{3-14}$$

式中:f'_o 和 f'_e 分别为物镜和目镜焦距;Δ 为光学间隔,代表物镜像方焦点与目镜的物方焦点之间的轴向距离,其正负可以物镜的像方焦点为原点进行判断,即目镜的物方焦点位于物镜的像方焦点左侧为负,右侧为正。

因此,显微镜光学系统的视角放大率可以表示为

$$\Gamma = \frac{\tan\omega'}{\tan\omega} = -\frac{250\Delta}{f'_o f'_e} = \beta\Gamma_e \tag{3-15}$$

式中:250 为明视距离(mm);ω 和 ω' 分别代表人眼直接观察物体时对人眼所张的视角和用仪器观察物体时,物体的像对人眼所张的视角;β 代表物镜的垂轴放大率;Γ_e 代表目镜的视角放大率,可表示为 $\Gamma_e = 250/f'_e$。由式(3-15)可以看出显微镜的视角放大率等于物镜的垂轴放大率和目镜的视角放大率 Γ_e 之积。

各国生产的通用显微镜物镜从物平面到像平面的距离(共轭距),不论放大率如何,其都是相等的,大约等于 180 mm。对于生物显微镜,我国规定其共轭距为 195 mm。把显微镜的物镜和目镜取下后,所剩的镜筒长度称为机械筒长,也是固定的。各国有不同的标准,如 160 mm、170 mm 和 190 mm 等,我国规定 160 mm 为物镜和目镜定位面的标准距离。这样,显微镜的物镜和目镜都可以根据倍率要求进行替换。常用的物镜倍率有 4 倍、10 倍、40

倍和 100 倍;常用的目镜倍率为有 5 倍、10 倍和 15 倍。

(2)显微镜的线视场。显微镜的线视场取决于放在目镜前焦平面位置处视场的光阑,物体经物镜成像在视场光阑处。设视场光阑直径为 D,则显微镜的线视场为

$$2y = D/\beta \tag{3-16}$$

为保证在这个视场内得到优质的像,视场光阑的大小应与目镜的视场角一致,即

$$D = 2f'_e \tan\omega' \tag{3-17}$$

用目镜的视角放大率表示,即为

$$D = 500\tan\omega'/\Gamma_e \tag{3-18}$$

代入式(3-16),得

$$2y = \frac{500\tan\omega'}{\beta\Gamma_e} = \frac{500\tan\omega'}{\Gamma} \tag{3-19}$$

由此可见,在选定目镜后(即给定 $2\omega'$),显微镜的视角放大率越大,其在物空间的线视场越小。

(3)显微镜的出瞳直径。对于普通显微镜,物镜框是系统孔径光阑,复杂物镜是以最后边位置镜组的镜框为孔径光阑的。对于用于测量的显微镜,一般在物镜的像方焦平面上设置专门的孔径光阑。孔径光阑经目镜所成的像即为出瞳。

设显微镜的出瞳直径为 D',对于显微镜物镜,应用正弦条件,有

$$n\sin u = y'n'\sin u'/y = -\Delta n'\sin u'/f'_。 \tag{3-20}$$

对像方孔径角 u' 近似有 $\sin u' = \tan u' = D'/2f'_e$,将 $\sin u'$ 代入,可以得出

$$n\sin u = D'\Gamma/500 \tag{3-21}$$

即 $D' = 500 \, n. \sin u/\Gamma$。

(4)显微镜的数值孔径。式(3-21)中,令 $n\sin u = NA$,称为显微镜物镜的数值孔径,它与物镜的倍率 β 一起,刻在物镜的镜框上,是显微镜的重要光学参数。说明如下:

1)对于给定物的亮度和系统的总透光系数,显微镜的集光性能(物体经物镜所成像的照度)反比于物镜的横向放大率的二次方,正比于物方介质折射率和入射孔径角正弦乘积(数值孔径)的二次方。

2)要使显微镜有较大的集光本领,同时又要有较大的放大本领,唯一的方法是增大数值孔径。

3)用显微镜观察某些微小物体或者生物切片时,常将物体或者生物切片与物镜一起浸入某种折射率较大的透明液体中,通过增大物方介质的折射率而提高显微镜的集光性能和分辨性能。另外,为了在增大入射孔径角的同时又不至于引起像差,要求物镜的成像必须满足阿贝正弦条件。

(5)显微镜的分辨率和有效放大率。光学仪器的分辨率受光学系统中孔径光阑的衍射影响。点光源经任何光学系统形成的像都不可能是一个几何点,而是一个衍射斑,衍射斑中心亮斑集中了全部能量的 83.78%,也叫艾里斑,其中心代表像点的位置。

根据瑞利(Rayleigh)判断,两个相邻像点之间的间隔等于艾里斑的半径时,正好能够被

光学系统分辨。设艾里斑的半径为 a，则

$$a = 0.61\lambda/(n'\sin u') \tag{3-22}$$

根据道威(Dove)判断，两个相邻像点之间的两衍射斑中心距为 $0.85a$ 时，则能被光学系统分辨。

由于显微镜是用来观察近距离微小物体的，故其分辨率以能分辨的物方两点间的最短距离 σ 来表示，根据瑞利判据，由正弦条件，其分辨率可表示为

$$\sigma = \frac{a}{\beta} = \frac{0.61\lambda}{n\sin u} = \frac{0.61\lambda}{NA} \tag{3-23}$$

实践证明，由瑞利判断得出的分辨率标准是比较保守的，因此通常以道威判断给出的分辨率值作为光学系统的目视衍射分辨率，或者称作理想分辨率。

同样地，根据道威判断，其分辨率可表示为

$$\sigma = 0.85a/\beta \approx 0.5\lambda/NA \tag{3-24}$$

上面讨论的光学系统的分辨率公式只适用于视场中心情况。对于显微系统和望远系统，因视场通常较小，故只考虑视场中心的分辨率。

由式(3-23)和式(3-24)可知，显微镜的分辨率主要取决于显微物镜的数值孔径，与目镜无关。目镜仅把被物镜分辨的像放大，即使目镜放大率很高，也不能将物镜不能分辨的物体细节看清。

距离为 σ 的两个点不仅应通过物镜被分辨，而且要通过整个显微镜被放大，以使被物镜分辨的细节能被眼睛区分开。设人眼容易分辨的角距离为 $2'\sim4'$，则在明视距离上对应的线距离 σ' 为

$$2\times250\times0.000\ 29 \leqslant \sigma' \leqslant 4\times250\times0.000\ 29 \tag{3-25}$$

把 σ' 换算到显微镜的物空间，按道威判断取 σ 值，则

$$2\times250\times0.000\ 29 \leqslant 0.5\lambda/NA\times\Gamma \leqslant 4\times250\times0.000\ 29 \tag{3-26}$$

为保证计算结果单位统一，设照明光的平均波长为 0.000 555，得

$$523NA \leqslant \Gamma \leqslant 1\ 046NA \tag{3-27}$$

可近似写为

$$500NA \leqslant \Gamma \leqslant 1\ 000NA \tag{3-28}$$

满足式(3-28)的视觉放大率称为显微镜的有效放大率。一般浸液物镜的最大数值孔径为 1.5，故显微镜能达到的有效放大率不超过 1 500 倍。放大率低于 500NA 时，物镜的分辨能力没有被充分利用，人眼不能分辨已被物镜分辨的物体细节，放大率高于 100NA，称作无效放大，不能使被观察的物体细节更清晰。

若有一显微物镜上表明 170 mm/0.17、40/0.65，则表明显微物镜的放大率为 40 倍，数值孔径为 0.65，适合于机械筒长 170 mm、并且物镜是对玻璃厚度 $d=0.17$ mm 的玻璃盖板校正像差的。按照式(3-28)，若要求显微镜的放大率为 325~650 倍，则可以使用倍率为 10 倍或者 15 倍的目镜；若用 25 倍的目镜，则导致无效放大。

由以上讨论可以得出如下结论：①显微镜的分辨率主要取决于显微物镜的数值孔径

NA；②提高数值孔径的方法是增大孔径角，物方孔径角 U 最大可达 $70°$，因此显微物镜属于大孔径系统；③提高数值孔径的另一方法是增大物方空间的折射率，"油浸物镜"便是用于这一目的，可使数值孔径达到 1.5；④光学显微镜的极限分辨距约为 $\lambda/3$，也可以适当减小入射波长以提高分辨率。

（6）显微镜的景深。人眼通过显微镜调焦在某一平面（对准平面）上时，在对准平面前和后一定范围内物体也能清晰成像，能清晰成像的远、近物平面之间的距离称作显微镜的景深。景深决定了用显微镜纵向调焦时的调焦误差。当物像调焦于明视距离时，显微镜的视角放大率为

$$\Gamma = \frac{\tan\omega'}{\tan\omega} = \frac{y'/250}{y/250} = \frac{y'}{y} = \beta \tag{3-29}$$

即显微镜的视角放大率等于显微镜的横向放大率，则弥散圆直径可表示为

$$E' = 250\varepsilon \tag{3-30}$$

E' 在显微镜物空间对应的大小为

$$E = \frac{250\varepsilon}{\beta} = \frac{250\varepsilon}{\Gamma} \tag{3-31}$$

式（3-31）就是显微镜的横向对准误差公式。ε 值根据标志的形状而定，例如选用叉线对准单线时，可取 $\varepsilon = 10'' = 0.000\ 05\ \text{rad}$。

此外，当人眼通过显微镜调焦于对准平面上，即该平面上的物点经系统后成像为像点，在对准平面前或者后某一距离平面上的物点，其像成在视网膜的前方或者后方，即在视网膜上形成弥散斑。如果该弥散斑的直径小于人眼视网膜上感光细胞直径的 2 倍，那么观察者仍感觉是一个清晰的像点。

（7）显微镜的物镜。一般地，显微物镜的放大率范围为 $2.5\sim100$ 倍，数值孔径 NA 随着垂直放大率 β 的增大而增大，借助于显微目镜的放大率来满足显微镜光学系统放大率的要求。根据像差校正情况，显微物镜可以分为消色差物镜（用于简单光学系统，且随 NA 的增大，透镜数目也增多）、复消色差物镜（避免二级光谱产生的彩色边缘）、平像场消色差物镜和平像场复消色差物镜（校正像面弯曲）等；物镜按照放大率，可以分为低倍物镜、中倍物镜、高倍物镜等，应根据实际使用要求设计或者选取现有结构。

利用显微镜可以把微小物体放大观测，但长期使用目镜显微镜会使人眼感觉疲劳、降低测量精度，甚至降低人眼视力。可以使用 CCD 微机系统代替显微物镜，不仅能够提高放大倍率，还可以利用计算机的可编程性实现自动测试。

3.2.2　望远镜光学系统

望远镜光学系统用于观看远处物体，当物体足够远时，也可以看作是平行光入射至望远镜物镜上，最终会聚于像方焦平面上。传统折射式望远镜光学系统主要包括伽利略结构和开普勒结构，二者均主要由物镜和目镜两部分组成。此外，物镜焦距较大，目镜焦距较小。两镜的光学间隔随被观察物体的距离的不同而可以调节。对于无限远物体，$D=0$，此时为

一无焦系统。开普勒望远镜和伽利略望远镜结构分别如图 3.8(a)(b)所示。

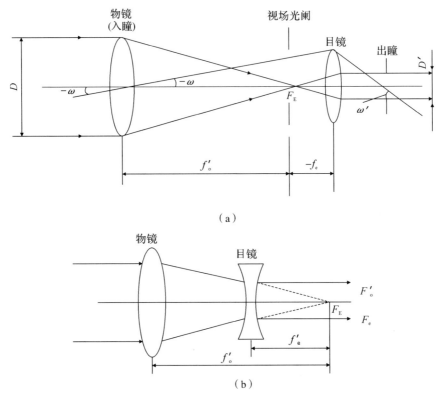

（a）

（b）

图 3.8　两种典型望远镜成像原理

（a)开普勒望远镜；(b)伽利略望远镜

两种望远镜结构的对比见表 3.1。

表 3.1　两种望远镜结构对比

比较项目	开普勒望远镜	伽利略望远镜
目镜性质	会聚透镜，$f_E=f_E{}'>0$	发散透镜，$f_E=f_E{}'<0$
视角放大率	$M<0$，倒像	$M>0$，正像
筒长	镜筒较长	镜筒较短
视场	视场较长（目镜会聚）	视场较小（目镜发散）
分划板	F_E 位于镜筒内，可在该平面处放置 分划板用于测量基准	F_E 位于镜筒外，无法放置 分划板，故不能用于测量

（1)望远系统的分辨率及工作放大率。望远系统的分辨率用极限分辨角表示，由式（3-22)可得

$$\varphi=\frac{a}{f'_o}=\frac{0.61\lambda}{n'\sin u'f'_o} \tag{3-32}$$

式中：a 为艾里斑半径；n' 为像空间介质折射率；λ 为工作波长。

又因其像空间折射率一般为空气，取 $n'=1$，像方孔径角正弦值 $\sin u'=D_{in}/2f'_o$，并取 λ

＝0.000 555 mm,式(3-32)可写成

$$\varphi = 140''/D_{in} \tag{3-33}$$

式中:D_{in} 为望远镜入瞳(mm)。

按照道威判断:

$$\varphi = 120''/D_{in} \tag{3-34}$$

即入射光瞳直径 D_{in} 越大,极限分辨率越高。

望远镜是目视光电仪器,因而受人眼的分辨率限制,即两个观察物点通过仪器后对人眼的视角必须大于人眼的视觉分辨率 60″,故除了增大物镜口径以提高望远镜的衍射分辨率外,还要增大系统的视角放大率,以符合人眼分辨率的要求。但在仪器的分辨率一定时,过大地增大视角放大率也不会看到更多的物体细节。

(2)视角放大率。望远系统的视角放大率 Γ 为

$$\Gamma = \frac{\tan\omega'}{\tan\omega} \tag{3-35}$$

式中:ω 和 ω' 分别表示物方和像方半视场角。

一般地,常用目镜视场角为 $2\omega' < 70°$,对于 $\Gamma = 8$ 倍的望远系统,有 $2\omega < 10°$,即通常望远镜光学系统视场角不大于10°。此外:军用望远镜视场角稍大,可能大于10°,但一般不会超过12°,视具体情况而定;民用望远镜视场角 2ω 一般小于8°;天文望远镜视场角 2ω 一般小于0.5°。

图3.8(a)给出了开普勒望远镜成像原理,其中 D_{in} 和 D_{out}' 分别是望远镜的入瞳和出瞳的大小,即物镜直径和人眼瞳孔直径。可以看出,视角放大率 Γ 也可以表示为

$$\Gamma = -f'_o/f'_e = -D_{in}/D_{out}' \tag{3-36}$$

望远镜的放大能力正比于物镜的焦距,反比于目镜的焦距。因此,提高望远镜放大本领的有效途径是增大物镜焦距,减小目镜焦距。由于目镜口径的限制,其最大视场角处的渐晕系数为50%,最大视场处的主光线刚通过目镜上边缘,以下边缘光线到主光线的半口径的光束被目镜遮拦,目镜框对入射光束起到了渐晕的作用。

由式(3-36)可知,望远镜的视角放大率 Γ 是光学系统垂轴放大率的倒数,即

$$\Gamma = 1/\beta \tag{3-37}$$

由式(3-37)可知,望远镜的视角放大率与物体的位置无关,仅取决于望远系统的结构,欲增大视角放大率,必须增大物镜焦距或者减小目镜焦距,但目镜的焦距不得小于 6 mm,以确保望远系统保持一定的出瞳距,以避免眼睛睫毛与目镜表面直接接触。此外,由视角放大率公式[见式(3-37)]可知,随着物镜和目镜的焦距符号的不同,视角放大率可能为正值,也可能为负值,因此通过望远镜观察到的物体像方向不同。若 Γ 是正值,像是正立的;反之,像是倒立的。

手持望远镜的放大倍率一般不超过 10 倍。大地测量仪器中的望远镜,视角放大率约为30 倍。天文望远镜有很高的放大倍率,例如美国帕洛马(Palormar)天文台的反射式望远镜物镜焦距为 165 m,相对口径为1:33。

望远镜是目视光学仪器,会受到人眼分辨率的限制,即两个观测物点通过望远镜后对人

眼的视角必须大于人眼的视角分辨率 $60''$,故除了增大物镜口径以提高望远镜的衍射分辨率外,还需要增大系统的视角放大率,以满足人眼分辨率的要求。然而,当光学仪器的分辨率一定时,过高地增大视角放大率也不会看到更多的细节信息。因此,视角放大率和分辨率的关系可以表示为

$$\varphi\Gamma = 60'' \tag{3-38}$$

即 $\Gamma = \dfrac{60''}{\varphi} = D/2.3$。

从式(3-38)求得的视角放大率是满足分辨率要求的最小视觉放大率,称为有效放大率,或者正常放大率。

然而,眼睛处于分辨极限条件下($60''$)观察物像时会感到疲劳,故在设计望远镜时,一般视觉放大率是按式(3-38)求得的数值的 2~3 倍,称工作放大率。若取 2.3 倍,则

$$\Gamma = D \tag{3-39}$$

对观察仪器的精度要求则是其分辨角,由式(3-38)可求得

$$\varphi = 60''/\Gamma \tag{3-40}$$

对瞄准仪器的精度要求则是其瞄准误差 $\Delta\varphi$,它与瞄准方式有关。若使用压线瞄准,则有

$$\Delta\varphi = 60''/\Gamma \tag{3-41}$$

若使用双线或者叉线瞄准,则有

$$\Delta\varphi = 10''/\Gamma \tag{3-42}$$

(3)望远镜的视场。开普勒望远镜的物镜框是孔径光阑,出瞳在目镜外面,与人眼重合,目镜框是渐晕光阑,一般允许有 50% 的渐晕。物镜的后焦平面上可放置分划板,分划板框即是视场光阑。由图 3.10 可以求出,望远镜的物方视场角 ω 满足

$$\tan\omega = y'/f_o' \tag{3-43}$$

式中:y' 是视场光阑半径,即分划板半径。

开普勒望远镜的视场 2ω 一般不超过 $15°$。人眼通过开普勒望远镜观察时,必须使眼瞳位于系统的出瞳处,才能观察到望远镜的全视场。

伽利略望远镜一般以人眼的瞳孔作为孔径光阑,同时又是望远系统的出瞳。物镜框为视场光阑,同时又是望远系统的入射窗。由于望远系统的视场光阑不与物面(或者像面)重合,因此伽利略望远系统对大视场一般存在渐晕现象。伽利略望远镜的视觉放大率越大,视场就越小,故其视觉放大率不大。伽利略望远镜的渐晕现象及视场计算方式此处不再赘述,可查看《应用光学》[①]"典型光学系统"章节的内容。

(4)望远镜的结构分析。开普勒望远镜是由两个正光焦度的物镜和目镜组成的,因此望远系统成倒像。为使经望远系统形成的倒像转变成正立的像,需加入一个透镜或者棱镜用作转像系统。因开普勒望远镜的物镜在其后焦平面上形成实像,故可在中间像的位置放置一分划板,用作瞄准或者测量。图 3.9 所示的军用望远镜的转像系统是由两个垂直放置的 $D_{II}-180$ 棱镜(即保罗棱镜)组成的。

———————————

① 赵存华,丁超亮.应用光学[M].北京:电子工业出版社,2017.

图 3.9 军用保罗棱镜望远镜结构

伽利略望远镜由具有正光焦度的物镜和具有负光焦度的目镜组成,其视角放大率大于 1,形成正立的像,不需要加转像系统,但由于其无法安装分划板,应用较少,因此可应用于剧场观剧,倒置伽利略望远镜可用于门镜。图 3.10 所示为基于 ZEMAX 的伽利略望远镜光学系统结构建模。

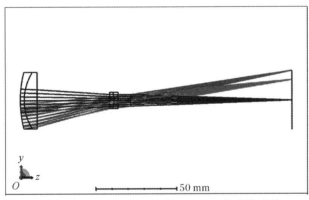

图 3.10 基于 ZEMAX 的伽利略望远镜结构建模

3.2.4 照相光学系统

照相系统由照相物镜和成像器件组成,其中,照相物镜一般由几个单透镜或者复合透镜组成,以消除单色像差和色差,大部分镜头多采用对称或者亚对称镜头,成像器件决定了照相物镜的成像幅面。数码相机利用光电成像探测器件,例如 CCD 或者 CMOS 等接收经过照相物镜的入射光线,将其转换为电信号,经过处理再还原成图像。一般地,光电探测器件的成像幅面是一个矩形,该矩形是由小方形的像素单元组成的,像素大小为 $p \times p$(p 为像素长度和宽度),单位通常是 μm,由像素阵列组成光电探测器件成像幅面。

图 3.11 所示为典型的胶片式照相机的结构。物体 $P_1 P_2$ 经过照相物镜光学系统,在底片架上的胶片成倒立的像 $P_1{}' P_2{}'$。对于照相物镜,光圈是其中一个直径可变的光阑,即物镜的孔径光阑;视场光阑是靠近底片支架处用以限制成像的横向范围的一个矩形边框,决定了像空间的成像范围,即像的最大尺寸,也是照相物镜光学系统的出射窗。

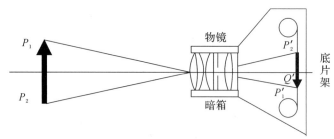

图 3.11 胶片式照相机的结构及成像原理

照相物镜的光学特性由焦距 f'、相对孔径 D/f' 和视场角 2ω 表示。焦距决定成像的大小,相对孔径决定像面照度,视场决定成像的范围。

(1)视场。视场的大小由物镜的焦距和接收器的尺寸决定。一般来说,焦距越长,所成像的尺寸越大。在拍摄远处物体时,像的大小 y' 为

$$y' = -f'\tan\omega \tag{3-44}$$

在拍摄近处物体时,像的大小取决于垂轴放大率的大小,表示为

$$y' = y\beta \tag{3-45}$$

式中:y 为物体高度;β 为照相物镜光学系统的放大率。

表 3.2 列出了几种常用照相底片的规格。当接收器的尺寸一定时:物镜的焦距越短,其视场角越大;焦距越长,视场角越小。对应这两种情况的物镜分别称作广角物镜和远摄物镜。普通照相机标准镜头的焦距为 50 mm。

表 3.2 常用摄像底片规格

名　称	长/mm×宽/mm	名　称	长/mm×宽/mm
135 底片	36×24	35 mm 电影片	22×16
120 底片	60×60	航摄底片	180×180
16 mm 电影片	10.4×7.5	航摄底片	230×230

当拍摄远处物体时,物方最大视场角 $\omega_{\max}$ 的计算公式可以表示为

$$\tan\omega_{\max} = y'_{\max}/2f' \tag{3-46}$$

式中:$y'_{\max}$ 为底片的对角线长度。

(2)分辨率。照相系统的分辨率取决于物镜的分辨率和接收器件的分辨率。分辨率是以像平面上每毫米内能分辨开的线对数表示。设物镜的分辨率为 N_L,接收器的分辨率是 N_r。按经验公式,对照相系统的分辨率 N 有

$$1/N = 1/N_L + 1/N_r \tag{3-47}$$

按照瑞利判断,照相物镜的理论分辨率 N_L 可以表示为

$$N_L = 1/\sigma = D/(1.22\lambda f') \tag{3-48}$$

取 $\lambda = 0.000\,555$ mm,则

$$N_L = 14\,750/f' = 1\,475/F \tag{3-49}$$

式中:$F = f'/D$ 称作照相物镜的光圈数(lp/mm)。

由于照相物镜有较大的像差,且存在着衍射效应,所以物镜的实际分辨率要低于理论分

辨率。此外,物镜的分辨率还与被摄目标的衬比度有关,同一物镜对不同衬比度的目标(分辨率板)进行测试,其分辨率值也不同。因此评价照相物镜像质的科学方法是利用光学传递函数。

(3)像面照度。照相系统的像面照度主要取决于相对口径,按光度学理论,像面照度 E' (当物空间和像孔家均为空气介质,即 $n'=n=1$ 时)可以表示为

$$E' = \tau \pi L \sin^2 U' = \frac{1}{4} \tau \pi L \frac{D^2}{f'^2} \times \frac{\beta_p^2}{(\beta_p - \beta)^2} \tag{3-50}$$

式中:β_p 为光瞳的垂轴放大率;β 为系统的垂轴放大率;L 为物体的亮度;τ 为系统透射率。

当物体在无限远处,$\beta=0$ 时,则

$$E' = \frac{1}{4} \tau \pi L \frac{D^2}{f'^2} \tag{3-51}$$

对大视场物镜,其视场边缘的照度要比视场中心小得多,按式(3-51)可得

$$E'_M = E' \cos^4 \omega' \tag{3-52}$$

式中:ω' 为像方视场角。

由式(3-52)可知,大视场物镜视场边缘的照度急剧下降。感光底片上的照度分布不均匀,导致在同一次曝光中,很难得到理想的照片,或者中心曝光过度,或者边缘曝光不足。

为了改变像面照度,一般照相物镜都利用可变光阑来控制孔径光阑的尺寸。使用者根据天气情况按镜头上的刻度值选择使用。分度的方法一般是按每一刻度值对应的像平面照度依次减半。由于像平面的照度与相对孔径二次方成正比,所以相对孔径按公比为 $1/\sqrt{2}$ 等比级数变化,光圈数 F 按公比为 $\sqrt{2}$ 的等比级数变化。

(4)照相物镜的景深。照相制板、放映和投影物镜等只需要使一对共轭面成像。然而,一般照相机要求光学系统将整个或者部分物空间同时成像于一个像平面上。假设接收器像平面允许的弥散斑直径为 z',则在共轭平面上相应的弥散斑直径 $z = z'/\beta$。照相物镜的景深可以表示为

$$\Delta = \frac{2Zl(l+f')}{D} \frac{1}{f'} \tag{3-53}$$

式中:Z 为像面允许的像素大小;l 为考察的物平面。景深为考察物平面前后能够获得清晰像的范围。

当在明视距离观察照片时:焦距越长,入瞳直径越大,景深越小;拍摄距离越大,景深越大。因此,在使用照相机拍摄时,选用光圈数(F 数)越大,则景深越大。

照相物镜属大视场、大相对孔径的光学系统,为了获得较好的成像质量,它既要校正轴上点像差,又要校正轴外点像差。照相物镜根据不同的使用要求,其光学参数和像差校正也不尽相同。因此,照相物镜的结构类型是多种多样的。照相物镜主要分为普通照相物镜、大孔径照相物镜、广角照相物镜、远摄物镜和变焦距物镜等。

普通照相物镜是应用最广的物镜。一般具有下列光学参数:焦距为 $20 \sim 500$ mm,相对孔径 $D/f' = 1:9 \sim 1:2.8$,视场角可达 $64°$。图 3.12 所示为天塞(Tessar)物镜的结构,其相对孔径 $D/f' = 1:3.5 \sim 1:2.8$,$2\omega = 55°$。

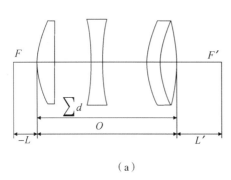

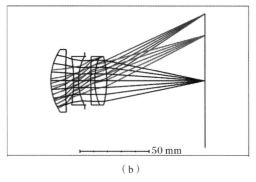

（a）　　　　　　　　　　　　　　　（b）

图 3.12　天塞物镜结构及建模

（a）结构组成；（b）基于 ZEMAX 的结构建模

大相对孔径照相物镜相对比较复杂。图 3.13 所示为双高斯(Guass)物镜的结构形式，其光学参数 $f'=50$ mm，$D/f'=1:2$，$2\omega=40°\sim60°$。

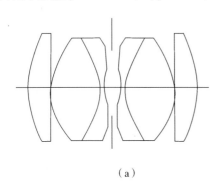

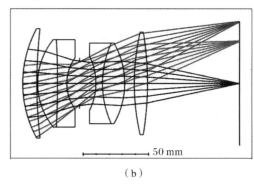

（a）　　　　　　　　　　　　　　　（b）

图 3.13　双高斯物镜结构及建模

（a）结构组成；（b）基于 ZEMAX 的结构建模

广角照相物镜多为短焦距物镜，以便获得更大的视场，一般采用反远距型物。广角物镜中最著名的应属鲁沙尔-32 型，其焦距 $f'=70.4$ mm，相对孔径 $D/f'=1:6.8$，$2\omega=122°$。图 3.14(b)为某一典型广角物镜二维结构，其视场达到 $2\omega=180°$。

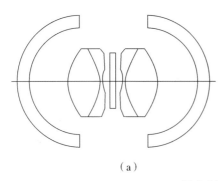

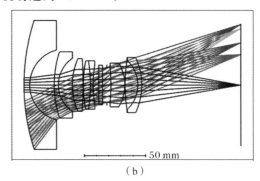

（a）　　　　　　　　　　　　　　　（b）

图 3.14　广角物镜结构及建模

（a）结构组成；（b）基于 ZEMAX 的结构建模

远摄物镜一般在高空照相中使用，为获得较大的像面。远摄物镜的焦距可达 3 m 以上。但其机械筒长 L 小于焦距 f'，远摄比一般满足 $L/f'<0.8$。随着焦距的增加，系统的二

级光谱也增加,设计时常用特种火石玻璃。为缩短筒长,也可以采用折反型物镜,但其孔径中心光束有遮拦。图 3.15 为蔡司公司的远摄天塞物镜光学结构,其相对口径 $D/f' < 1:6, 2\omega < 30°$。

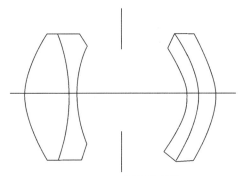

图 3.15　远摄物镜结构

　　变焦距物镜的焦距可以在一定范围内连续地变化,而像的位置和质量都能保持稳定的光学结构。故对一定距离的物体,其成像的放大率也在一定范围内连续变化,但系统的像面位置保持不变。在摄影领域,变焦距物镜几乎代替了定焦距物镜,并已用于望远系统、显微系统、投影仪、热像仪等。

　　变焦距光学系统由多个子系统组成。系统的焦距变化是通过一个或者多个子系统的轴向移动和改变光组间隔实现的。当改变不同的透镜之间的间隙,使镜头的焦距发生变化时,将不可避免地造成像面的偏移,因此出现了两种常用的变焦补偿方法,即光学补偿与机械补偿。光学补偿不能保证在全焦距范围内成像清晰,所以现在大部分变焦镜头均采用机械补偿方式,并且根据补偿组光焦度的正负,分为正组补偿和负组补偿两种形式。当正组补偿变焦系统由短焦端向长焦端运动时,变倍组与补偿组做相向运动,而负组补偿变焦系统的变倍组与补偿组先做相向运动,然后再一起向右移动。

　　机械补偿型的变焦光学系统,一般由前固定组、变倍组、补偿组和后固定组组成。通常把系统中引起垂轴放大率 β 变化的子系统称为变倍组,将相对位置不变的子系统称固定组。一般情况下,系统中第一个子系统是前固定组,最后一个子系统是后固定组。前固定组为变倍组提供一个固定且距离适当的物面位置,后固定组提供一个固定且距离适当的后工作距离。图 3.16 所示为机械正组补偿变焦系统的光学原理,其中组件 1~4 分别为前固定组、变倍组、补偿组、后固定组。变倍组与补偿组沿光轴方向按照不同规律移动。对于两个移动组元的机械补偿型变焦光学系统,变倍组与补偿组的运动关系可以通过计算得出,即

$$Aq_2{}^2 + Bq_2 + C = 0 \tag{3-54}$$

式中:

$$\left. \begin{aligned} A &= (f_2{}' - \beta_1 q_1)\beta_2 \\ B &= \beta_1 \beta_2 q_1{}^2 + [f_3{}'(1-\beta_2{}^2)\beta_1 - f_2{}'(1-\beta_1{}^2)\beta_2]q_1 - f_2{}' f_3{}'(1-\beta_2{}^2) \\ C &= \beta_2{}^2 f_3{}'[\beta_1 q_1 - f_2{}'(1-\beta_1{}^2)]q_1 \end{aligned} \right\} \tag{3-55}$$

由此得到补偿组的运动变量为

$$q_2 = \frac{-B \pm \sqrt{B^2 - 4AC}}{2A} \qquad (3-56)$$

式(3-54)或(3-56)中：β_1 表示变倍组初始位置的垂轴放大率；β_2 表示补偿组初始位置的垂轴放大率；q_1 表示变倍组沿光轴的位移量；q_2 表示补偿组沿光轴的位移量；f_2' 为变倍组的焦距；f_3' 为补偿组的焦距。变焦后变倍组放大倍率从 β_1 变为 β_1^*，补偿组放大倍率从 β_2 变为 β_2^*。系统的变倍比为

$$M = \frac{\beta_1^* \beta_2^*}{\beta_1 \beta_2} \qquad (3-57)$$

图 3.17 所示为 ZEBASE 中 S_007 变焦镜头初始结构，系统总长 245 mm，变焦范围为 20～100 mm，最大视场 2ω 为 43.6°。

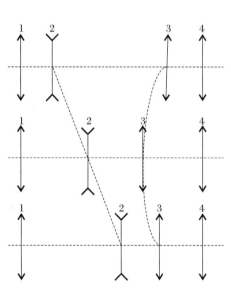

图 3.16　机械正组补偿变焦系统的光学原理

1—前固定组；2—变倍组；3—补偿组；4—后固定组

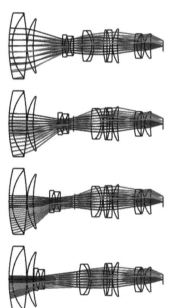

图 3.17　变焦镜头的结构建模

上述结构均为折射式光学系统，反射式光学系统由于具有较容易实现大口径、无色差等优势，也有重要应用，例如天文望远镜光学系统常采用反射式结构。图 3.18 所示为科学家 Hubble(哈勃)和以他的名字命名的哈勃太空望远镜用数码相机拍摄的太空星云照片。哈勃太空望远镜(Hubble Space Telescope，HST)是目前已知的唯一一台可有效工作于紫外波段的太空望远镜，于 1990 年 4 月 24 日开始服役，1993 年装备了 CCD，可以探测从紫外到近红外(115～1 010 nm)波段的宇宙目标。哈勃太空望远镜系统总长 12.8 m，镜筒直径 4.27 m，主镜口径 2.4 m，次镜口径 0.3 m，主镜到次镜的间隔是 4.84 m，焦距 57.6 m，飞行器重达 11 600 kg。

（a）　　　　　　　　　　　　（b）　　　　　　　　　　　　（c）

图 3.18　哈勃与哈勃望远镜

（a）哈勃；（b）哈勃望远镜；（c）"圣诞星云"

3.2.5　棱镜光谱仪光学系统

棱镜光谱仪由光源单元、聚光单元、分光单元和探测单元组成。光源单元由电源发生器和电极架组成，通过电激发试样发光；聚光单元主要将激发出的光聚集并导入分光单元；分光单元将光色散成各元素的单色谱线；探测单元用于测量各谱线强度，并指示、记录下来，或者是将其测光读数换算成为元素质量分数表示出来。

（1）电源发生器：棱镜光谱仪使用的电源发生器有火花发生器、电弧发生器和低压电容放电发生器等。

（2）电极架：用于装载块状试样、棒状试样和对电极。块状电极架一般能装直径 20 mm 以上的平面试样，有的使用各种样品夹具，能兼用于装棒状试样、小型试样和薄板试样。

（3）聚光单元：由聚光镜系统组成，其作用是把光源的光聚集起来，并使之入射至分光系统。对于该系统一般要求能充分利用光源发出的光辐射，得到较大光强，同时要满足仪器分辨能力的要求。通常使用单透镜成像法、三透镜中间成像法和圆柱面透镜成像法，使光源发出的光成像于准直镜。

（4）分光单元：由入射狭缝、分光元件和出射狭缝系统组成，待测光信号经分光单元分光后，由出射狭缝系统选择各元素的谱线。对于铁元素而言，由于其谱线很多，因此最好用大色散的分光元件。分光器根据其内部是在真空下还是在非真空下使用，可分为真空型和非真空型两大类。

（5）探测单元：由光电倍增管、积分单元、记录器或者指示器等组成。内标线和分析线的光电倍增管将各自接收来自出射狭缝的光，使之变成电流，再分别向积分电容充电。

（6）真空型棱镜光谱仪的真空系统：由于硫、磷、碳、氮等元素的灵敏线位于 200 nm 以下波段范围内，而这些波段的辐射将被空气吸收，可见必须将棱镜光谱仪的光学系统置于真空之中，才能进行这些元素的分析，因此测定硫、磷、碳等元素时，必须使用真空棱镜光谱仪。

棱镜光谱仪是一种典型的分光系统，基于棱镜色散原理，由平行光管、色散棱镜、望远镜组成。根据其应用分为分光计、单色仪、摄谱仪三大类，其中：分光计中望远镜带有目镜；单色仪中望远镜不带目镜,物镜像方焦平面上放置一个狭缝光阑,用以分离单色谱线;摄谱仪中望远镜不带目镜,物镜像方焦平面上放置感光底片或者 CCD 光敏面,用以记录光源的光谱分布。图 3.19 为典型的棱镜光谱仪成像原理,α 为棱镜二面角(也叫棱镜折射角),n 为棱镜材料折射率,L_1 和 L_2 分别为平行光管和聚光光学单元。

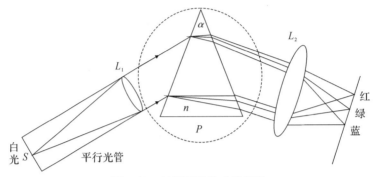

图 3.19 棱镜光谱仪成像原理

光谱分光仪器通常关心的是其色散本领(对应放大本领)。色散型光谱仪通常用色散元件的角色散率或者线色散率表征。棱镜光谱仪的角色散率是棱镜的偏向角 δ 对波长 λ 的导数,表示为

$$D_\delta = \frac{\mathrm{d}\delta}{\mathrm{d}\lambda} \tag{3-58}$$

为保证狭缝 S 在望远物镜像方焦平面上的像(光谱线)的弯曲程度最小,棱镜光谱仪中的棱镜 P 总是调整在接近于产生最小偏向角的方位,故其角色散性能 D 等于其最小偏向角 $\mathrm{d}\delta_{\min}$ 对波长 λ 的导数,即

$$D_\delta = \frac{\mathrm{d}\delta_{\min}}{\mathrm{d}\lambda} = \frac{\mathrm{d}\delta_{\min}}{\mathrm{d}n}\frac{\mathrm{d}n}{\mathrm{d}\lambda} = \frac{2\sin\frac{\alpha}{2}}{\sqrt{1 - n^2\sin^2\frac{\alpha}{2}}}\frac{\mathrm{d}n}{\mathrm{d}\lambda} \tag{3-59}$$

棱镜底边越长,光束宽度越小,则光谱仪的角(线)色散率越大。

3.3 成像缺陷的产生

3.3.1 光学设计的必要性

随着需求的不断升级,对光学系统的要求也越来越高。首先,简单地组合镜片、移动位置、对焦已经无法满足需要。于是,将数个镜片组合在一起,构成具有一定功能的整体,即镜头。然后,把镜头作为部件进行组合,形成了效果比单镜片好很多的光学系统。但是,将镜片合理地组合在一起,需要长期的经验积累。光学设计师和光学科学家一起为解决透镜成像问题不懈地努力,逐渐从纯经验的手动拼凑到理论计算的飞跃,最后又到软件自动设计的高度。尤其是 1856 年,德国天文学家赛德(Seidel)提出的像差论,使得在镜头制造之前就设

计出可行的镜头,成为了一种可能。

　　即便是在成熟的像差理论指导下,设计一个好的镜头也是相当困难的。由于需要大量的数值计算,因此之前的光学设计周期都很长,一般需要数月或者更久。为了保护自己的劳动成果,一般设计出来的镜头都会立即申请专利。因此,光学设计曾经被称为一门艺术,是一种极具创造力和挑战性的工程技术,只有经验丰富和富有创造力的艺术大师才可以设计出相对完美的镜头。随着电子计算机的出现,光学设计有了一次大的飞跃。利用软件程序来计算大量繁杂的光线追迹、像质评价指标和分析成像结果,使数天的手动计算可以在几秒内完成。不仅如此,数学最优化理论的成果也使光学设计可以进行自动校正,让系统的像差向小的方向变化,这是光学设计的巨大进步。具有对光学系统进行计算、分析和自动校正的软件程序包被称为光学设计软件,它使普通的光学设计师在掌握了少量的光学技术之后,就可以设计出比较完美的镜头。所以,现在所有的光学设计师都离不开一套功能强大的光学设计软件。目前,在我国使用较为广泛的光学设计软件有国际通用的 ZEMAX、CODE V、OSLO、TracePro、ASAP 等,以及国产的 CAOD、SOD88 等。作为一名优秀的光学设计师,必须至少熟练掌握一种光学设计软件。

3.3.2　成像缺陷的产生

　　根据应用光学中理想成像理论可知,理想成像需要满足:

　　(1)一个物点成像为一个像点,称为"点成点";

　　(2)一条物空间直线成像为一条像空间直线,称为"线成线";

　　(3)一个物空间平面成像为一个像空间平面,称为"面成面"。

　　满足上述理想成像条件的光学系统称为理想光学系统。以 ZEMAX 自带数据库中的单透镜目镜结构为例来说明。图 3.20(a)所示为单透镜目镜光学系统,系统仅由一片透镜组成,使用光学材料为 BK7 牌号的光学玻璃,成像效果如图 3.20(b)所示。可以看出,由于满足近轴条件,因此中心的区域成像清晰,成像较为理想。周围区域成像模糊,并且距离中心区域越远成像越模糊,表明周围区域成像存在明显缺陷。一般成像质量较好的镜头,中心区域所占的比例大一些,周围区域所占的比例小一些。

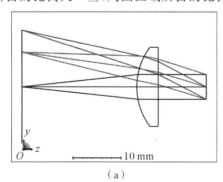

（a）

（b）

图 3.20　单透镜目镜系统

（a）光学结构；（b）成像效果

像差定义为实际成像与理想成像的差异,成像结果与待成像物体之间存在较大的差异,人眼或者光电探测器件可以分辨出来,即光学系统存在较大的缺陷,需要对其进行优化设计,得到较为理想的成像效果。对于光学系统成像质量,一般要求成像清晰、形变量较小。但是实际光学系统总会有一定的缺陷,导致成像不能满足以上要求。

出现这样的成像缺陷主要有三方面原因:Snell 定律的非线性、衍射效应和材料色散。

(1)Snell 定律的非线性。"理想光学系统"(见 2.4 节)中说到,根据折射定律,当入射角大到一定程度时,就会产生背离理想光学系统的附加光程差,光线的离轴和倾斜都会导致入射角度的增大(存在视场角),从而背离近轴条件,成像不完美且像差会急剧增加,此时 $\sin u$ 的泰勒展开中的高阶项不能忽略,即会产生成像缺陷(像差)。根据计算,若入射角≤5°,可以近似当作近轴区域。由应用光学中理想光学系统的理论,只有近轴光线成像才能接近理想光学系统的成像要求。对于成像镜头,不可能保证每一个镜片上的所有光线都限定在泰勒级数展开式的要求之内,所以必然会产生成像缺陷(像差)。

(2)衍射效应。根据物理光学理论,任何限制光传播的孔径都将发生光的衍射效应,即点光源成像不再是理想像点,而是呈一定大小的弥散斑。光学镜头都有一定横向尺寸的孔径,所以光线通过镜头时会发生衍射效应。镜头的孔径越小,衍射效应越明显。由于光学镜头通常是旋转对称系统,孔径呈圆形,将产生圆孔衍射,因此,物空间的每一个物点在像平面上都将形成一个圆形衍射像斑。圆孔衍射强度 I 可以表示为

$$I=I_0\left[\frac{2J_1(Z)}{Z}\right]^2 \tag{3-60}$$

式中:I_0 为中心点光强度;$J_1(Z)$ 为以 Z 为参数的一阶贝塞尔(Bessel)函数;$Z=ka\theta,k$ 为波数,a 为限制光束的圆形孔径最大半径,θ 为衍射角。

对于平行光入射情形,艾里斑的半径 r_0 可表示为

$$r_0=\frac{1.22\lambda}{2a}f' \tag{3-61}$$

式中:λ 为入射光波长;f' 为镜头像方焦距。如果把物体看成无数个点源的集合,那么每一个物点在像面上都会形成一个像斑,这些弥散斑的叠加(数学上以卷积运算)就形成了模糊的像。一般可以采用鉴别率板测试镜头的鉴别率,鉴别率板经理想光学系统成像后应该是一个清晰的、比例缩放的几何图像。但是,经过实际的光学系统后,物方的点源会成像为一个像斑,累加于像面之后,就形成了模糊的像。

(3)材料色散。玻璃材料对不同波长的光具有不同的折射率,称作材料的色散。光在发生折射时,即便入射角相同,不同的波长折射率也不同,将导致不同的色光分开。这种因材料色散而引起的成像不完美称作色差。色差主要有轴向色差和垂轴色差(位置色差和倍率色差)两种。对于宽光谱成像的光学系统,色差影响非常重要,必须加以消除。

事实上,对于实际的光学系统,影响成像质量的因素有很多,除了以上三种主要因素之外,还有加工精度、装配精度、使用环境因素、设计灵敏度等。因此,在一个镜头设计完成之

后,需要经过全面分析,才能进入实质性的制造装配阶段。在完成装配之后,还应该进行严格的性能测试和全面的五项环境试验(实际上不仅仅五项,主要包括振动、高温、低温、淋雨、浸水、气密、沙尘、跌落等,统称为环境试验),最后才能定型、生产并交付使用。

3.4　像　差　理　论

光学设计的任务简单地说就是根据要求的光学特性和成像质量,来确定系统的结构参数(曲率半径、厚度、间隔、玻璃材料等)。光学系统的具体设计分为三个阶段:系统选型→初始结构的计算和选择→像差校正、平衡与像质评价。初始结构选好后,通过逐次修改结构参数,使像差得到最佳的校正与平衡,接着对成像质量进行评价。这几个阶段都需要设计者掌握较全面和坚实的像差理论。

实际光学系统与理想光学系统有很大差异,即物空间的一个物点发出的光线经实际光学系统后,不再会聚于像空间的一点,而是形成一个弥散斑。有两个因素会影响光学系统像点的弥散:一是由于光的波动本性产生的衍射,二是由于光学表面几何形状和光学材料色散产生的像差。除了平面反射镜成像等个别情况,几乎所有的光学系统都存在像差。实践表明,完全消除像差是不可能的,也是没有必要的。光学设计者的任务是把影响成像质量的主要像差校正到某一范围,使接收器件(包括人眼、光电探测器等)不能察觉,即可认为成像质量是令人满意的。

与几何像差不同,衍射是在系统通光口径确定后无法控制的。即使光学系统没有任何像差,理想像点也不是一个几何点,而是一个弥散斑。出现这种情况,则认为该光学系统的性能已经达到极限,称为衍射极限。

近轴光学系统只适用于近轴的小物体以细光束成像。然而,对于任何一个实际光学系统,都会存在一定的孔径和视场。应用光学中,将轴外点发出宽光束中通过入瞳中心的光线称为主光线,主光线和光轴构成的平面称为子午平面,包含主光线并与子午平面垂直的平面,叫作弧矢平面。对共轴光学系统,不管经过多少次折射,主光线始终在同一个子午平面内,而弧矢平面是变化的。对轴上的点来讲,主光线即光轴,上、下边缘光线折射后对光轴仍是对称的,没有必要再定义弧矢平面。一般来讲,子午平面和弧矢平面内光束的光线传输轨迹能近似地代表整个光束的成像质量。

对轴外光束来说,不同孔径的入射光线其成像的位置不同,不同视场的入射光线除成像位置外,成像的倍率也不同,子午平面和弧矢平面光束成像的性质也不尽相同。当入射光为单色光时,根据 Snell 定律的非线性,会产生球差、彗差、像散、场曲和畸变五种单色像差;当入射光为复色光时,产生了轴向色差和垂轴色差。以上讨论是基于应用光学的,所以上述 7 种像差统称为几何像差。图 3.21 为典型光学系统结构,上述像差分析基于此结构。

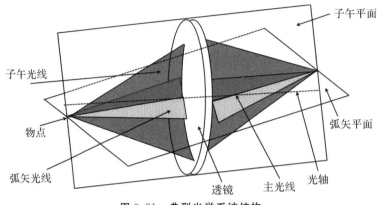

图 3.21　典型光学系统结构

3.4.1　球差

1. 定义

实际光路计算结果表明,轴上物点发出的同心光束经光学系统后,不再是同心光束,不同入射高度或者孔径角(物距不是无穷远情况)的光线将交光轴于不同位置,相对于近轴理想像点会有不同程度的偏离,这种偏离称为轴向球差,简称球差。由于球差的存在,因此在高斯像面上的点已不再是一个点,而是一个圆形的弥散斑,弥散斑的半径也称作垂轴球差。球差的像差和校正如图 3.22 所示,其中下标 m 代表第 m 个孔径环带。

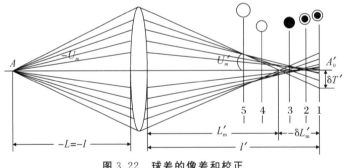

图 3.22　球差的像差和校正

当接收器件在空间沿着光轴移动时,接收到的弥散斑都是圆形的,位置不同,弥散斑的直径也不同。

轴向球差是指对于不同孔径角(入射高度)的光线,会聚在光轴不同位置,实际像点相对于近轴区的理想像点(高斯像点)有不同程度的沿轴偏离,轴向球差 $\delta L'$ 可表示为

$$\delta L' = L' - l' \tag{3-62}$$

式中:L' 是实际光线的像距;l' 是近轴光线的像距。

轴上球差 $\delta L'$ 小于 0,代表光学系统是负球差,一般正透镜会产生负球差;相反,轴上球差 $\delta L'$ 大于 0,代表光学系统是正球差,一般负透镜会产生正球差。因此,采用正、负透镜组合是进行球差校正的一种方式。

垂轴球差是成像光束在高斯像面的像是一个圆形的弥散斑的情况,其半径用垂轴球差

$\delta T'$可表示为

$$\delta T' = \delta L' \tan U' = (L' - l') \tan U' \qquad (3-63)$$

式中:U'是实际光线的像方孔径角。

可以看出,球差只与入射光线或者孔径有关,即球差仅是入射高度或者孔径角的函数,它具有轴对称性。因此,若将轴向球差与高度 h_1 或者孔径角 U_1 的函数关系用 h_1 或者 U_1 的幂级数表示时,幂级数展开式中不存在 h_1 或者 U_1 的奇次项。由于 h_1 或者 U_1 为零时没有球差,展开式中也没有常数项。具体表示为

$$\delta L' = A_1 h_1^2 + A_2 h_1^4 + A_3 h_1^6 + \cdots \qquad (3-64)$$

或者

$$\delta L' = a_1 U_1^2 + a_2 U_1^4 + a_3 U_1^6 + \cdots \qquad (3-65)$$

式中:第一项称为初级球差,第二项称为二级球差,第三项称为三级球差;A_1、A_2、A_3 和 a_1、a_2、a_3 则分别为初级、二级、三级球差系数。

二级以上球差称为高级球差,孔径较大时高级球差才起作用,大部分光学系统二级以上球差很小,可以忽略,球差展开式只取两项。对于孔径较小的光学系统,在球差校正时主要考虑初级球差即可。

2. 计算

光学系统的球差是由光学系统各个折射表面产生的球差传递到像空间后累计得到的,因此,可以用球差分布式把系统球差表示为各个折射表面对球差的贡献之和。利用球差分布公式可求出实际球差。实际球差分布的计算较为烦琐,会用到大量三角运算,此处不做详细数学分析。由于初级球差在光轴附近区域内有意义,将实际球差分布式中角度的正弦用弧度值代替,角度的余弦用 1 代替,就可得到较为简化的初级球差分布式。若光学系统由 k 个折射表面组成,其初级球差分布式 $\delta L'$ 可表示为

$$\delta L' = -\frac{1}{2n'_k u_k'^2} \sum_1^k S_{\mathrm{I}} \qquad (3-66)$$

式中:$S_{\mathrm{I}} = luni(i-i')(i'-u)$,代表单个表面的初级球差分布系数;$\sum_1^k S_{\mathrm{I}}$ 为初级球差系数;n'_k 为第 k 个表面的像方折射率;u' 为光线在第 k 个表面上的像方孔径角。

不仅是球差,后面要介绍的其他像差均有相应的初级像差和初级像差分布系数的计算公式。初级像差与初级像差系数成正比,而初级像差系数可较为方便地用近轴光线追迹得到,与系统结构参数的关系比较明显。

求出初级像差后,就能根据像差要求大致确定光学系统初始结构参数的数值;然后进行实际光学追迹,求出实际像差;再对结构进行修改,使实际像差处于允许值范围以内。像差校正的过程也就是反复修改结构参数,例如曲率半径、间距、面型、不同折射率材料等,以求得像差的平衡。

所谓像差平衡,是指正、负像差的相消。以球差为例,共轴球面系统的单透镜本身不能校正球差。单个正透镜边缘光线的偏向角比近轴光线的偏向角大,将产生负球差;同理,单个负透镜会产生正球差。如果将正负透镜组合,那么有可能消除球差。

必须指出的是,校正球差只能使光学系统的某一孔径带的球差为零,不能消除所有孔径带的球差。球差是孔径的偶次方函数,如果改变结构参数,使某带的初级球差和高级球差大小相等,符号相反,那么该带的球差为零。通常需将边缘带的球差校正到零,即令

$$\delta L'_{\mathrm{m}} = A_1 h_{\mathrm{m}}^2 + A_2 h_{\mathrm{m}}^4 = 0 \tag{3-67}$$

此时,其他带有剩余球差。由式(3-67)得,当 $A_1 = -A_2 h_{\mathrm{m}}^2$ 可实现边缘带球差校正,再对式(3-64)中球差项取前 2 项,可推得 $h = 0.707h_{\mathrm{m}}$ 的带剩余球差最大。

光学系统的入瞳一般为圆形,此时轴上点发出的充满入瞳的光束为一圆锥光束。共轴系统的球差具有旋转对称性,因此,像方光束为非同心的轴对称光束,其与垂轴平面或者高斯像面相交为一圆形弥散斑(物点的像)。球差的存在破坏了成像光束的同心性,使点物成像不再是点像而是弥散斑,影响了像的清晰度,严重会使像模糊。

3. 校正

光学透镜的光焦度是由成像要求决定的,在确定了透镜的光焦度后,透镜的材料和曲率半径都是可以选择的。对于单透镜而言,减小球差的方法有两种:一是选择材料,二是改变透镜形状(或者称透镜弯曲)。在材料选定后,要保证透镜的光焦度,曲率的差必须为定值,而同一光焦度的透镜可以有不同的形状。这种保持焦距不变而改变透镜形状的做法,称为透镜弯曲。球面越弯曲,光线的入射角就越大,球差也就越大。例如,一个对无限远物体成像的凸平透镜,焦距为 100 mm,孔径高度取 10 mm。表 3.3 列出了不同折射率下凸面曲率半径及球差值。

表 3.3　不同折射率下凸面曲率半径及球差值

折射率	凸面曲面半径/mm	球差值/mm
1.5	50	−1.175
1.6	60	−0.85
1.7	70	−0.68

可以看出,在保证光焦度不变的情况下,可以通过增加透镜的折射率来增大球面的曲率半径,因为选择高折射率的材料有利于减小球差。

3.4.2　彗差

1. 定义

彗差是指轴外物点发出的宽光束经过光学系统后,不再会聚于一点,而是呈彗星状图形,即彗差是一种相对主光线失对称的像差。具体地说,在轴外物点发出的光束中,对称于主光线的一对光线经光学系统后,失去了对主光线成像的对称性,使交点不再位于主光线上,对整个光束而言,与理想像面相截形成一个彗星状光斑的一种非轴对称性像差。不同孔径的光线在像平面上形成半径不同的相互错开的圆斑。

彗差通常用子午平面上和弧矢平面上对称于主光线的各对光线,经系统后的交点相对于主光线的偏离来度量,分别称为子午彗差和弧矢彗差。子午彗差由主光线到子午光线对交点的垂轴距离 K'_{T} 来表示,表示原来对称于主光线的子午光线对经过系统以后,其出射

光线对主光线不对称的程度;弧矢彗差由主光线到弧矢光线对交点的垂轴距离 K'_S 来表示,表示弧矢光线对经过系统以后,其出射光线对主光线不对称的程度。彗差光线结构示意图如图 3.23 所示。

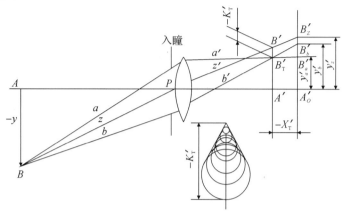

图 3.23 彗差光线结构示意图

2.计算

计算彗差时,一般分别计算子午线对和弧矢线对分别计算,子午彗差 K'_T 和弧矢彗差 K'_S 可以分别表示为

$$K'_T = (y'_a + y'_b)/2 - y'_z \tag{3-68}$$

和

$$K'_S = y'_S - y'_z \tag{3-69}$$

式中:y'_a、y'_b 和 y'_S 分别是追迹子午光线对 a、b 和弧矢光线对(相对于子午表面)在像面上的交点高度;y'_z 是追迹子午光线对主光线对(相对于子午表面)在像面上的交点高度。具体光线追迹过程可参考单个折射球面光线追迹过程完成,此处不赘述。

根据彗差的定义,彗差是与孔径 U(或者 h)和视场 y(或者 ω)都有关的像差:当孔径改变符号时,彗差的符号不变,故展开式中只有 U(或者 h)的偶次项;当视场改变符号时,彗差反号,故展开式中只有 y(或者 ω)的奇次项;当视场和孔径均为零时,没有彗差,故展开式中没有常数项。因此,彗差 K'_S 的级数展开式可以表示为

$$K'_S = A_1 y h^2 + A_2 y h^4 + A_3 y^3 h^2 + \cdots \tag{3-70}$$

式中:第一项为初级彗差,第二项为孔径二级彗差,第三项为视场二级彗差。对于大孔径小视场的光学系统,彗差主要由第一、二项决定;对于大视场,相对孔径较小的光学系统,彗差主要由第一、三项决定。

此外,彗差是与孔径、视场都有关的像差。初级子午彗差 K'_T 和弧矢彗差 K'_S 的分布式可以分别表示为

$$K'_T = -\frac{3}{2n'_k u'_k} \sum_1^k S_{\mathrm{II}} \tag{3-71}$$

和

$$K_S' = -\frac{1}{2n'_k u'_k} \sum_1^k S_{\mathrm{II}} \tag{3-72}$$

式中:S_{II} 为初级彗差分布系数,可表示为 $S_{II}=S_I\dfrac{i_z}{i}$,i_z 为主光线的入射角。

可以看出,若光学系统只需要考虑初级彗差,即初级子午彗差是弧矢彗差的 3 倍,即彗差会引起的弥散斑呈彗星状分布。

3. 校正

由于彗差与孔阑位置相关,因此在校正时候可以通过改变孔径光阑位置实现,即合理选择光阑位置可以减小彗差的影响,从而改善光学系统的成像质量。图 3.24 为彗差校正方法:①将孔径光阑移至球心,则主光线与辅助轴重合,上、下光线对称于主光线,则不产生彗差;②孔径光阑位于球心之后,这时上、下光线的交点交于主光线之上,产生正彗差。

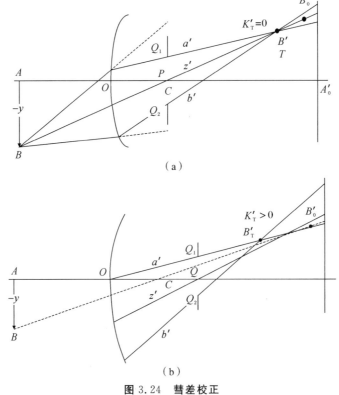

图 3.24 彗差校正

(a)孔径光阑与球心重合;(b)孔径光阑位于球心之后

3.4.3 像散与场曲

1. 定义

像散是轴外物点成像时形成两条相互垂直且相隔一定距离的短线像的一种非对称像差。如图 3.25 所示,轴外物点发出细光束,经光学系统后其像点不再是一个点。由子午光束所成的像是一条垂直于午面的短线 t,称为子午焦线。由弧矢光束所成的像是一条垂直于弧矢平面的短线 s,称为弧矢焦线。这两条短线不相交而互相垂直且隔一定距离。两条短线间的沿光轴方向的距离表示像散的大小,用符号 x'_{ts} 表示为

$$x'_{ts} = x'_t - x'_s \qquad (3-73)$$

同理,宽光束的子午像点与弧矢像点也不重合,两者之间的轴向距离称为宽光束的像散,用 X'_{TS} 可以表示为

$$X'_{TS} = X'_T - X'_S \qquad (3-74)$$

式中:x'_t、x'_s 和 X'_T、X'_S 分别是细光束子午、弧矢和宽光束子午、弧矢的像场弯曲(简称"场曲")。

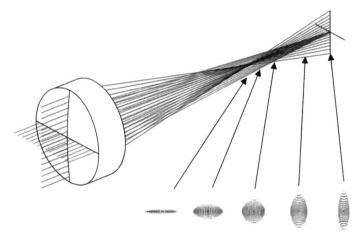

图 3.25　像散

像散是物点远离光轴时的像差,且随视场的增大而迅速增大。对于大视场系统的轴外点,即使是以细光束成像,也会因此不清晰。像散严重影响成像质量,对视场较大的系统必须给予校正。

场曲是物平面形成曲面像的一种像差。如果光学系统还存在像散,则实际像面还受像散的影响而形成子午像面和弧矢像面,所以场曲需以子午场曲和弧矢场曲来表征,如图 3.26 所示。

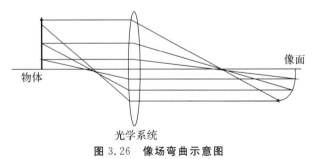

图 3.26　像场弯曲示意图

如图 3.27 所示,子午场曲用细光束子午场曲和宽光束子午场曲来度量。

子午细光束的焦点与理想像面之间的距离,称为细光束子午场曲,用符号 x'_t 可以表示为

$$x'_t = l'_t - l' \qquad (3-75)$$

子午宽光束的焦点与理想像面之间的距离,称为宽光束子午场曲,用符号 X'_T 可以表示为

$$X'_T = L'_T - l' \tag{3-76}$$

式中：l'_t和L_T'分别是细光束和宽光束子午光线像距；l'是理想像距。

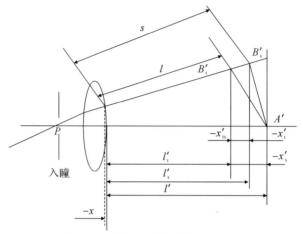

图 3.27　像场弯曲光路传播示意图

需要说明的是，细光束子午场曲与宽光束子午场曲之差称为轴外点子午球差。

同理，弧矢场曲用细光束弧矢场曲和宽光束弧矢场曲度量表示：弧矢细光束交点相对于理想像面的偏离，称为细光束弧矢场曲，用符号 x'_s 可以表示为

$$x'_s = l'_s - l' \tag{3-77}$$

弧矢宽光束交点相对于理想像面的偏差，称为宽光束弧矢场曲。用符号 X'_s 可以表示为

$$X'_s = L'_s - l' \tag{3-78}$$

式（3-77）和式（3-78）中：l'_s 和 L'_s 分别是细光束和宽光束弧矢光线像距；l'是理想像距。

2. 计算

像散和场曲既有区别又有联系。初级子午场曲 x'_t 和弧矢场曲 x'_s 可以分别表示为

$$x_t{'} = -\frac{1}{2n'_k u'_k} \sum_1^k (3S_{\text{III}} + S_{\text{IV}}) \tag{3-79}$$

和

$$x'_s = -\frac{1}{2n'_k u_k'^2} \sum_1^k (S_{\text{III}} + S_{\text{IV}}) \tag{3-80}$$

像散可以表示为

$$x'_t - x'_s = -\frac{1}{n_k' u'_k{}^2} \sum_1^k S_{\text{III}} \tag{3-81}$$

式中：S_{III} 是初级像散分布系数，可以表示为 $S_{\text{III}} = luni(i-i')(i'-u)(i_p/i)^2 = S_{\text{I}}(i_p/i)^2$；$S_{\text{IV}}$ 是初级场曲分布系数，可以表示为 $S_{\text{IV}} = J^2(n'-n)/nn'r$。

从上述分析可以看出，像散必然引起像面弯曲。但是，即使像散为零，子午像面和弧矢像面重合在一起，像面也不是平的，因为场曲是球面本身几何形状所决定的。如果仅存在场曲，那么可以对中心视场或者边缘视场清晰调焦，但无法获得全视场的清晰图像。若还存在像散，边缘视场能否清晰成像，除与像面位置有关之外，还与物的形状有关。

在子午像面上,这些线条在水平方向的分量聚焦得很清晰,而垂直方向的分量则看上去是模糊的;在弧矢像面上,这些线条在垂直方向的分量被清晰聚焦,而水平方向上则显得模糊。由于像散存在,接收器在像方找不到同时能让各个方向的线条都清晰成像的单一像面位置。像散会使得轴外物点的点像变成在空间相距一定距离的、相互垂直的两条短焦线,而在其他截面形成椭圆或者圆形的弥散斑。

3. 校正

像散严重时,会严重影响轴外物点的成像清晰度,因此,大视场光学系统不管相对孔径多大,都必须校正像散;同样,像散与光阑位置有关,光阑位于球心时,像散为零。人眼除了近视、远视缺陷外,所谓散光,即是存在像散的缘故,它是由人眼的两个相互垂直的截面内的曲率半径不等引起的。

场曲取决于球面系统本身的特性:①无球差,无彗差,像散为零,子午像面和弧矢像面重合,但平面物的像面仍是弯曲的,是一个与高斯像面中心相切的二次抛物面;②对于接收器件是平面的光学系统(照相机、摄像机、投影仪、放映机等),必须严格校正场曲;③场曲校正通常是对某一视场的细光束场曲而言的。其影响是,较大平面物体上的各点不能同时清晰成像。像面是弯曲的,而一般的接收屏都为平面:若把中心调清晰,边缘就变模糊;反之,把边缘调清晰,中心便会变模糊。

3.4.4　畸变

1. 定义

对于实际光学系统,在一对物、像共轭平面上,垂轴放大率随视场角的角度而改变。这使像相对于物失去了相似性,使物平面内不同的过光轴的轴外直线形成像的像差,称为畸变,如图 3.28 所示。

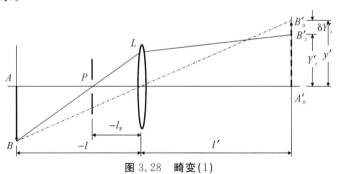

图 3.28　畸变(1)

畸变分枕形畸变和桶形畸变。枕形畸变又称正畸变,即垂轴放大率随视场角的增大而增大的畸变,它使对称于光轴的正方形物体的像呈枕形。桶形畸变又称为负畸变,即垂轴放大率随视场角的增大而减少的畸变,它使对称于光轴的正方形物体的像呈现桶形。

例如,垂直于光轴的方格子,由于光学系统存在畸变,因此将形成一个变形的格子像,如图 3.29 所示。

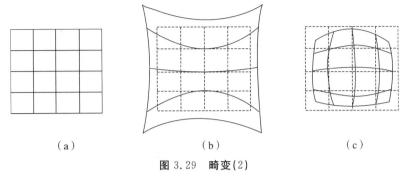

图 3.29 畸变(2)

(a)无畸变;(b)枕形畸变;(c)桶形畸变

光学系统的绝对畸变用符号 $\delta y'_z$ 可以表示为

$$\delta y'_z = y'_z - y' \qquad (3-82)$$

式中:y'_z 是实际主光线决定的像高;y' 是理想像高。

在光学设计中,也常用像高差 $\delta y'_z$ 相对于理想像高 y' 的百分比来表示畸变程度,称为相对畸变,用 q' 可以表示为

$$q' = \frac{y'_z - y'}{y'} \times 100\% \qquad (3-83)$$

2. 计算

初级畸变可表示为

$$\delta y'_p = y'_p - y' = -\frac{1}{2n'_k u'_k} \sum_1^k S_V \qquad (3-84)$$

式中:S_V 是初级畸变系数,可表示为 $S_V = (S_{III} + S_{IV}) \cdot (i_p/i)$。

3. 校正

畸变与其他的像差不同,它是主光线像差,仅由主光线的光路决定。它只引起像的变形,不影响成像的清晰度。对于一般光学系统,这种像差影响不大,但对于要用像的大小定量测定物的大小的系统,必须校正畸变。

3.4.5 轴向色差

光学材料对不同波长的色光有不同的折射率,因此同一孔径不同色光的光线经光学系统后与光轴有不同的交点。不同孔径不同色光的光线与光轴的交点也不相同。在任何像面位置,物点的像是一个彩色的弥散斑。各种色光之间成像位置和成像大小的差异称为色差。

色差有轴向色差(位置色差)和垂轴色差(倍率色差)两种。轴上点两种色光成像位置的差异称为位置色差,也叫轴向色差,如图 3.30 所示。为了用数值表示色差,首先应确定针对哪两种色光考虑色差,并以这两种色差谱线中波长较长的谱线的像点位置为基准确定色差。设 λ_1 和 λ_2 为色差谱线的波长,λ_1 是波长较短色光的波长,则轴向色差 $\Delta L'_{\lambda_1 \lambda_2}$ 可以表示为

$$\Delta L'_{\lambda_1 \lambda_2} = L'_{\lambda_1} - L'_{\lambda_2} \qquad (3-85)$$

式中:L'_{λ_1} 和 L'_{λ_2} 分别是波长为 λ_1 和 λ_2 的光线的像方截距。

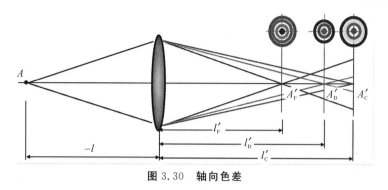

图 3.30　轴向色差

对目视光电仪器来说,应该对 F 光和 C 光计算和校正单色像差,因此,对目视光学系统,轴向色差以 $\Delta L'_{FC}$ 和 $\Delta l'_{FC}$ 表示为

$$\Delta L'_{FC} = L'_F - L'_C \text{ 和 } \Delta l'_{FC} = l'_F - l'_C \tag{3-86}$$

由于红外系统的响应波段往往很宽,波长变化很大,所以色差比可见光严重得多。若采用透射式光学系统,必须很好地校正色差。光学系统只能对光束中某一带光线校校正色差,一般对 0.707 带的光线校正轴向色差。通常,消色差系统用来对两种色光校正轴向偏移。色差值小于零为色差校正不足;反之,色差值大于零为校正过度。

3.4.6　垂轴色差

校正轴向色差的光学系统,只是使轴上点的两种色光的像重合在一起,并不一定能使两种色光的焦距相等。因此,这两种色光可能有不同的放大率,对同一物体所成像的大小也就不同,即为垂轴色差,或者称放大率色差。对于目视光学系统来说,通常是用 F、C 两种色光的主光线在 D 光的高斯面上的交点高度之差来表示垂轴色差,如图 3.31 所示。

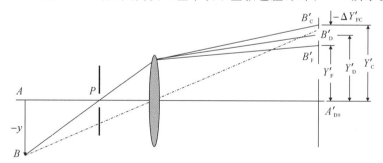

图 3.31　垂轴色差

垂轴色差定义为轴外点发出两种色光的主光线,在消单色像差的色光的高斯像面上的交点的高度之差,用 $\Delta Y'_{\lambda_1\lambda_2}$ 可以表示为

$$\Delta Y'_{\lambda_1\lambda_2} = Y'_{\lambda_1} - Y'_{\lambda_2} \tag{3-87}$$

式中:Y'_{λ_1} 和 Y'_{λ_2} 是波长为 λ_1 和 λ_2 的两种色光主光线和高斯像面交点高度。

近轴光垂轴色差 $\Delta y'_{\lambda_1\lambda_2}$ 可以表示为

$$\Delta y'_{\lambda_1\lambda_2} = y'_{\lambda_1} - y'_{\lambda_2} \tag{3-88}$$

式中：y'_{λ_1} 和 y'_{λ_2} 是由波长为 λ_1 和 λ_2 的谱线的第二近轴光计算的像高。

初级位置色差和初级倍率色差可以分别表示为

$$l'_C - l'_F = \frac{1}{n'_k u'^2_k} \sum_1^k C_I \qquad (3-89)$$

和

$$y'_C - y'_F = \frac{1}{n'_k u'^2_k} \sum_1^k {}_1 C_{II} \qquad (3-90)$$

式中：C_I 和 C_{II} 分别代表初级位置色差和初级倍率色差系数，可以分别表示为 $C_I = luni \cdot \left(\frac{\delta n'}{n'} - \frac{\delta n}{n}\right)$ 和 $C_{II} = C_I (i_p/i)$。

垂轴色差破坏轴外点的清晰度，造成像的模糊。大视场光学系统必须校正垂轴色差。垂轴色差的校正是指，对所规定的两种色光在某一视场使垂轴色差为零。垂轴色差为负时为校正不足；反之，为校正过度。

垂轴色差是和光阑位置有密切关系的轴外像差。垂轴色差是在高斯顶上量度的，是垂轴像差的一种。所以对称式光学系统并以 $\beta=-1\times$ 成像时，它是能自动消除的。

色差是折射光学系统的固有缺陷。只有完全的反射系统才是一个无色差成像系统。几乎所有的折射型光学材料都具有不同程度的色散特性，因而由同一物点发出的不同波长的同心光束，即使在系统的所有几何像差都已完全消除的情况下，也不能经透镜会聚于同一点。

单个透镜的色差无法消除。但如果将两块由不同材料制成的正负透镜按一定球面及折光参数胶合在一起，那么该胶合透镜可实现对两种特定波长的光消色差。

在前述七种像差中，球差、彗差、轴向色差属于宽光束像差，像散、像面弯曲、畸变、垂轴色差属于细光束像差。前者随孔径的增大而快速增大，后者随视场的增大而快速增大。并不是一切光学系统都必须对所有像差进行校正，而是根据使用条例提出恰当的像差要求。按使用条件，光学系统大体上可分为小视场大孔径系统、大视场小孔径系统、大视场大孔径系统。

对于小视场大孔径系统，出于视场小，轴外像差不明显，主要考虑与孔径有关的像差——球差、彗差和轴向色差，因此所用校正像差的变数较少，结构有可能较为简单。这种系统以目视仪器物镜为多，如望远物镜。由于像差要求严格，故称小像差系统。对于物方扫描式红外光学系统，由于瞬时视场都很小，因此主要考虑的即是轴上点球差、色差、轴外点彗差。对反射式红外系统，不存在色差。大视场小孔径光学系统，由于孔径小，因此球差、轴向色差容易校正；同时由于视场大，因此对轴外像差，特别是垂轴色差、像散和场曲应校正好。

大视场大孔径光学系统，除考虑球差、轴向色差等轴外点像差外，还要考虑彗差、像散、场曲、畸变和垂轴色差等轴外像差。这些像差不是孤立地存在，一般使像点成为弥散斑，它的大小直接反映了像差的大小。它对像差的要求不像小视场光学系统那样严格，常称为大像差系统。照相物镜、像方扫描的红外光学系统，都属于这一类。

3.5　光学系统设计方法和流程

现代光学设计软件种类很多,极大地提高了光学系统设计的效率。但是,从事光学设计的工作人员应该清楚地认识到,复杂光学设计软件能够帮助人们完成复杂的数值计算,但是具体设计和分析依然依赖人为知识和经验。

3.5.1　光学设计发展

光学设计所要完成的工作应该包括光学系统设计和光学结构设计。本节主要讨论光学系统设计。光学系统设计就是根据仪器所提出的使用要求,来决定满足各种使用要求的数据,即设计出光学系统的性能参数、外形尺寸和各光组的结构等。

要为一个光电仪器设计一个光学系统,大体上可分为两个阶段。

(1)第一阶段是根据仪器总体的技术要求(性能指标、外形、体积、质量及相关技术条件等),从仪器的总体(光学、机械、电路及计算技术等)出发,拟定出光学系统的原理图,并初步计算系统的外形尺寸,以及系统中各部分要求的光学特性等。一般称这一阶段的设计为“初步设计”或者“外形尺寸计算”。

(2)第二阶段是根据初步设计的结果,确定每个镜头的具体结构参数(例如透镜半径、透镜厚度、空气等传输介质间隔、光学元件材料等),以保证满足系统光学特性和成像质量的要求。这一阶段的设计称为“像差设计”,一般简称“光学设计”。这两个阶段既有区别又有联系。

上述两个阶段在不同类型的光学仪器中的作用和工作量不同。例如:大部分军用光电仪器中,初步设计比较繁重,而像差设计相对来说比较容易;显微镜和照相机中,初步设计比较简单,而像差优化设计比较复杂。

光学设计的发展经历了人工设计和光学自动设计两个阶段,实现了由手工计算像差、人工修改结构参数进行设计,到使用电子计算机和光学自动设计程序进行设计的巨大飞跃。国内外已出现了不少功能相当强大的光学设计计算机辅助设计(Computer Aided Design,CAD)软件。如今,CAD 已在工程光学领域中普遍使用,从而使设计者能快速、高效地设计出优质、经济性好的光学系统。然而,不管设计手段如何改变,光学设计过程的一般规律仍然是必须遵循的。

3.5.2　光学设计流程

光学设计就是利用理想光学系统理论(又称为高斯光学理论),根据光学系统的技术要求,计算光学系统需要满足的成像特性,然后基于像差理论求解或者评价光学系统,并使用光学设计软件进行光学系统优化,以满足成像质量要求的过程。可以看出,光学设计包括两个阶段:①利用高斯光学计算成像特性阶段,又称为预设计;②利用像差理论设计优化阶段,又称为像差平衡。为了设计出符合技术要求的光学系统,需要按照光学设计的一般过程,认真严谨地进行设计,具体流程如图 3.32 所示。

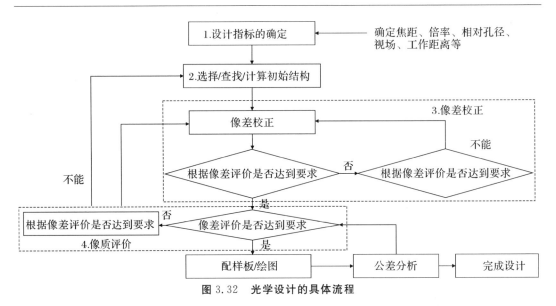

图 3.32　光学设计的具体流程

光学系统实现的过程可以分为三个关键阶段:设计前阶段、设计阶段和设计后光学工程师完成系统研制需要参与的阶段(后续阶段),具体内容见表 3.4。

表 3.4　光学设计的三个阶段

设计前阶段	设计阶段	后续阶段
1. 可行性分析:拟定原理图、成本控制、确定设计难度和研制周期等; 2. 确定技术指标:成像特性指标、体积、质量、工作环境等	1. 计算外形尺寸:使用高斯光学计算各光学部件的外形尺寸; 2. 镜头选型:根据成像特性指标确定镜头的大致类型; 3. 确定初始结构:分解性能参数获得结构参数或者选用现有镜头(镜头库,设计手册等); 4. 像差平衡:利用像差理论和光学设计软件对镜头进行像差校正; 5. 像质评价:在校正像差时,不断评价像质以决定是否停止或者更改校正方向; 6. 全面像质分析:全面像质分析,以免存在设计缺陷,有必要时返回到像差平衡,重新校正; 7. 其他分析:环境适应性分析、公差分析、通过率计算、是否需要镀膜、有无零件存在缺陷等; 8. 光学制图:依据国家标准制作零件图和系统图	1. 工艺设计:设计加工流程、工艺要求、由光学工艺师完成; 2. 加工制造:镜片加工车间制造,由加工技术员完成; 3. 装配:将镜片装配成镜头,然后装配成系统,最终形成成品,以验证是否满足技术要求; 4. 检验检测:成品送检验部门,检验成像特性和成像质量,以验证是否满足技术要求; 5. 环境检测:成品送检验部门,检验成像特性和成像质量,以验证是否满足技术要求; 6. 批量生产:所有检验均通过,满足要求,产品定型,批量生产

(1)设计前阶段——制定合理的技术参数。

首先,进行可行性分析,具体内容为:从光学系统对使用要求的满足程度出发、制定光学系统合理的技术参数,这是设计成功的前提条件。在进行实质性设计之前,需要明确要设计的光学系统应完成什么样的功能,需求状况及目前的国内外现状、实现的难易程度等,以确定光学系统的原理图。

其次,确定技术指标,具体内容为:在确认要开发的产品之后,根据国内外同类产品的水平、客户需求、市场需求或者预研预期等,确定要设计的光学系统的技术要求指标。通常给出的技术要求都是几个非常关键的指标,例如:对光学系统成像特性的要求,包括焦距、放大率、使用波段、工作距离、视场、孔径、共轭距等;对成像质量的要求,例如分辨率、调制传递函数(Modulation Transfer Function,MTF)、均方根(Root Mean Square,RMS)、各种像差容差、透过率、像面照度等;其他要求,例如质量、尺寸、工作环境温度、环境湿度;等等。在技术指标确定之后,在后面的设计中,一般不再更改。但是,如果发现技术指标不合理或者难以完成,可以适当调整技术要求。

光学系统设计一般按照技术要求来设计,技术要求又来自哪里? 如果光学设计师仅仅是按照需求者提供的技术参数为指标,那么前期的技术要求提取的过程可以忽略,直接进入光学系统设计阶段。如果技术要求由光学设计师提供,那么技术要求的提取需要做大量的工作。光学设计师需要搜集所能获取的相关资料,然后做以下工作:

1)分析市场上同类产品的功能和同类产品的指标参数达到的水平,确定光学系统应该完成的任务和设计难易程度,从而确定重要技术要求参数和一般技术要求参数。

2)根据科研、生产和生活中的实际需要,设计满足一定功能的光学系统,也许不存在同类产品。根据实际需求的状况,确定光学系统的重要技术要求参数和一般技术要求参数。

3)根据功能需求、使用环境、使用人群和成本控制等,确定光学系统的其他技术要求。技术要求指标必须综合考虑,以免存在使用缺陷。

4)综合进行可行性分析,包括成像特性的满足、成像质量的要求、物理化学性质(质量、大小、使用温度、使用湿度、酸碱环境等)设计难易程度和研制周期等。

5)最终列出全部技术要求指标值,一旦确定,一般不再更改,除非因使用状况改变或者设计难度过高无法完成等才可以考虑更改技术指标值。技术要求指标值是后续光学设计阶段的依据。

(2)设计阶段——光学系统优化设计。

光学系统总体设计的重点是确定光学原理方案和外形尺寸计算。为了设计出光学系统的原理图,确定基本光学特性,使其满足给定的技术要求,首先要确定放大率(或者焦距)、线视场(或者角视场)、数值孔径(或者相对孔径)、共轭距、光阑位置和外形尺寸。一般都按理想光学系统的理论和计算公式进行外形尺寸计算。在进行上述计算时,还要结合机械结构和电器系统,以防止这些理论在机械结构上无法实现。每项性能的确定一定要合理,要求过高会使设计结构复杂,造成浪费;要求过低要求会使设计不符合要求。因此,这一步骤必须慎重。

拟定光学系统原理图和技术指标之后,需要对光学系统进行外形尺寸计算,算出各个分系统的光学特性。在计算时,一般按照理想光学系统的理论(高斯光学)和计算公式进行计算,需要注意的是,在计算时,必须考虑机械和电气系统的结构,必要时与结构设计师和电气设计师进行沟通,防止制造和装配过程中出现问题。接着把光学系统分成各个部件,或者称为镜头,然后对每一个镜头进行选型。镜头选型之后,需要确定它们具体的初始结构,有两种方法可以利用,即解析法和缩放法。

1)解析法:利用初级像差理论和PWC分解法计算,手动计算获得镜头的结构参数。首先,根据消色差或者消二级光谱色差的条件,计算各镜片的光焦度。然后,根据其承担的光焦度大小,计算该镜片的PWC值,并对PW进行规划处理,求得P和$\overline{C}$,查阅设计资料获得玻璃组合。根据各镜片光焦度和玻璃参数,得到镜片的曲率半径等参数。此处不赘述具体实现流程。

2)缩放法:从现有可以获得的镜头数据中,挑选出与设计结果相近的镜头,直接作为初始结构。这种方法一般使用镜头库(例如ZEBASE镜头数据库、LensVIEW镜头库软件等)、镜头专利、光学设计软件附带的设计实例、出版的镜头手册中附带的镜头资料等,从中选择一个相近的镜头作为设计的起点。这种方法使用起来方便、快捷,成功率也比较高,并且使设计周期大大缩短。不过在挑选镜头时,需要光学设计师对相差理论有较深的理解,才能挑选出最合适的、相近的镜头。

确定初始结构之后,就可以把参数输入通用的光学设计软件中进行模拟计算。初始结构的曲率半径、厚度、折射率、视场角等结构参数都是已知的,利用近轴光线追迹方程、赛德像差理论公式、利波像差理论公式等就可以计算出光学系统的一阶特性和三阶特性。在计算过程中,通常对光学系统的每一面进行编号,如图3.33所示。物平面不参与编号,从系统的第一面到像平面依次编号为1、2、3、…;两个表面之间沿光轴距离称为厚度,包括透镜中心厚度和两镜片间空气层或者其他介质的中心厚度,厚度依次为d_1、d_2、d_3、…;每两个编号之间就是一种材料空间,它的折射率编号为n_1、n_2、n_3、…。在光学设计软件中,内置了许多评价图表,如2D/3D视图、像差曲线图、像面分析图等,用来评估光学系统的成像质量。通常情况下,初始结构虽然离需要的结果不远,但都会或多或少地偏离设计要求。此时可以手动修改相关参数,再查看相关的评价图表,若不符合要求,则继续修改,直到满足要求为止。值得庆幸的是,光学设计软件都带有自动优化功能,在设计变量和一些限制之后,光学设计软件会利用最优化理论方法竭力调整镜头参数到想要的状态。但是,未必每一次都可以一步到位,例如设定的条件满足了,未设定的条件又不满足了,需要调整变量或者限制。如此反复,直到满足技术要求为止。有一些设计难度较大的镜头,可能经过大量的反复调整和优化之后,仍然达不到设计要求,那么必须增加自变量,如分离镜片、引入非球面等,必要时可能需要更换初始结构,重新进入设计阶段。为了验证设计结果,评价的方法有很多,依据镜头的具体使用要求,各种评价方式的重要程度也不尽相同。

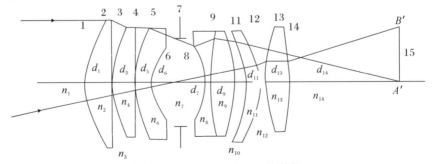

图3.33　光学系统中的结构参数

　　经过反复优化之后,重要指标都满足技术要求,就进入全面像质分析阶段。查看所能获取的相关分析图表,以确认所有要求技术指标均达到合格状态,避免存在设计缺陷。例如,如果某镜头像差平衡很好,像质也很好,但是没有考虑到像面照度时,就有可能获得很暗的图像,这就属于设计缺陷,需要修正。

　　由应用光学可知,赛德初级像差有 7 种,分别是球差、彗差、像散、场曲、畸变、轴向色差和垂轴色差。不同的光学系统对以上 7 种像差的要求不同,重要性也不同,例如:望远物镜是小视场、小相对孔径系统,它主要校正球差、彗差和轴向色差;目镜是大视场、小相对孔径系统,轴上点像差不大,主要校正轴外点像差,如彗差、像散、场曲、畸变和垂轴色差。点列图是物点发出的充满入瞳的光线,经光学系统后形成的弥散斑,它可以直观地看出一个点物所成的像斑弥散情况,也就是背离“点成点”理想成像的情况,比较直观、实用,适用于像面为光电探测器的光学系统。光线扇形图图形化地将光线显示在像面上,子午平面和弧矢平面内光线偏离主光线的距离反映了光线散开的程度。调制传递函数,即 MTF,是一种基于信息理论的评价方式,它直接反映了光学对比度的传递。在设计阶段,点列图和光学传递函数用得较多。对于接收像面为点阵的探测器,能量环是一种更重要的像质评价方式,有时会在技术要求里给出一定范围内包括多少百分比的能量。

　　在其他分析中,最重要的是公差分析。它是分析镜头成像质量随各结构参数变化的灵敏程度,以此指导绘图中给出的公差配合范围。因此,它的重要之处在于,错误的公差匹配,可能使良好的设计变成糟糕的制造结果。另外,对于一些特殊使用的镜头,如炉火温度监控镜头、航空照相机镜头,都在温差较大的范围内使用,所以必须进行温度与温差分析,进而进行无热化设计。事实上,在初始结构计算和设计阶段,也需要考虑与温度有关的材料和参数。有些镜头是在偏振光路中使用的,所以需要对镜头的偏振情况进行分析。

　　在所有的分析完成之后,确认镜头既满足像质要求又满足使用环境要求,就可以进行图纸的绘制。这一步骤操作简单,只需按照国家标准《光学制图》(GB/T 13323—2009),使用制图软件(例如 AutoCAD 等)绘图即可。

　　(3)设计后续——绘图、加工、装配等。

　　在完成光学系统设计后,设计师需要绘制各种图纸,包括确定各光学零件的相对位置、实际大小和技术条件,这些图纸为光学零件的加工、校验,零部件的胶合、装配、校正,乃至整机的装调、测试提供依据。此外,还需要关注光学系统后续的全部过程,包括工艺设计、加工制造、装配、检验检测、环境适应性实验和批量化生产中出现的各种问题。因为在每一个环节,光学工艺师、加工技术员、测试工程师和装配技术员等都有可能找到原光学系统设计师,咨询相关的问题。另外,与他们的交流,一方面可以验证设计的正确性,另一方面也可以了解当前的工艺水平、制造能力和测试能力,这对以后设计出易加工、易检测的光学系统有很大的帮助。

　　另外,要根据实际需求编写设计说明书和进行技术答辩,其中设计说明书是进行光学设计整个过程的技术总结,是进行技术方案评审的主要依据。

　　总体来说,光学设计就是选择和安排光学系统中各光学零件的材料、曲率和间隔,使得系统的成像符合应用要求。光学设计可以概括为以下步骤:①选择系统的类型;②分配元件的光焦度和间隔;③校正初级像差;④减小残余像差(高级像差)。

以上每个步骤包括几个环节,重复地循环这几个步骤,最终会得到一个满意的结果。

3.5.3　现代光学自动设计方法

光学自动设计是计算机技术和最优化数学方法在光学领域最早最成功的应用之一。由于光学设计问题的复杂性和庞大的计算量,计算机技术的发展不仅使光学设计工作者从繁重的计算工作中解脱出来,而且给光学设计带来了新的活力。计算机技术在光学设计中的应用经历了3个不同的阶段:第一阶段只是简单地代替人工计算像差;第二阶段是根据像差进一步计算像差变化量表,作为分析和校正像差的依据;第三阶段是在像差变化量表的基础上,求解结构参数,自动修改结构,校正像差,即所谓的自动设计或者像差自动校正。

光学自动设计所要解决的核心问题是像差设计问题,即根据初始设计给出的对系统中每个透镜组的光学特性和成像质量的要求,计算机按照一定的程序自动地寻找并确定像差最小、像质最佳的透镜组结构参数,包括所用的玻璃材料、每个球面的曲率半径和它们之间的厚度和间隔等。如果系统中采用了非球面,还要给出它们的非球面系数。将数学中的最优化方法应用于光学设计中,用计算机修改结构参数并进行自动判断,这就是光学自动优化设计的实质。

光学设计的两种观点:

(1)主张以像差理论为基础。根据实际光学系统的成像质量要求,用像差表达式,特别是初级(三级)像差表达式求解光学系统初始结构,然后计算光线并求出像差,对结果进行分析。若设计结果不符合要求,则采用弯曲半径、增加厚度、更换玻璃、改变面型、改变光焦度分配等手段进行像差校正,直到得到满意结果。若依然不能得到满意结果,则需重新求解初始结构,再重复以上过程,直到满足要求。

(2)主张以现有结构为基础。从现有光学结构中寻找适合的初始结构,然后计算光线、分析像差;采用弯曲半径、增加厚度、更换玻璃、改变面型、改变光焦度分配等手段进行像差校正,直到得到满意结果。这种方法需要计算大量光线,同时对光学设计者的经验要求较高。

通常,二者需要结合起来。

3.6　光学系统的像质评价

3.6.1　像质评价的要求

由3.5节可知,实际的光学系统成像很难达到完美的程度。如何判断一个实际光学系统的成像质量是否满足要求呢?这要从光学系统需要满足的技术要求说起。将光学系统满足的所有要求统称为"技术要求"。总体来说,对光学系统的要求有三个方面:决定成像性质的一阶要求、决定成像质量的三阶要求和其他要求。首先,光学系统是否满足一定成像性质的需要,如焦距是多大、成像的位置在哪里、成像的范围有多大、放大倍率达到多大、F 数是否满足等,即系统的这些参数是不是想要的结果,这些决定成像性质的技术要求称为一阶技术要求;其次,光学系统在成像性质满足的情况下,成像质量是否清晰、有没有变形、分辨率是否达到要求等,这些决定成像质量的技术要求称为三阶技术要求,三阶技术要求主要包括像差指标或者与像质有关系的综合评价指标;最后,物理特性(如质量、大小等)、使用环境(如温度、湿度、空气中/水下、白天/夜晚)等。表 3.5 给出了光学系统的部分技术要求。

表 3.5　光学系统的部分技术要求

一阶技术要求	三阶技术要求	其他要求
像方焦距、垂轴放大率、后轴截距、视放大率、F 数、透过率系数、视场角、像面大小、入瞳尺寸和位置、出瞳尺寸和位置	球差、色差、彗差、波像差、像散、点列图、场曲、分辨率、畸变、MTF	质量、风沙、尺寸、水下使用、高温、振动环境、低温、湿度、霉变性、白天/夜晚
决定成像特性	决定成像质量	物理特性/使用环境

一般情况下,对光学系统的技术要求基于光学系统的使用状况、实现的功能和工作的环境等,大部分由光学系统需求者事先拟定好、而光学设计师只需要按照要求进行设计即可。少数情况下,需要光学设计师提取、计算或者总结出技术要求。由于技术要求的差异,因此光学设计可以分为两个阶段,即计算一阶要求的预设计(又称外形尺寸计算)阶段和进行像差平衡的三阶优化阶段,其他要求在前两个阶段中综合考虑就可以。光学设计师按照技术要求,分两个阶段把光学系统设计完成,经过镜片加工、车间装配和性能测试,最终形成了成品。成品合格与否,需要对其进行全方位的评估。对制作完成后的光学系统进行评价的方法称为后评价方法。在完成一系列后评价,达到所有技术要求之后,将交付使用。计算一阶要求的预设计,主要由应用光学中的高斯光学理论来解决,而三阶优化的像差平衡,就是光学设计所要解决的问题。

不管是哪一种评价方法,都需要有一个参考的数据,即相关指标达到何值时,可以认为光学系统满足成像要求。一般情况下,可以通过以下几种途径来评价像质:

1)如果客户在技术要求中提出了指标目标值,以满足客户技术要求为准;

2)设计的光学系统剩余赛德几何像差如果小于像差的公差,那么可以认为成像质满足要求;

3)如果光学系统残存的波像差小于瑞利准则,即波像差小于四分之一波长,那么可以认为成像质量满足要求;

4)对于像面为光电探测器件的系统,如 CCD、CMOS、光电倍增管、焦平面阵列等,当像差导致的弥散斑尺寸小于像素尺寸时,可以认为成像质量满足要求。

可以借助于光学设计软件中各种预设的评价方法进行评价,如光线扇形图、光学传递函数曲线、像差曲图、相对照度、包围能量圈等。

3.6.2 像质评价存在的阶段

像质评价同时存在于设计阶段和产品鉴定阶段。

(1)设计阶段。在设计阶段,采用像差理论,借助成熟的光学设计软件,通过大量计算对系统的成像情况进行仿真模拟和计算评价,及时调整镜头结构参数,接近并达到技术要求的方法叫设计评价,又称像差平衡。设计评价不需要把光学系统制作完成就可以评价其一阶成像特性和三阶成像质量,大大提高了成品率,是计算机技术在光学设计领域的完美应用。

当不考虑衍射时,成像质量主要与系统像差有关,可利用应用光学方法,通过大量的光路追迹计算来评价成像质量;当考虑衍射时,提出了多种基于衍射理论的评价方法,例如瑞利判断、点列图及绘制实际成像波面或者光学传递函数曲线等。

(2)产品鉴定阶段。将光学系统制作完成之后对其进行评价,检测各种一阶成像特性,在二阶成像样品加工、装配后,大批量生产前,采用严格的实验检测实际成像效果,例如测焦距、测放大倍率、测透过率系数、测分辨率、测星点图、测 7 种赛德像差、测调制传递函数等。后评价方法通常采用光学测质仪器,如焦距仪、透过率测试仪、平行光管、调制传递函数综合测试仪等。具体测量方法包括分辨率检验、星点检验和光学传递函数测量等。

各种方法都有其优缺点和适用范围,要综合采用多种评价方法,才能客观、全面反映成像质量。需要注意的是:像差一直是客观存在的,没有必要并且不可能完全校正所有像差;对像质的评价,应讨论光学系统所允许存在的剩余像差及像差公差的范围。

3.6.3 像质评价方法

一般在不考虑系统的衍射效应影响时,光学系统的成像质量与系统几何像差息息相关。采用应用光学方法可以描述光学系统的像差,通过对大量的光线追迹计算来评价光学整体结构的成像质量。例如,在光学设计中常用到的点列图和各种像差曲线。当考虑到衍射效应对光学系统成像质量的影响时,这时候几何方法就不能很好地描述像点的能量分布,需要采用成像波面和光学传递函数,作为评价像质的方法。各种像质评价方法都有其优点和缺点,适用范围不尽相同,所以针对光学结构,尤其是较为复杂的结构,设计师们往往需要采用多种评价方法,才能更加客观、真实地反映光学系统的成像质量。下面对几种经常使用的像差评价方法进行简单介绍。

1. 瑞利判断和波前图

瑞利判断主要基于波像差,即采用实际成像波面与理论球面波的差异程度来评估系统的成像质量。瑞利认为:"实际波面和参考球面波之间的最大波像差不超过 $\lambda/4$ 时,此波面可以看成是无缺陷的。"依据这个判断,光学设计师们认为波像差小于 $\lambda/4$ 时,光学结构的成像质量是可以保证的。此方法便于实际应用,因为波像差与几何像差之间的计算关系比较简单。但是,此方法只考虑了波像差的最大允许公差,没有考虑缺陷部分在整个波面面积中所占的比例。例如,透镜中的小气泡或者表面划痕等,都可能在某一局部引起很大的波像差,若按照瑞利判断,这是不允许的,但是在实际成像中,局部极小区域的缺陷对光学系统的成像质量并不明显。

瑞利判断是一种较严格的像质评价方法,主要适用于小像差系统,例如望远物镜、显微物镜、微缩物镜和制版物镜等对成像质量要求较高的光学系统。图 3.34 是用现代计算机软件 ZEMAX Opticstudio 绘制得到的实际波面的图。

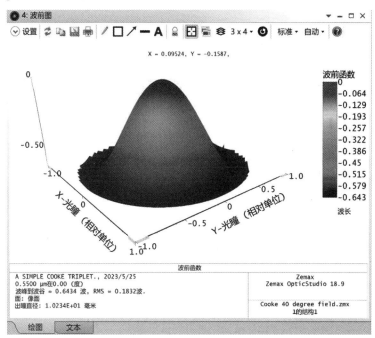

图 3.34 实际波面图

2.中心点亮度和能量包容图

用光学系统存在像差时成像斑中心亮度和不存在像差时衍射斑的中心亮度之比来表示光学系统的成像质量,用 S.D 表示,当 S.D≥0.8 时,认为光学系统的成像质量是完善的,称为斯托列尔准则。瑞利判断和中心点亮度是从不同角度提出的像质评价方法,但研究表明,对于一些常用的像差形式,当最大波像差为 $\lambda/4$ 时,其中心点亮度约等于 0.8,说明两种像质评价方法是一致的。中心点亮度也是一种较严格的像质评价方法,主要适用于小像差系统,由于计算相当复杂,因此不便于在实际工程中应用。

对能量包容图,以高斯像点或者能量弥散斑的中心为圆心画圆,随着半径的增大,圆形区域内包含的像点能量也增多,如图 3.35 所示,其中横坐标代表以高斯像点为中心的包容圆的半径,纵坐标代表包容圆所包容的能量,虚线代表只考虑衍射影响时的像点能量分布情况,实线代表存在像差时像点的实际能量分布情况。两条曲线越接近代表光学系统的像差越小,中心点亮度也越高。

该指标表示了中央亮斑损失的能量,而能量包容图能够显示这些能量弥散到什么位置,从而获取更多信息,同时适用于大像差(例如照相物镜)和小像差系统。

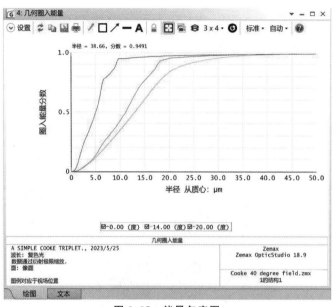

图 3.35　能量包容图

3. 分辨率和点扩散函数

分辨率反映了光学系统分辨物体细节的能力,如图 3.36 所示。瑞利指出"能分辨的两个等高亮度点间的距离为艾里斑半径",即一个亮点的衍射图案中心与另一个亮点的衍射图案的第一个暗环重合时,这两个亮点则能被分辨。此时,在两个衍射图案光强分布的迭加曲线中有两个极大值和一个极小值,二者之比为 1:0.735,与光能接收器件(例如 CCD、CMOS等)能分辨的亮度差别相当。当两个亮点更加靠近时,则不能再分辨出是独立的两个点。

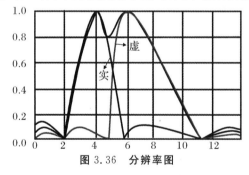

图 3.36　分辨率图

该评价方法的特点包括:①由于像差能降低光学系统分辨率,因此该方法适用于大像差光学系统;②用于分辨率检测的鉴别率板为黑白相间的条纹,这与实际物体的亮度背景差别较大,或者照明条件和接收器件不同时,对同一光学系统的检测结果也不相同,检测结果与实际情况存在差异;③分辨率板不能完全体现分辨范围内的分辨质量;④对比度反转有时会造成"伪分辨现象"。

用分辨率来评价光学系统的成像质量不是一种严格可靠的像质评价方法,但是由于其指标单一,便于测量,因此在光学系统的像质检测中得到了广泛应用。

分辨率能反映光学结构分辨物体的能力,可以作为一种评价方法来判断系统成像的质量,但是并不是一种较细致的评价方法,一般只适用于大像差光学结构。ISO 12233 鉴别率板如图 3.37 所示。

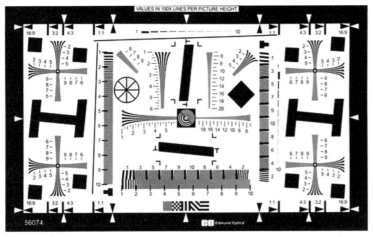
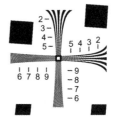

图 3.37　ISO 12233 鉴别率板

点扩散函数是指光学系统输入物为一点光源时其输出像的光场分布,如图 3.38 所示。在数学上点光源用 δ 函数(也叫点脉冲)表示,输出像的光场分布为脉冲响应,所以点扩展函数也叫作光学系统的脉冲响应函数,可反映能量的集中或者分散程度,从而判断系统的成像质量。

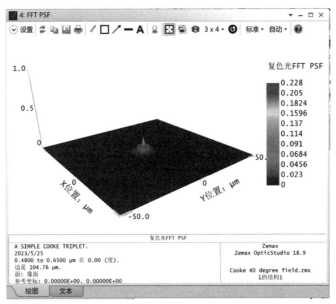

图 3.38　点扩散函数

4. 星点检测法和点列图

星点检测法是使待测镜头对准星点板成像,如图 3.39 所示,通过显微镜观察图形的形状和大小,可迅速评定镜头的质量,并可根据呈现出的差异分析引起像差的原因。星点检验法形象直观、灵敏度高、判断迅速,并可找出引起质量缺陷的原因,从而在光学工厂的生产测试中广泛应用。但是此方法需借助专用光电仪器,因此观测结果受测量者的主观经验影响较大。

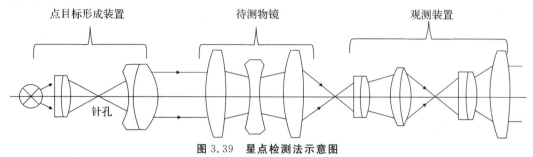

图 3.39　星点检测法示意图

在应用光学的成像过程中,由一点发出的很多条光线经过光学系统成像后,由于像差的存在,因此像点形成一个分布在一定范围内的弥散图形,称为点列图。根据点列图的密集程度来衡量光学系统成像质量的方法称为点列图法。实验结果表明,在大像差光学系统中,利用几何光线追迹所确定的光能分布与实际成像情况的光强度分布是符合的(计算机处理结果)。

光线图仅能反映子午、弧矢平面内光线造成像的弥散情况,几何点列图则能反映任一物点发出的充满入瞳的光锥在像面上的交点弥散情况。几何点列图通常以主光线与像面交点为原点进行量化,来计算点列图的弥散情况,ZEMAX 在此基础上,还给出以虚拟的"质心""平均"为原点的量化点列图。

点列图的表现形式有五种,即标准点列图、离焦点列图、反映视场像高的点列图、随视场与波长变化的点列阵图、随视场与多重结构变化的点列阵图。其中最常用的是标准点列图。根据像质评价技术,计算点列图时入瞳上光线的选取有以下几种方法:极径、极角划分的极坐标形式,在 ZEMAX 中称为 hexapolar(六极);用直角坐标网格划分的方形网格;ZEMAX 中还提供了基于伪随机方法的颤抖式光瞳划分方法。例如,在点列图"设置"中的"由像面改变成其他光学面序号",此时点列图反映光线与光学面的交点分布,也反映光学面的通光情况;如将表面序号(Surface number)设置成光阑面序号,则此时点列图可反映光阑通光面的形状,例如轴外光阑面点列图分布为椭圆形状,则表示渐晕现象。

5. 光学传递函数

理论上,对于光学传递函数(Optical Transform Function,OTF)的讨论包括光源为相干光时的相干成像系统和光源为非相干光时的非相干成像系统。由于大部分光源是非相干光,因此下面仅讨论非相干成像系统。对于透镜系统,相干光是振幅的传递过程,非相干光则是光强度的传递过程。

光学传递函数基于把物体看作由各种频率的谱组成的,即将物体的光场分布函数展开为傅里叶级数(即物函数为周期函数)或者傅里叶积分(即物函数为非周期函数)的形式。若将光学系统看成是线性不变系统,则物体经过光学系统成像可视为其传递效果的频率不变,但对比度下降,相位发生推移,并在某一频率处截止(即对比度为 0 的频率处)。对比度的降低和相位推移随频率的不同而不同,其函数关系称为光学传递函数。

光学传递函数既与光学系统像差有关,又与光学系统的衍射效果有关,用其评价光学系统的成像质量,具有客观、可靠的优点,能够同时适用于大、小像差光学系统中。光学传递函数可反映物体不同频率成分的传递能力。一般地,高频反映物体的细节传递能力,中频反映物体的层次传递能力,低频反映物体的轮廓传递能力,表明各种频率的传递情况的则是调制传递函数。

调制传递函数代表不同频率的正弦强度分布函数经过光学系统成像后,对比度(或者振幅)的衰减程度。当某一频率的对比度下降到 0 时,说明该频率的光强已无亮度,即该频率被截止。这是利用调制传递函数评价光学系统像质的主要方法。

对于同一种调制传递函数曲线,调制传递函数的含义也可能不同。如图 3.40(a)所示:此光学系统用作目视系统时,对于曲线 I,人眼对比度阈值为 0.03 左右,当调制传递函数虚线下降到 0.03 时,曲线 II 的调制传递函数大于曲线 I,表明曲线 II 更适合作为目视光学系统;若用作摄影系统,调制传递函数要大于 0.1,曲线 I 的调制传递函数值大于曲线 II,表明曲线 I 较曲线 II 的分辨率更高。光学系统对于曲线 I 在低频部分有较大的对比度,用作摄影时能拍出的物体层次更加丰富,真实感更强,对比度更高。

上面是对于少数点的情况,并不能反映调制传递函数曲线的整体性质。研究表明,像点的中心点亮度值等于调制传递函数曲线所围的面积,调制传递函数曲线所围的面积越大,代表光学系统传递的信息量越多,成像质量越好。因此,在光学系统的接收器件截止频率范围内,利用调制传递函数曲线所围的面积来评价光学系统的成像质量是有效的,如图 3.40(b)所示。

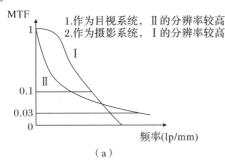
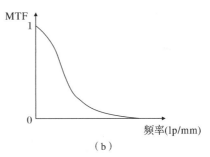

图 3.40 调制传递函数(MTF)曲线

(a)不同情况下;(b)积分情况下

调制传递函数是目前使用比较普遍的一种像质评价指标,称为调制传递函数,它既与光学系统的像差有关,又与光学系统的衍射效果有关,是光学传递函数的模值,曲线横轴表示像面上的空间频率,单位为 lp/mm,即每毫米分辨的线对数,纵轴表示对这些黑白细实线物分辨的调制度。

任何一种物信息,都可以细分到点,也可以细分到线,调制传递函数的物理意义在于,使用傅里叶变换原理与光学系统相干成像理论,计算出镜头对逐渐变细的黑白线对分辨的调制度。在使用调制传递函数进行像质评价时,要注意以下问题:①对每一种光学系统,需要的物面特征、探测器件像素与响应情况,确定评价时的特征频率和对比阈值,确定特征频率处的调制传递函数最小值,否则无法确定调制传递函数曲线的好坏,截止频率(ν_c)跟光学系

统的 F 数及工作波长 λ 有关,可以表示为 $\nu_c = 1/F\lambda$;②查看调制传递函数数值时,要看多色调制传递函数在每一个视场处的子午和弧矢传递函数曲线,并注意选择适当的离焦量;③调制传递函数值跟波像差、点列图等像质指标一样,只反映成像清晰度,不反映形变,所以要检查物像相似程度,即还要再查看畸变曲线。

上述几种评价方式在光学设计过程中是使用最为广泛的,在实际情况下并不是每一个系统都会使用到所有的评价方式。例如在大像差的系统中,我们常会用到分辨率,而在对像差要求较为严格的小像差系统中,一般会考虑使用瑞利判据、中心点亮度、点列图和光学传递函数。

6. Miscellaneous

Miscellaneous 意为"其他项"或者"杂项",用于分析那些不太重要或者不入大类的功能项。Miscellaneous 中包括几何像差的分析功能,按先后顺序,有细光束场曲与畸变、轴向球差、垂轴色差等。相关设置可参考 ZEMAX 软件使用手册。

综上所述,小像差评价方法包括瑞利判断、中心点亮度法等,大像差系统评价方法包括分辨率法、点列图等,光学传递函数法最全面、最客观。除了以上方法,还有均方根统计评价、光程差曲线、照度分析和光谱分析等。

3.7 常用设计软件

自 20 世纪 50 年代开始,美国率先将计算机技术应用于光学设计的光线追迹中,带动了光学自动设计理论的快速、持续发展,半个多世纪以来,国际上已经出现了较多功能完善的光学设计辅助软件,能够辅助进行光学系统建模、光线追迹计算、成像质量评价、照明光学系统设计和分析、光学系统自动优化、公差分析等。典型代表例如:美国 Optical Associates 公司的 CODEV、Light Tools,Lambda Research Corporation 公司的 OSLO、Trace Pro,Focus Software Inc 开发的 ZEMAX;英国 Kidger Optics 公司的 SIGMA 软件;等等。国内也有部分高校、研究所等单位研发光学设计软件,例如北京理工大学研制的 SOD88,Gold 以及中科院长春光机所开发的 CIOES 等。

(1)ZEMAX 是美国焦点软件公司开展出的光学设计软件,可进行光学组件设计与照明系统的照度分析,也可建立反射、折射、绕射等光学模型,并结合优化、公差等分析功能,可以运算序列模式及非序列模式的软件。版本等级有标准版(Standard Edition,SE)、完整版(XE)、EE(专业版,可运算非序列模式)。ZEMAX 软件的主要特色有:①分析,提供多功能的分析图形,对话窗式的参数选择,方便分析,且可将分析图形存成图文件,例如. BMP,. JPG 等,也可存成文字文件. txt;②优化,表栏式 merit function 参数输入,对话窗式预设 merit function 参数,方便使用者定义,并且有多种优化方式供使用者使用;③公差分析,表栏式 Tolerance 参数输入和对话窗式预设 Tolerance 参数,方便使用者定义;④报表输出,多种图形报表输出,可将结果存成图文件及文字文件。ZEMAX 软件包括光学设计软件 OpticStudio,用于帮助 CAD 用户封装光学系统的 Optics Builder,以及专为制造工程师打造的 OpticsViewer。OpticStudio 是光学、照明以及激光系统设计软件。航天工程、天文探测、自动化、生物医学研究、消费电子产品以及机器视觉领域的标杆企业均选用 ZEMAX OpticStudio 作为设计工具。本书中采用光学系统 ZEMAX 进行相关设计举例。

(2)OpticsBuilder 是一款面向 CAD 用户的光机设计软件。将光学设计转化为可生产产品,这意味着一个工程师团队需要围绕一个共同目标相互协作,在这个过程中,多数情况下,工程师团队往往会因为工具的局限性,而非工程师团队的能力,去花费大量时间试错。现在,CAD 用户不再需要花费数小时甚至几天的时间来将光学设计转换成他们所使用的 CAD 平台兼容的格式。通过使用 OpticsBuilder,CAD 用户可以直接将 OpticStudio 光学设计文件导入 CAD 软件,分析机械封装对光学性能的影响,导出光学图纸用于生产,有助于降低试错成本。

OpticsViewer 作为 OpticStudio 的补充,该软件主要面向制造工程师,OpticsViewer 在光学设计和生产加工之间架起了桥梁。通过改进光学工程师共享光学设计信息的方式,可以减少其他工程师对光学设计信息的误解,加快产品开发速度,并避免不必要的迭代花费。

(3)CODE V 是美国著名的 Optical Research Associates(ORA ©)公司研制的具有国际领先水平的大型光学工程软件。自 1963 年起,该公司属下数十名工程技术人员已在 CODE V 程序的研制中投入了多年的心血,使其成为世界上分析功能最全、优化功能最强的光学软件,被各国政府及军方研究部门、著名大学和各大光学公司广泛采用。

CODE V 是世界上应用最广泛的光学设计和分析软件,30 多年来,Code V 进行了一系列的改进和创新,包括变焦结构优化和分析,环境热量分析,调制传递函数和 RMS 波阵面基础公差分析,用户自定义优化,干涉和光学校正、准直,非连续建模,矢量衍射计算(包括偏振),全球综合优化光学设计方法。CODE V 可以分析优化各种非对称、非常规复杂光学系统。这类系统可带有三维偏心和/或者倾斜的元件,各类特殊光学面(如衍射光栅、全息或者二元光学面、复杂非球面,以及用户自己定义的面型)梯度折射率材料和阵列透镜,等等。程序的非顺序面光线追迹功能可以方便地处理屋脊棱镜、角反射镜、导光管、光纤、谐振腔等具有特殊光路的元件,而其多重结构的概念则包括常规变焦镜头,带有可换元件、可逆元件的系统,扫描系统和多个物像共轭的系统。多年来,世界各地的用户已成功地利用 CODE V 设计和研制了大量照相镜头、显微物镜、光谱仪、空间光学系统、激光扫描系统、全息平视显示系统、红外成像系统、紫外光刻光学系统等,举不胜举。近几年,CODE V 软件又被广泛地应用于光电子和光通信系统的设计和分析中。

(4)ASAP:ASAP 全称为 Advanced System Analysis Program,即高级系统分析程序。ASAP 是由美国 Breault Research Organization. Inc(BRO)公司开发的高级光学系统分析模拟软件。经过近多年的发展,ASAP 光学软件在照明系统、汽车车灯光学系统、生物光学系统、相干光学系统、屏幕展示系统、光学成像系统、光导管系统及医学仪器设计等诸多领域都得到了认可和信赖。

(5)TracePro:TracePro 是一套普遍用于照明系统、光学分析、辐射度分析及光度分析的光线模拟软件。它是第一套以 ACIS solid modeling kernel 为基础的光学软件,是第一套结合真实固体模型,具有强大的光学分析功能和资料转换能力,具有易上手的使用界面的模拟软件,是 TracePro 可应用于显示器上。它能模仿所有类型的显示系统,包括背光系统,前光、光管、光纤、显示面板和 LCD 投影系统。

TracePro 的优点是比起传统的原型方法,TracePro 在建立显示系统的原型时,在时间上和成本上要降低 30%～50%。TracePro 常见的模型包括照明系统、灯具及固定照明、汽车照明系统(包括前头灯、尾灯、内部及仪表照明等)、望远镜、照相机系统、红外线成像系统、遥感系统、光谱仪、导光管、积光球、投影系统、背光板。TracePro 作为下一代光线分析软件,需要对光线有效和准确地进行分析。为了达到这些目标,TracePro 可以:处理复杂几何问题,以定义和跟踪数百万条光线;图形显示、可视化操作以及提供 3D 实体模型的数据库;导入和导出主流 CAD 软件和镜头设计软件的数据格式。

在使用上,TracePro 十分简单,即使是新手也可以很快学会。TracePro 使用上分为 5 步:①建立几何模型;②设置光学材质;③定义光源参数;④进行光线追迹;⑤分析模拟结果。TracePro 的应用领域包括照明、导光管、薄膜光学、光机设计、杂散光和激光泵浦。

本书主要介绍现代光学设计基本理论和技术,后续相关设计实例主要使用 ZEMAX Opticstudio 软件,关于软件的介绍和操作不做详细说明,可参考软件的"Help"文档及相关说明。

3.8 基于 ZEMAX 软件的像差分析

当光学系统的像质没有达到要求时,光学设计工程师需要建立评价函数和确定变量、边界条件等,对初始结构进行优化设计。建立评价函数的方法有多种,评价函数反映了设计者的设计思想,在用 Default Merit Function 建立评价函数,经过优化后,如果像质还令不满意,此时修改评价函数,往往还需考虑几何像差的分析和校正;同时,像差理论是多年的光学设计实践和理论研究的结果,使用像差(指独立几何像差)设计方法,能够快捷地获得设计结果或者中间结果,为后续采用传递函数优化提供基础;有些设计场合,为简化结构,需要采用分阶段设计和像差补偿的设计方案,即让其中不同部分的光学系统留有残余像差,但符号相反,光学组合后,残余像差自动抵消,为了设计时能恰当地控制残余像差量,要采用像差设计方法;有些设计情况下,像面不一定要求为平面,也无法知道像面的面型具体方程,这时的设计也宜采用像差设计方法,配合像差容限来完成。

因此,有必要讨论像差设计的概念和方法,像差设计是在熟悉当前光学系统的特性的基础上,根据像差校正方案,确定轴上与轴外分别需要校正哪些像差,在评价函数编辑器中建立这些像差控制操作符,然后进行优化设计。

3.8.1 默认评价函数和现有像差控制符的局限性

如 3.6 节所述,Default Merit Function 定义的评价函数由点列图或者波像差构成,用于优化像平面或者具有固定面型的像面上的成像质量,不能完成任意独立几何像差的控制。

ZEMAX 也提供了内建的像差控制操作符,下面就对这些操作符进行比较分析,阐述现有像差控制操作符的局限性

1. 轴上点的像差操作符的局限性

ZEMAX 为轴上点提供了两个像差操作符,即 SPHA、AXCL,其中 SPHA 是指定光学面的球差贡献量,以工作波长为单位,且无须指定孔径,因此,不能控制某一特征孔径的球差;AXCL 可控制近轴位置色差 $\Delta l'_{FC}$。

以上两个像差操作符,仅适用于小视场小相对孔径的设计场合。根据轴上点像差概念,对于大相对孔径的光学系统,要控制其轴上物点的成像质量,至少要控制 $\delta L'_m$、$\Delta l'_{FC0.707}$、$\delta L'_{sn}$ 和 $\delta L'_{FC}$ 到预定的目标值,但是利用 ZEMAX 内建控制操作符不能实现这种控制。

2. 轴外物点的像差操作符的局限性

轴外物点的像差设计更为复杂,对于不同光学特性的系统,像差设计要求不一样。对小相对孔径小视场光学系统,像差设计最简单,最多要求校正孔径与视场的初级像差;对大相对孔径小视场光学系统,则将像差控制集中到跟孔径有关的高级像差上来,至于视场像差,仍只控制视场初级像差;对小相对孔径大视场光学系统,则要将像差控制集中到跟视场有关的像差上来,根据视场达到的程度,如中等视场、广角、超广角等情况,决定是否校正和视场有关的高级像差。ZEMAX 的内建像差控制操作符中,轴外像差操作符含义见表 3.8。

表 3.8　轴外像差操作符含义

类　型	像差操作符	含　义	局限性
彗差	COMA	某一面彗差贡献量	无法控制跟视场、孔径有关的子午、弧矢彗差
场曲	FCUR	某一面场曲贡献量	无法控制宽光束场曲(应用于大相对孔径大视场情形)
	FCGS	某一视场细光束弧矢场曲	
	FCGT	某一视场细光束子午场曲	
像散	ASTI	某一面像散贡献量	无法控制宽光束像散
畸变	DIST	某一面畸变贡献量	
	DIMX	视场最大畸变允许量	
	DISG	控制跟视场有关的归一化百分畸变	
	DISC	控制校准畸变	
垂轴色差	LACL	两边缘波长主光线与像面交点之间的 y 轴向间隔距离	无法控制色差和高级色差

综上所述,现有 ZEMAX 的内建的像差控制操作符无法控制指定孔径的球差、轴向色差、高级球差和色球差,也无法控制和孔径与视场有关的彗差、高级彗差,以及和孔径有关的宽光束场曲和像散,无法控制需要的垂轴色差曲线和高级垂轴色差。这些问题是光学设计工作者必须要解决的。常见的像差操作数及应用见附录 B。

3.8.2　常见像差控制在 ZEMAX 评价函数中的实现

1. Merit Function(评价函数)的构成要素

Merit Function(评价函数),是光学系统与指定的设计目标相符的数字代表。评价函数值为 0,表示当前光学系统完全满足设计目标要求。评价函数值愈小,表示愈接近。由"Editors"→"Merit Function"可打开评价函数编辑器。

一般地,评价函数可定义为设计目标像差值与当前系统像差值之差的二次方和,评价函数由操作符以及相应的目标值、权因子构成,其定义式可以表示为

$$\mathrm{MF}^2 = \frac{\sum W_i\,(V_i - T_i)^2 + \sum\,(V_j - T_j)^2}{\sum W_i} \tag{3-91}$$

式中:V_i 是第 i 种操作符的实际值;T_i 为第 i 种操作符的目标值;W_i 为第 i 种操作符的权因子。这里的操作符是 ZEMAX 使用的可以代表"广义像差"的符号。式(3-91)除以 $\sum W_i$ 表示评价函数中权因子被自动归一化。$W_i > 0$,该操作符被当作像差,ZEMAX 设计让 $W_i\,(V_i - T_i)^2$ 达到局部最小;$W_i = 0$,该操作符无作用;$W_i < 0$,则 ZEMAX 自动设置 $W_i = 1$;此时,$W_i\,(V_i - T_i)^2$ 自动用 $(V_j - T_j)^2$ 代替,称之为拉格朗日乘子,一般 $(V_j - T_j)^2$ 对应透镜的边界条件。

2.评价函数的"默认"(缺省)构成方法

评价函数的建立及构成元素的确定,是光学设计人员设计的重要内容之一,需要使用者确定由哪些像差构成评价函数中的元素,这里的像差,包括独立几何像差、弥散图(点列图)、波像差、传递函数等,以及光学系统高斯数据,如焦距、放大倍率、总长等。因此评价函数的建立是光学设计初学者的难点之一,主要涉及选择哪些像差元素构成评价函数和每一个像差的元素权因子选择为多少。

ZEMAX 提供了便捷的评价函数建立方法,也提供了柔性的由设计者自由发挥的建立方法,前者称之为"傻瓜"建立方法。通过"Editors"→"Merit Functions"→"Tools"→"Default Merit Functions"可以打开默认评价函数,建立对话框,如图 3.41 所示。相关参数设置参考软件的使用文档。

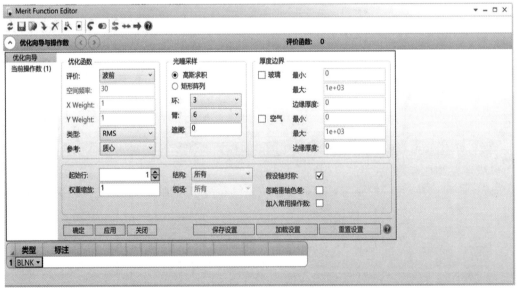

图 3.41　默认评价函数建立的对话框

3.9　光学系统研制需要考虑的其他因素

　　光学系统的研制,不仅要使得成像质量达到要求,还要考虑实际光学系统研制成本、质量、准时性等因素的影响,根据项目实际需求作出相应调整。在实现研制成本、质量、研制周期等目标的过程中需要考虑以下问题:

　　(1)为保证研制成功,光学设计、光机设计等方案应该进行方案研讨,确保设计方案准确、可行后,再进行下一步样机研制;

　　(2)为实现成本最低和周期最短,优先选择透镜厂商现有目录中的产品;

　　(3)为保证系统质量和研制周期,可优先选用国内现有的光学透镜材料、探测器件,选择国内制造商进行样机开发和试生产等;

　　(4)为降低风险成本,需要寻找具有能检测和证明产品质量的设备或者与国内进口商合作。

第4章　衍射光学元件设计及应用

4.1　衍射光学发展概述

随着现代光电子技术的快速发展,传统光电设备与突飞猛进的微电子技术和微机械技术的发展极不匹配。现代光电设备小型化、阵列化、集成化和智能化的需求促使现代光学系统向微型化方向快速发展,微光学技术已成为现代光学工程领域的主要发展方向。受到现代光学工程和计算机技术快速发展的驱动以及微光学理论和微细加工工艺技术的不断完善与更新,具有新原理、新技术的微光学概念逐渐转化为新型的微光学元件,并逐渐深入现代光学工程的应用领域。衍射光学元件作为微光学领域的重要组成部分受到了广泛关注,常见的衍射光学元件结构类型、设计原理、加工方式和应用领域如图 4.1 所示。

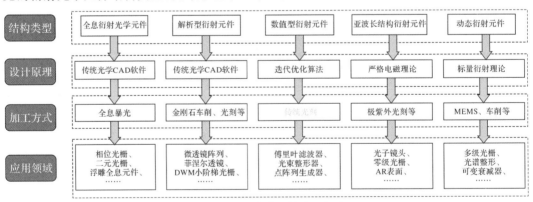

图 4.1　衍射光学元件发展概述

衍射光学是现代光学工程领域中的重要组成部分之一,是基于光波衍射理论发展而来的一种微光学技术,为传统光学系统的优化设计提供了更多的设计自由度。微光学中的衍射光学元件(例如典型的台阶面型的二元光学元件和连续面型的衍射光学元件等)与传统光学元件(例如典型的折射光学元件或者反射式光学元件等)结合,形成了新的光学系统,称为混合成像光学系统。衍射光学元件的发展和应用,为传统光学系统的优化设计提供了新的实现方法和设计自由度,也使新型成像光学系统具有传统光学系统不具有的特性,简化了系统结构、提高了成像质量,减小了系统体积和质量,也避免了一些特殊光学材料的使用,大大降低了此类光学系统的研制成本。

衍射光学元件对入射光复振幅的调制是通过其表面的浮雕微结构实现的。衍射光学理论出现得很早,但是真正在成像领域中得以应用是在 20 世纪 90 年代,主要由于初期的衍射光学元件衍射效率很低,无法很好地在成像光学系统中使用。1981 年,L. Rayleigh 提出了世界上第一个成像衍射光学元件(即振幅型菲涅尔波带板),但是其入射光能量中只有 10% 分布在主衍射级上,其他能量分布在其他衍射级次上。此外,R. W. Wood 在 1898 年将菲涅尔波带板的衍射效率提高到了 40%,但是均由于背景光较强而无法成功应用在成像系统中。成像衍射光学元件理论和结构的发展概况如图 4.2 所示。

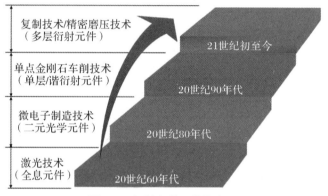

图 4.2　衍射光学元件的发展

20 世纪 60 年代,激光技术的出现促进了全息成像技术的发展,继而衍射光学领域得到了拓展。Leith 和 Upatnieks 使用激光光源首次实现了离轴全息,1967 年,R. Brown 等制作出了计算全息图,通过表面浮雕微结构可以记录入射光波波面的相位信息,从而使其衍射效率达到 100%;接下来,研究人员制造出了相息透镜。1972 年,出现了使用掩膜板完成二元光学元件加工的技术。全息技术、计算全息技术、相息图的出现以及激光、计算机技术的发展,共同促进衍射光学元件制造技术的发展。

20 世纪 80 年代,微电子制造技术出现并且快速发展,这项技术促进着微细加工制造技术的成熟,为实现衍射浮雕微结构的制造奠定了基础。美国麻省理工学院林肯实验室采用大规模集成电路制造技术首次实现了衍射光学元件的表面微结构的制造,并且得到了成像质量良好的衍射光学元件,这种元件被称为二元光学元件(Binary Optical Element,BOE)。之后,光学设计领域以及其他领域的相关人员对衍射光学元件表现出极大的兴趣,促进了二元光学元件的快速发展。二元光学元件表面微结构为台阶状的多级相位结构,采用高分辨率光刻以及离子束刻蚀加工,最早的二元光学元件只有二级相位结构,衍射效率偏低,仅有 40.5%。随着制造技术的发展,二元衍射元件加工台阶数增加,其衍射效率相应得到了提高。对于不同相位级数的二元光学元件,其一级衍射效率理论设计值见表 4.1。

表 4.1 二元光学元件的衍射特性

台阶数	2	4	8	16	$\cdots$	2^N
刻蚀次数	1	2	3	4	$\cdots$	N
衍射效率/(%)	40.5	81.1	95.0	98.7	$\cdots$	100

从表 4.1 可以看出,当相位级数接近于无穷,即加工台阶数接近于无穷时,衍射光学元件表面接近于连续相位结构,衍射效率也接近 100%,此时称这种连续面型的二元光学元件为衍射光学元件(Diffractive Optical Element,DOE)。图 4.3 所示是不同相位级数的二元光学元件的台阶型表面微结构形貌。

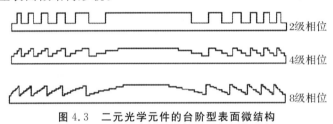

图 4.3 二元光学元件的台阶型表面微结构

1989 年,G. J. Swanson 和 W. B. Veldkamp 为实现中波红外波段混合透镜的消色差,在以硅透镜为基底的表面加工出了二元衍射微结构,同时给出了相位级次为 16 级时的对应衍射效率曲线。该混合透镜的光路设计如图 4.4 所示。

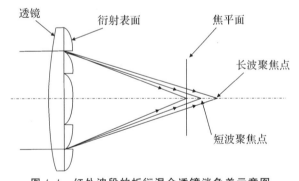

图 4.4 红外波段的折衍混合透镜消色差示意图

4.2 衍射光学元件衍射效率

4.2.1 衍射理论

当衍射光学元件的特征尺寸,即表面微结构尺寸远远大于入射波长数值时,并且要求衍射元件到输出平面的距离足够远时,这时,标量衍射理论是适用的,能够精确地分析衍射场的光场分布。标量衍射理论是将光当作空间中任意位置处具有一定振幅和相位的标量波,然后对入射、出射光波关系进行描述的分析方法。在能够适用于标量衍射理论的成像衍射光学元件的设计中,只要已知入射光波特性和要求输出的光波特性,通过构造目标函数就可以得到衍射光学元件的相位结构,从而完成对应衍射光学元件的设计。综上所述,标量衍射理论模型能够较容易地对衍射光学元件进行分析、计算和设计。标量衍射理论模型能够比较容易地分析衍射光学元件对入射光束光场分布的作用以及计算衍射光学元件的衍射效率,在成像衍射光学元件的设计和使用中有重要指导意义,因而得到广泛使用。常用的标量衍射理论主要方法包括模拟退火算法、杨-顾算法、遗传算法以及混合算法等,以上算法在相应参考文献中已有详细论述,下面对其进行简述。

模拟退火算法是在 1972 年由 Gercheberg 和 Saxton 首次提出的一种局部搜索迭代优化算法,借鉴了不可逆动力学的思想,是一种通过采用统计方法作为判据求解规划问题的极值来实现计算能够跳出局部极小值区域的方法;杨-顾算法是由中国科学院物理研究所教授杨国桢和顾本源提出的,是一种非正交变换系统中振幅与相位恢复的普遍理论及恢复算法,也是一种比较普遍的迭代优化算法;遗传算法是在大自然的环境中,通过模拟生物在遗传方面以及进化过程中形成及发展的一种自适应全局优化的概率搜索算法;混合优化算法是指各种算法的混合使用。

当衍射光学元件应用于成像光学系统中时,对其衍射效率的要求比较高,因此会提高对其面型设计和加工精度的要求。近年来,随着加工技术的发展和工艺的提升,衍射光学元件的加工精度有了飞速提高,目前能够实现衍射光学元件的加工工艺主要包括单点金刚石车削技术、光刻技术、激光直写技术、复制技术和超精密加工等。新技术的发展也使衍射光学元件表面微结构的任意相位设计成为可能,常用的衍射光学元件的表面微结构会设计为连续面型结构,实现的相位调制功能是以设计波长处对应的衍射微结构高度为准的,能够实现设计波长处最大相位调制为 2π。

对于衍射光学元件的设计和分析,着重关注三个场的分布,即入射光场[入射光到达衍射光学元件的波前分布,表示为 $\tilde{U}(P)$]、透射场[衍射空间的波前函数,表征了光场在衍射空间的分布,表示为 $U(x_0, y_0)$]和衍射场[衍射空间特定位置处的波前函数,表示为 $U(x, y)$]的分布。典型的衍射光学系统的光场变换分布如图 4.5 所示。

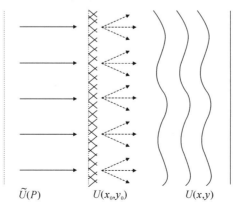

$\tilde{U}(P)$　　$U(x_0,y_0)$　　$U(x,y)$

图 4.5　标量衍射光学系统的光场变换分布

标量衍射理论模型能够满足成像衍射光学元件的设计精度和使用要求,是此类衍射光学元件的常用设计基础,是通过复透过率函数的相关概念计算得到的。基尔霍夫衍射理论、平面波角谱理论以及瑞利-索末菲(Rayleigh-Sommerfeld)衍射理论是标量衍射理论常用的分析方法。成像衍射光学元件的设计通常以标量衍射理论模型为基础,通过复透过率函数的概念计算。对于成像衍射光学元件的设计,标量衍射理论中的基尔霍夫理论由于与实验结果符合精度最高而使用最为广泛。基于基尔霍夫衍射积分理论分析,波前任意点 P 处的复振幅 $\widetilde{U}(P)$ 可以表示为

$$\widetilde{U}(P) = \frac{1}{4\pi} \oiint_S \left\{ \frac{\exp(\mathrm{i}kr)}{r} \frac{\partial U}{\partial n} - U \frac{\partial}{\partial n} \left[\frac{\exp(\mathrm{i}kr)}{r} \right] \right\} \mathrm{d}S \qquad (4-1)$$

式中:S 为点 P 处包络的封闭的曲面;k 为波数;U 为波场;n 为封闭面 S 的向外法线;$\bar{r}$ 为点 P 点到曲面 S 上点 Q 的矢量,且 $r = |\bar{r}|$;$\mathrm{d}S$ 为点 Q 附近封闭曲面 S 上的小面元,$\dfrac{\exp(\mathrm{i}kr)}{r}$ 为由曲面 S 上一点 Q 向曲面 S 内空间的一点 P 传播的波。基尔霍夫衍射积分公式中各个量的意义如图 4.6 所示。

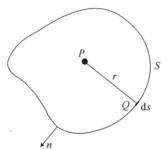

图 4.6　基尔霍夫衍射积分公式中各量示意图

以菲涅尔近似公式为基础,光场可表示为

$$U(x,y) = \int_{-\infty}^{+\infty} \mathrm{d}x \int_{-\infty}^{+\infty} \mathrm{d}y U(x_0,y_0) \exp\left\{ \frac{\mathrm{i}\pi}{\lambda z} \left[(x-x_0)^2 + (y-y_0)^2 \right] \right\} \qquad (4-2)$$

式中:初始的光场为 $U(x_0,y_0)$,由初始场传播后所建立的新的光场为 $U(x,y)$,光的传播距离为 z。若光场传播的距离十分长,此时式(4-2)中的二次项忽略,表示为

$$U(f_x,f_y) = \int_{-\infty}^{+\infty} \mathrm{d}x \int_{-\infty}^{+\infty} \mathrm{d}y U(x_0,y_0) \exp\left[-\mathrm{i}2\pi(f_x x_0 + f_y y_0) \right] \qquad (4-3)$$

式中:x 和 y 方向的频率分别是 $f_x = x/(\lambda z)$ 和 $f_y = y/(\lambda z)$,该式为衍射效率的计算提供了理论依据,是夫朗和费衍射近似下的积分公式。

标量衍射理论适用于衍射光学元件的表面微结构分析,在应用时应同时满足两个条件:①入射光波波长须远小于衍射光学元件的表面微结构;②光场传播在远场处进行分析。利用标量衍射理论计算后,可用关系式 $Q = \dfrac{2\pi\lambda T}{n\Delta^2}$ 验证准确性。其中,衍射光学元件的基底材料折射率表示为 n,光波波长表示为 λ,元件的周期宽度表示为 Δ。根据标量衍射理论推论,当 $Q \leqslant 1$ 时,标量衍射理论计算的衍射效率为准确值。

能够满足高衍射效率要求的衍射光学元件主要有 Kinoform、二元光学元件和相位型菲涅耳透镜等,类型和结构也是衍射光学的一个重点研究领域。为满足高衍射效率设计和使用要求,衍射表面的最大高度和最大相位调制为 2π,即最大衍射微结构高度为中心波长对应的高度值。本书重点关注旋转对称的衍射光学元件,如上所述,这类衍射元件名字很多,尽管这些衍射光学元件是基于菲涅耳波带板原理,但我们也不使用菲涅耳波带板原理去说明这类元件,因为在光学设计方面,菲涅耳透镜通常是指采用非相干叠加成像,而衍射透镜主要基于相干叠加成像。这两类衍射光学元件的工作原理完全不同:菲涅尔透镜是基于应用光学原理设计实现的,即光线追迹,在菲涅尔透镜设计中,并没有相邻周期的相位联系,其各个同心圆环等效于一个微折射棱镜,夹角决定了光线的传播方向,最终焦点是各个微折射棱镜环带的光的非相干叠加,并且各个环带面的尺寸决定了焦点尺寸,即环带宽度越小焦点尺寸则越小,直至其环带宽度小到能够被衍射理论替代,此时其光斑尺寸由于受到衍射影响会增大;而衍射光学元件是基于物理光学原理,其焦点的最终尺寸受限于衍射元件的最小周期宽度(或者衍射光学元件的 F 数)。

4.2.2　成像衍射光学元件的设计原理

对于成像衍射光学元件的设计,其本质上就是将对该物理系统的理解转化为一个等价优化问题,然后对此问题进行最优解求取的过程。通常情况下,在满足给定要求及其他限定条件下,对衍射光学元件的设计应该进行计算优化使其满足特性的优化指标。目前,已有两大类衍射光学元件的设计方法,即直接设计和间接设计。直接设计法是指在设计过程中考虑加工工艺条件的限制并将所有的限制结合到衍射元件的设计优化程序中;间接设计则是在开始并不考虑加工制造工艺的限制,而实质是寻找一个相位恢复的最优解,并且只有当实际加工时才会将加工工艺考虑进去,因此该方法在本质上可以细化为两个步骤:首先,采用相对抽象的设计模型对衍射光学元件进行相位恢复求解;其次,考虑加工工艺问题,对衍射光学元件再次进行设计。

然而,不管是采用哪种设计方法,都应该对衍射光学元件功能及其在光学系统的物理内涵很好地理解,并建立相应的数学-物理模型,这种模型对衍射光学元件的性能参数选取和优化设计等都有重要的影响。一般地,衍射光学元件的设计分为以下三个步骤:

(1)分析成像光学系统对衍射光学元件的要求和其他相关限制条件,建立相应数学-物理模型,这包括两部分内容:一是要求设计者能够对成像光学系统中衍射光学元件用一个准确、简单的模型进行描述;二是设计人员应该尽可能将这些影响因素反映在物理模型的设计参数中。

(2)将建立好的模型转化为数学描述,并定义恰当的优化变量,在给定限制条件下对衍射光学元件进行优化。在这个过程中,定义一些变量对待优化的物理参数的标识是非常重要的,这些变量直接反映衍射光学元件在光学系统中的性能,在优化过程中会考虑系统性能上的某种平衡。

(3)将前两步得到的相关数据输入衍射光学元件所在的光学系统中,基于整体性能对其进行模拟设计,得到设计的衍射光学元件的具体结构参数,最终能够实现衍射光学元件的加工。在这个过程中,衍射光学元件的面型结构和相关参数直接决定其在光学系统中的功能,并能够使用现有加工制造技术完成对衍射光学元件的加工。

4.2.3 衍射效率对混合光学系统的像质影响

成像衍射光学元件会将入射光衍射到不同级次上,并且不同级次的衍射光能量大小有区别,在含有衍射光学元件的光学系统中,不仅要考虑衍射级次的光强度分布,也要考虑到其他衍射级次的光强度分布。衍射效率是衡量衍射光学元件是否应用的关键指标,其定义为衍射到设计级次的光强度与入射光强度的比值,是波长的函数,与入射角度和视场点的位置有关。根据高折射率模型可知,只有当衍射光线和衍射光线方向相同时,衍射效率为最大值。当给定入射波长、共轭点和视场时,连续面型衍射光学元件在第 m 级衍射级次的衍射效率 η 可以表示为

$$\eta = \left(\frac{\sin\{\pi[(\lambda_0/\lambda)-m]\}}{\pi[(\lambda_0/\lambda)-m]} \right)^2 \times 100\% \tag{4-4}$$

式中:λ_0 为设计波长;λ 为工作波段范围内的任意波长;m 为衍射级次。只有当 $\lambda_0/\lambda = m$ 时,衍射光学元件的衍射效率才等于 100%,而光学系统设计波段内的其他波长位置和其他视场,衍射效率均低于 100%。这就意味着,没有进入指定衍射级次内的光可能会造成光学系统的杂散光、伪彩色等问题,从而会降低成像光学系统的像面对比度和分辨率。图 4.7 所示为衍射光学元件的不同衍射级次的光传播,$+1$ 级是具有高衍射效率的级次,因此也是成像光学系统中衍射光学元件的设计级次。

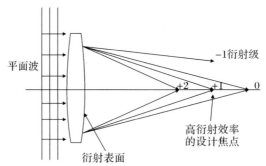

图 4.7 不同衍射级次的衍射光学元件

4.2.4 衍射效率对混合成像光学系统像质的影响

光学传递函数是衡量成像光学系统性能的关键指标之一,具体实现有两种方法:①通过基尔霍夫得到点扩散函数,然后对点扩散函数进行傅里叶变换得到光学传递函数;②通过波像差得到光学系统光瞳函数,然后通过光瞳函数计算得到光学传递函数。利用光瞳函数计算得到光学传递函数也有两种方法:①对光瞳函数进行傅里叶变换,得到点扩散函数,再对点扩散函数进行傅里叶变换得到光学传递函数;②直接对光瞳函数进行自相关运算得到光学传递函数。这两种方法在本质上是一致的,但前提都是要求确定光学系统的光瞳函数。

图 4.8 所示为光学系统光学传递函数的计算方法和思路。

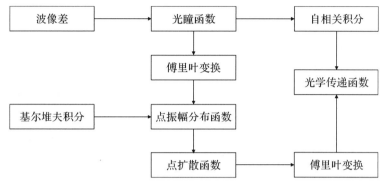

图 4.8 光学传递函数的计算方法和思路

对于衍射光学元件,其光瞳函数 $P(x,y)$ 可以写成

$$P(x,y) = E(x,y)\exp[ikW(x,y)] \tag{4-5}$$

对光瞳函数进行自相关计算,可以得到调制传递函数 $MTF(u,v)$ 可以表示为

$$MTF(u,v) = \left| \frac{\iint_{-\infty}^{\infty} P(x,y)P^*(x+\lambda uR, y+\lambda vR)\,dx\,dy}{\iint_{-\infty}^{\infty} |P(x,y)|^2\,dx\,dy} \right| \tag{4-6}$$

式中:R 为波前半径;u、v 分别为 x、y 方向的空间频率。式(4-6)为单一波长单一级次衍射时的调制传递函数表达式,在多光谱情况下采用加权求和表达式,假设有 N 个单色光波长,则多色光影响下的复合调制传递函数 MTF_{poly} 可表示为

$$MTF_{poly} = \frac{\sum_{i=1}^{N} W_i MTF}{\sum_{i=1}^{N} W_i} \tag{4-7}$$

在实际分析中考虑到非主级次衍射对光学系统调制传递函数的影响,需要先对单一波长多级次加权求和,再对波长求和。例如考虑主级次为 1 情况下的 5 级衍射:-1、0、1、2、3,多光谱调制传递函数可用下式求出,即

$$MTF_{poly} = \frac{\sum_{i=1}^{N} W_i \left| \sum_{m=-1}^{3} MTF(\lambda_i, m) \right|}{\sum_{i=1}^{N} W_i} \tag{4-8}$$

式中:权重 W_i 的选取一般参考接收器件对每个波长的响应度。这种方法可以对无穷级次精确求和,但是计算复杂。

利用衍射效率近似计算多光谱调制传递函数有以下两种方法。

1. 衍射效率加权求和计算调制传递函数

用每个波长的衍射效率乘以单光谱调制传递函数,再对多光谱求和,就可以得到衍射效率加权求和计算调制传递函数的表达式,即

$$\mathrm{MTF}_{\mathrm{poly}} = \frac{\displaystyle\sum_{i=1}^{N} W_i \eta(\lambda_i) \mathrm{MTF}}{\displaystyle\sum_{i=1}^{N} W_i} \tag{4-9}$$

利用式(4-9)计算调制传递函数是一种近似方法,多级次衍射的存在,导致每个波长的衍射效率不同,因此衍射效率可以体现多级次对每个波长衍射的影响。式(4-9)正是用衍射效率来近似表达多级次衍射对每个波长衍射的影响。

2. 利用积分衍射效率计算调制传递函数

衍射效率是衡量衍射光学元件在折衍混合成像光学系统应用最重要的参数,非设计级次的衍射光形成的杂散光会直接影响光学系统光能的利用率,还对折衍混合成像光学系统的光学传递函数有直接作用。也正是由于非设计级次衍射光的存在,混合成像光学系统的点扩散函数包含设计级次衍射光的点扩散函数和非设计级次的杂散光的影响,其对应的出瞳函数 $P(u,\nu)$ 可以表示为

$$P(u,\nu) = P_m(u,\nu) + P_s(u,\nu) = t_m(u,\nu)\exp\left[\mathrm{j}\frac{k}{n}W_m(u,\nu)\right] +$$
$$t_s(u,\nu)\exp\left[\mathrm{j}\frac{k}{n}W_s(u,\nu)\right] \tag{4-10}$$

式中:(u,v) 为坐标点;$P_m(u,\nu)$ 和 $P_s(u,\nu)$ 分别为第 m 级次和其他级次的出瞳函数;n' 为像面空间对应的介质折射率;m 为设计的衍射级次;s 为非设计级次;$t_m(u,v)$ 为透过率函数,局部衍射效率即为透过率函数的二次方,可以表示为

$$\eta_{\mathrm{L}} = |t_m(u,\nu)|^2 \tag{4-11}$$

对于衍射光学元件,衍射效率用来评价光学系统的能量透过率,而出瞳衍射效率用来衡量混合系统的信噪比。衍射效率不等同于衍射光学元件衍射效率,它是在出瞳位置的衍射效率。因此,应该对局部衍射效率在整个出瞳平面进行积分求平均,得到的积分衍射效率 η_{Int} 可以表示为

$$\eta_{\mathrm{Int}} = \frac{1}{A_p}\iint |tm(u,\nu)|^2 \mathrm{d}u\mathrm{d}\nu \tag{4-12}$$

式中:A_p 为出瞳面积。根据出瞳函数定义,系统的振幅脉冲响应函数 $h(x,y)$ 可以表示为

$$h(x,y) = h_m(x,y) + h_s(x,y) = \frac{1}{\lambda R}\int_{-\infty}^{\infty}\int_{-\infty}^{\infty}\left[P_m(u,\nu) + P_s(u,\nu)\right]$$
$$\exp\left[-\mathrm{j}\frac{k}{R}(xu,y\nu)\right]\mathrm{d}u\mathrm{d}\nu \tag{4-13}$$

式中:R 为积分球半径。因此,光学系统的振幅脉冲相应函数的卷积,即点扩散函数 $I(x,y)$ 可以表示为

$$I(x,y) = h(x,y)h^*(x,y) = |h_m(x,y)|^2 + |h_s(x,y)|^2 +$$
$$h_m^*(x,y) \cdot h_s(x,y) + h_m(x,y) \cdot h_s^*(x,y) \tag{4-14}$$

式中:交叉项在整个出瞳平面的积分近似为 0,因此忽略对系统调制传递函数的影响,点扩散函数可以表示为

$$I(x,y) \approx |h_m(x,y)|^2 + |h_s(x,y)|^2 \tag{4-15}$$

然后,对其进行归一化处理,可以表示为

$$\overline{I}(x,y) = |\overline{h}_m(x,y)|^2 + |\overline{h}_s(x,y)|^2 \tag{4-16}$$

由于点扩散函数经过傅里叶变换之后是传递函数。对于成像系统,MTF 代表调制度,可用来表示光学传递函数 OTF。因此,对应设计级次衍射元件的调前传递函数的表达式可写成

$$\mathrm{MTF}_m(f_x,f_y) = \int_{-\infty}^{\infty}\int_{-\infty}^{\infty} |\overline{h}_m(f_x,f_y)|^2 \cdot \exp[-\mathrm{j}2\pi(f_x+f_y)]\mathrm{d}x\mathrm{d}y =$$

$$\frac{1}{A_P}\int_{-\infty}^{\infty}\int_{-\infty}^{\infty} P_m(u,\nu) \bigotimes P_m(u,\nu)\mathrm{d}u\mathrm{d}\nu \tag{4-17}$$

式中:$\bigotimes$ 表示自相关。因此,将式(4-16)代入式(4-17)中,可以得到设计级次的调制传递函数 $\mathrm{MTF}_m(f_x,f_y)$ 可以表示为

$$\mathrm{MTF}_m(f_x,f_y) = \eta_{\mathrm{Int}}\mathrm{MTF}_m^{\%}(f_x,f_y) \tag{4-18}$$

式中:$\mathrm{MTF}_m^{\%}(f_x,f_y)$ 为设计级次衍射效率为 100% 时对应光学系统的调制传递函数,可以通过现代光学设计软件,经过系统优化设计之后直接得到。

对于非设计级次产生的衍射光,由于像面偏离,因此对应设计级次的衍射光的像面上非设计级次衍射光的高频分量扩展迅速,只有低频分量存在,因此,其调制传递函数 $\mathrm{MTF}_s(f_x,f_y)$ 可以近似表示为

$$\mathrm{MTF}_s(f_x,f_y) = 1 - \eta_{\mathrm{Int}}\delta(f_x)\delta(f_y) \tag{4-19}$$

综上,衍射光学元件的衍射效率对折衍混合成像光学系统的光学传递函数 $\mathrm{MTF}(f_x,f_y)$ 可以表示为

$$\mathrm{MTF}(f_x,f_y) = \eta_{\mathrm{Int}}\mathrm{MTF}_m^{\%}(f_x,f_y) + (1-\eta_{\mathrm{Int}})\delta(f_x)\delta(f_y) \tag{4-20}$$

可以看出,折衍混合成像光学系统的调制传递函数是光学系统的积分衍射效率与光学设计软件计算得到的调制传递函数曲线的乘积。此外,与精确计算结果相比,近似设计结果和精确设计结果在低频部分相差较大,高频部分十分接近。

4.3　衍射光学元件成像特性

衍射光学元件之所以能够得到广泛应用,主要是由于衍射光学元件作为成像元件,具有 5 种独特的性质,分别为特殊的色散性质、任意相位分布性质、平像场性质、温度稳定性质和薄元件性质。衍射光学元件的特殊成像性质决定了其在混合成像光学系统中的重要地位。

4.3.1　相位分布

衍射光学元件具有任意相位分布的特性,从而可以校正光学系统中的像差,甚至校正系统中存在的高级像差,从而提高系统成像质量;衍射光学元件具有平像场特性,光学系统中不需要引入额外的透镜校正场曲,从而简化了整个光学系统结构。在 1989 年,D. A. Buralli 和 G. M. Morris 等系统分析了衍射光学元件的三级像差与孔径光阑位置的关系。常用商用

光学设计软件中衍射光学元件的面型主要包括 4 种,即 Binary1～Binary4,通过设置 4 种面型的不同参数,可以实现任意相位设计。

4.3.2　色散性质

衍射光学元件最重要的性质是强烈色散性质,光焦度与波长的关系为线性关系,因此单个衍射光学元件并不能应用于工作在一定波长范围内的成像光学系统。衍射光学元件与传统的折射透镜相结合,二者之间的色散相互抵消,这是因为衍射光学元件与传统折射透镜的阿贝数符号相反。例如,在可见光波段,衍射光学元件的等效阿贝数约为 -3.45,常用的可见光玻璃、塑料和红外晶体的阿贝数在 20 以上。在中波红外和长波红外波段,衍射光学元件的等效阿贝数分别为 -2 和 -2.5。因此,此时在正折射透镜的表面加工衍射表面微结构形成的衍射光学元件可等效为一个负透镜,所以通过对折衍混合光学系统中折射透镜与衍射光学元件光焦度进行合理分配,可实现消色差。

1988 年,Thomas Stone 和 Nicholas George 详尽分析了含有全息元件的折衍混合透镜实现消色差和复消色差的理论,通过对折衍混合光学系统的消色差特性与传统光学双胶合系统消色差效果的比较分析,也证实了衍射光学元件的特殊色散性质。1993 年,N. Davidson,A. A. Friesem 和 E. Hasman 等提出了折衍混合透镜消色差的设计方法,对于混合成像光学系统设计,使用衍射光学元件在第一阶段的任务是校正色差,第二阶段通过衍射光学元件相位表达式中其他相位系数,对球差及高级像差进行校正。之后,G. I. Greisukh,E. G. Ezhov 和 S. A. Stepanov 等提出了将折衍混合光学元件作为一种校正元件以便实现光学系统中的消色差和二级光谱的功能。2013 年,T. Gühne 和 J. Barth 提出了满足多层衍射光学元件微结构高度最小的基底材料选择方法,并且设计了工作于近红外波段的消色差多层衍射光学元件结构。

通常光学系统实现消色差是利用不同光学材料阿贝数的差异进行互补实现的,即使用双胶合或者三片透镜实现消色差,但也会同时影响到其他像差,这就不得不要求光学系统更加复杂,会直接导致光学系统元件多、结构复杂、总体较重等问题。事实上,衍射光学元件是一种具有与传统折射透镜色差性质相反的非均匀光栅结构,即当波长逐渐增大时。对应的色散越小、色差越大。衍射光学元件的阿贝数 ν_D 和相对色散 p_D 可以分别表示为

$$\left.\begin{aligned}\nu_D &= \frac{-\lambda_0}{\lambda_L - \lambda_S}\\ p_D &= \frac{\lambda_S - \lambda_0}{\lambda_S - \lambda_L}\end{aligned}\right\} \qquad (4-21)$$

式中:ν_D 为衍射光学元件的阿贝数;P_D 为衍射光学元件的相对部分色散;λ_0 为设计波长(一般可选中心波长);λ_L 和 λ_S 分别为衍射光学元件工作波段范围内的最大和最小波长。例如,在可见光波段,衍射光学元件的色散系数一般为 -3.46,相较于常规光学材料正色散的特性,这就是衍射光学元件的负色散特性。式(4-21)反映了衍射光学元件独特的色散特性。例如,可见光波段其值为 0.606,普通材料往往为 0.7 以上,将该特性应用于光学系统设计中,可以很好地校正系统的色差以及二级光谱。图 4.9 所示是基于衍射光学元件进行色差

校正的原理。

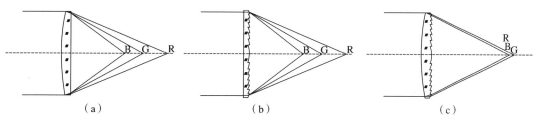

图 4.9　基于衍射光学元件色差校正原理

(a)折射式光学元件色差现象；(b)衍射光学元件色差现象；(c)折衍混合光学元件消色差原理

衍射光学元件的特殊色散使光学系统消色散更为简单化，一般采用单片折衍混合透镜就可实现。假设折衍混合单透镜光焦度是 K，基底透镜为光焦度是 K_R 的折射透镜，其阿贝数是 ν_R，衍射光学元件的光焦度是 K_D，阿贝数是 ν_D，为了实现消色差，应满足

$$\left.\begin{array}{c} K_R + K_D = K \\[2mm] \dfrac{K_R}{\nu_R} + \dfrac{K_D}{\nu_D} = 0 \end{array}\right\} \qquad (4-22)$$

解式(4-22)，得折射透镜 K_R 与衍射光学元件的光焦度 K_D 分配满足关系为

$$\left.\begin{array}{c} K_R = -\dfrac{\nu_R}{\nu_R - \nu_D}K \\[3mm] K_D = -\dfrac{\nu_D}{\nu_D - \nu_R}K \end{array}\right\} \qquad (4-23)$$

采用折衍混合透镜，利用衍射面的特殊色散，可减少透镜的使用，避免使用昂贵的材料和降低加工难度，减轻系统质量，为解决多种波段的消色散问题提供了便利。

衍射光学元件的特殊色散性质包括负色散性质和部分色散性质，因此，采用衍射元件与普通光学玻璃透镜组合时，能够实现消色差和复消色差，也可以利用两个折射元件与衍射元件结合，实现二级光谱的校正，其光焦度分布满足

$$\left.\begin{array}{c} K_{R1} + K_{R2} + K_D = K \\[2mm] \dfrac{K_{R1}}{\nu_{R1}} + \dfrac{K_{R2}}{\nu_{R2}} + \dfrac{K_D}{\nu_D} = 0 \\[3mm] \dfrac{K_{R1}}{\nu_{R1}}P_1 + \dfrac{K_{R2}}{\nu_{R2}}P_2 + \dfrac{K_D}{\nu_D}P_D = 0 \end{array}\right\} \qquad (4-24)$$

解式(4-24)后，推出各元件的光焦度分配应该满足

$$\left.\begin{array}{c} K_{R1} = \dfrac{K\nu_{R1}(P_2 - P)}{X} \\[3mm] K_{R2} = \dfrac{K\nu_{R2}(P_3 - P_1)}{X} \\[3mm] K_D = \dfrac{K\nu_D(P_1 - P)}{X} \end{array}\right\} \qquad (4-25)$$

式中：$X = \nu_{R1}(P_2 - P_3) + \nu_{R2}(P_3 - P) + \nu_D(P_1 - P_2)$，$K_{R1}$、$K_{R2}$、$K_D$ 和 K 分别是第一片、第二片、衍射元件和光学系统光焦度。

4.3.3 温度性质

衍射光学元件具有独特的温度性质。当温度改变时,传统光学系统的焦距变化与材料折射率以及线膨胀系数相关。而衍射光学元件的焦距变化只与基底材料的线膨胀系数有关。因此,红外波段的折衍混合光学系统主要利用衍射光学元件温度特性来实现光学系统温度的稳定。

成像衍射光学元件也具有与折射元件不同的、特殊的温度性质。对于混合成像光学系统无热化设计问题,根据初级像差理论,推出折衍混合薄透镜的光焦度是

$$K = K_R + K_D \tag{4-26}$$

1. 折衍混合光学元件无热化设计原理

对式(4-26)关于温度 T 进行求导,考虑到镜筒材料的膨胀系数十分小,无热化设计不考虑镜筒材料时,可得 $\dfrac{dK}{dT} = \dfrac{dK_R}{dT} + \dfrac{dK_D}{dT} = 0$。为简化分析,假定混合透镜为薄透镜,此时根据光焦度公式可得折射光学元件的光焦度可表示为

$$K_R = (n - n_0)\left(\frac{1}{r_1} - \frac{1}{r_2}\right) \tag{4-27}$$

对式(4-27)左边和右边关于温度 T 进行求导,可推出:

$$\frac{dK_R}{dT} = \left(\frac{dn}{dT} - \frac{dn_0}{dT}\right)\left(\frac{1}{r_1} - \frac{1}{r_2}\right) - (n - n_0)\left(\frac{dr_1/dT}{r_1^2} - \frac{dr_2/dT}{r_2^2}\right) =$$

$$(n - n_0)\left(\frac{1}{r_1} - \frac{1}{r_2}\right)\left[\frac{1}{n - n_0}\left(\frac{dn}{dT} - \frac{dn_0}{dT}\right) - \alpha_g\right] \tag{4-28}$$

式中: $\alpha_g = \dfrac{dr/dT}{r}$ 为折射光学元件的光热膨胀系数; n 为折射光学元件的折射率, n_0 为像方空间介质的折射率。此时对式(4-28)进行简化,推出

$$\frac{dK_R}{K_R dT} = \frac{1}{(n - n_0)}\left[\left(\frac{dn}{dT} - \frac{dn_0}{dT}\right) - \alpha_g\right] \tag{4-29}$$

式中:右边的倒数是折射透镜的 ν_D,称为热阿贝数,与折射元件表示色散的阿贝数 ν_d 相似。并且可以看出,光学透镜的形状不会影响光热膨胀系数,但材料性质会影响。

2. 温度对衍射光学元件的影响

图 4.10 为一般衍射光学元件的结构,在此元件中的第 j 环带,半孔径高度 r_j 为

$$r_j = \sqrt{(f + j\lambda)^2 - f^2} \tag{4-30}$$

式中: λ 是设计波段的中心波长。环带的半径决定了此元件的焦距,若 $r^2 \ll (f/j)^2$,此衍射光学元件的光焦度写成 $K_D = \dfrac{2\lambda j}{r_j^2}$,$(j = 1, 2, 3, \cdots)$,则

$$\frac{dK_D}{dT} = \frac{d\left(\frac{2j\lambda}{r_j^2}\right)}{dT} = -4\lambda j \frac{dr_j}{r_j^3 dT} = -4\lambda j \frac{\alpha_g}{r_j^2} \tag{4-31}$$

即可得 $\dfrac{dK_D}{K_D dT} = -2\alpha_g$。

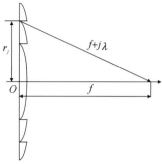

图 4.10　衍射光学元件的面型

由式(4-31)可以看出,透镜材料的折射率不会影响光热膨胀系数;同样,材料随温度变化而变化,折射率影响光热膨胀系数。衍射光学元件材料光热膨胀系数只与其本身的热膨胀系数有关。而且,令式(4-31)右侧元件热阿贝数为 ν_D 的倒数。

因此,消热差的设计问题应按照以下推导过程进行。首先分析衍射光学元件与折射光学元件的热阿贝数可以表示为

$$\left.\begin{array}{l} \nu_D^T = -\dfrac{1}{2\alpha_g} \\[2mm] \nu_R^T = \dfrac{1}{\dfrac{\mathrm{d}n}{(n-1)\mathrm{d}T} - \alpha_g} \end{array}\right\} \qquad (4-32)$$

此时,混合透镜光焦度分配需满足消色差条件和消热差两个条件,即满足

$$\frac{K_R}{\nu_R^T} + \frac{K_D}{\nu_D^T} = 0 \qquad (4-33)$$

求解式(4-32)和式(4-33),推出最终简化后的表达式为

$$\left.\begin{array}{l} K_R^T = \dfrac{\nu_R^T}{\nu_R^T - \nu_D^T} K \\[2mm] K_D^T = \dfrac{\nu_D^T}{\nu_D^T - \nu_R^T} K \end{array}\right\} \qquad (4-34)$$

经计算,表 4.2 给出了分配了光焦度的消色差或者消热差材料,假定折衍混合成像透镜的光焦度为 1,对单独实现消热差和消色差两种情况下的光焦度进行分配。

表 4.2　几对消色差/消热差材料的光焦度

材料	消热差		消色差	
	K_R	K_D	K_R	K_D
K5/F4	2.599 3	−1.599 3	−1.235 4	2.235 4
N-BK7/DOE	0.948 9	0.051 1	1.368 4	−0.368 4
PMMA/DOE	0.943 3	0.056 7	−0.876 9	1.876 9
Ge/DOE	0.997 4	0.002 6	0.084 3	0.915 7

根据表 4.2,透镜的光焦度分配无法同时实现消色差和消热差。如果想达到效果,需满足

$$\left(\frac{\nu_d}{\nu^T}\right)_{\text{material1}}=\left(\frac{\nu_d}{\nu^T}\right)_{\text{material2}} \tag{4-35}$$

例如,在红外波段进行设计时,常用的材料 ZnSe 和 ZnS 较为满足上述条件,数值分别为 1.63×10^{-3} 和 1.27×10^{-3}。

由以上推导可知,光学系统的结构参数不影响为实现消色差和消热差要求下的光焦度分配,因此是初级像差。根据上述消色差和消热差的分析讨论,可知消色差和消热差求出的光焦度解与光学系统的结构参数无关。

4.3.4 像差理论

对衍射元件三级像差的研究起始于 1977 年,W. C. Sweatt 和 Kleinhans 等利用薄透镜模型来模拟平面基底的全息透镜、曲面波带片和菲涅耳透镜以研究它们的三级像差。通常,在研究衍射光学元件的成像特性时,利用薄透镜模型,将衍射光学元件等效为具有无穷大折射率的薄透镜类型。

考虑到常用的成像衍射光学元件是旋转对称的,因此,其相位调制函数可写成

$$\phi(r)=m2\pi(A_1r^2+A_2r^4+\cdots) \tag{4-36}$$

式中:A_1 代表二次相位系数,衍射光学元件的傍轴光焦度由这两个参数确定的,表达式为 $K_D=-2m\lambda A_1$。如果衍射光学元件已经完成设计,A_1 和确定波长 λ 呈正比例关系,二次项被定义为初级像差(也叫三级像差),利用它可以进行系统色差校正,高次项被定义为非球面相位系数,利用它可以进行系统单色像差的校正。下面讨论三级像差。

图 4.11 所示为当光阑密接于一个薄透镜时的旁轴参量,并根据 Welford 的约定规则定义符号,物高是 h,光瞳面的极坐标是 ρ 和 θ,所以波前像差多项为

$$W(h,\rho,\cos\theta)=\frac{1}{8}\rho^4S_{\text{I}}+\frac{1}{2}h\rho^3\cos\theta S_{\text{II}}+\frac{1}{2}h^2\rho^2\cos^2\theta S_{\text{III}}+$$
$$\frac{1}{4}h^2\rho^2(S_{\text{III}}+S_{\text{IV}})+\frac{1}{2}h^3\rho\cos\theta S_{\text{V}} \tag{4-37}$$

式中:S_{I} 是球差赛德像差系数;S_{II} 是彗差赛德像差系数;S_{III} 是像散赛德像差系数;S_{IV} 是场曲赛德像差系数;S_{V} 是畸变赛德像差系数。

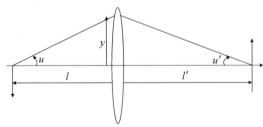

图 4.11 薄透镜的近轴参量

由图 4.11 可知,u 是物方孔径角,u' 是像方孔径角,y 是第一近轴光线和透镜交点的高度。令 c_1 和 c_2 分别是薄透镜前、后两面的曲率,所以薄透镜的光焦度 K 可以表示为

$$K=n_0(n-1)(c_1-c_2) \tag{4-38}$$

当光学元件处于折射率为 n_0 的介质中时,弯曲参量 B 与共轭参量 C 可以表示为

$$B = n_0(n-1)\frac{(c_1+c_2)}{K} = \frac{c_1+c_2}{c_1-c_2}, C = n_0\frac{(u+u')}{K} = \frac{u+u'}{u-u'} \qquad (4-39)$$

式中：$B=0$ 说明透镜是等曲率透镜（例如，两个凸面或者两个凹面），$B=-1$ 说明透镜是平凸透镜，$B=1$ 说明透镜是平凹透镜；$C=0$ 说明系统的物距与像距相等，$C=1$ 说明物位于透镜的第一主焦面，$C=-1$ 说明物位于距离透镜无穷远处。由 Coddington 变量与共轭角的关系，推导出

$$\left.\begin{aligned}
c_1 &= \frac{K}{2n_0(n-1)}(B-1) \\[4pt]
c_1 &= \frac{K}{2n_0(n-1)}(B-1) \\[4pt]
u &= \frac{hK}{2n_0}(C+1) \\[4pt]
u' &= \frac{hK}{2n_0}(C+1) \\[4pt]
m &= \frac{u}{u'} = \frac{C+1}{C-1}
\end{aligned}\right\} \qquad (4-40)$$

根据式（4-40），可推导薄透镜的三级像差是

$$\left.\begin{aligned}
S_{\text{I}} &= \frac{y^4 K^3}{4n_0}\left[\left(\frac{n}{n-1}\right)^2 + \frac{n+2}{n(n-1)^2}B^2 + \frac{4(n+1)}{n(n-1)}BC + \frac{3n+2}{n}C^2\right] \\[4pt]
S_{\text{II}} &= -\frac{y^2 K^2 H}{2n_0{}^2}\left[\frac{n+1}{n(n-1)}B + \frac{2n+1}{n}C\right] \\[4pt]
S_{\text{III}} &= \frac{H^2 K}{n_0{}^2} \\[4pt]
S_{\text{IV}} &= \frac{H^2 K}{n_0{}^2 n} \\[4pt]
S_{\text{V}} &= 0
\end{aligned}\right\} \qquad (4-41)$$

推导三级像差时，若使 $n \to \infty$ 和 c_1，$c_2 \to c_s$，这时的弯曲参量变成了 B'，可得 $B' = \dfrac{(c_1+c_2)}{(n-1)(c_1-c_2)} = \dfrac{c_1+c_2}{K} = \dfrac{B}{n-1}$，亦即 $B' = \dfrac{2c_s}{K}$。

若光阑密接于薄透镜，式（4-41）里非球面相位系数 A_2 只引入球差项，也就是在 S_{I} 项中加上附加项，之后令式（4-41）里的折射率 $n \to \infty$，最终推出衍射光学元件的三级像差系数：

$$\left.\begin{aligned}
S_{\text{I}} &= \frac{y^4 K^3}{4n_0}(1 + B'^2 + 4B'C + 3C^2) \\[4pt]
S_{\text{II}} &= -\frac{y^2 K^2 H}{2n_0{}^2}(B' + 2C) \\[4pt]
S_{\text{III}} &= \frac{H^2 K}{n_0{}^2} \\[4pt]
S_{\text{IV}} &= 0 \\[4pt]
S_{\text{V}} &= 0
\end{aligned}\right\} \qquad (4-42)$$

因此,衍射光学元件的最大特点就是没有场曲和畸变。若光阑和透镜不重合且远离透镜,令远离距离为 t,则主光线与透镜相交高度为 $\bar{y}=\overline{tu}$,由光阑的移动公式,三级像差系数可写成

$$
\left.\begin{aligned}
S_{\mathrm{I}}^{*} &= S_{\mathrm{I}} \\
S_{\mathrm{II}}^{*} &= S_{\mathrm{II}} + \frac{\bar{y}}{y} S_{\mathrm{I}} \\
S_{\mathrm{III}}^{*} &= S_{\mathrm{III}} + 2\frac{\bar{y}}{y} S_{\mathrm{II}} + \left(\frac{\bar{y}}{y}\right)^{2} S_{\mathrm{I}} \\
S_{\mathrm{IV}}^{*} &= S_{\mathrm{IV}} = 0 \\
S_{\mathrm{V}}^{*} &= S_{\mathrm{V}} S_{\mathrm{III}} + \left(\frac{\bar{y}}{y}\right)(3S_{\mathrm{II}} + S_{\mathrm{IV}}) + 3\left(\frac{\bar{y}}{y}\right)^{2} S_{\mathrm{II}} + \left(\frac{\bar{y}}{y}\right)^{3} S_{\mathrm{I}}
\end{aligned}\right\} \tag{4-43}
$$

当无限远的物体通过光学系统成像时,也就是 $u=0$,则 $C=-1$。若光学系统工作波长为 $\lambda=\lambda_{0}$,衍射光学元件以平面作基底,也就是 $C_{s}=0$ 和 $B'=0$,此时 $A_{2}=0$,由光阑的移动公式,三级像差系数变成

$$
\left.\begin{aligned}
S_{\mathrm{I}}^{*} &= \frac{y^{4}}{f^{3}} \\
S_{\mathrm{II}}^{*} &= \frac{y^{3}\bar{u}(t-f)}{f^{3}} \\
S_{\mathrm{III}}^{*} &= \frac{y^{2}\bar{u}^{2}(t-f)^{2}}{f^{3}} \\
S_{\mathrm{IV}}^{*} &= 0 \\
S_{\mathrm{V}}^{*} &= \frac{\bar{y}\bar{u}^{3}(3f^{2}-3tf+t^{2})}{f^{3}}
\end{aligned}\right\} \tag{4-44}
$$

如果把孔径光阑放在衍射元件的前焦面,也就是 $t=f$,就形成像方远心光路,如图 4.12 所示。这时这个系统里的三级像差系数为

$$
\left.\begin{aligned}
S_{\mathrm{I}}^{*} &= \frac{y^{4}}{f^{3}} \\
S_{\mathrm{II}}^{*} &= S_{\mathrm{III}}^{*} = S_{\mathrm{IV}}^{*} = 0 \\
S_{\mathrm{V}}^{*} &= \bar{y}u^{3}
\end{aligned}\right\} \tag{4-45}
$$

由式(4-45)可以看出,含有成像衍射光学元件的远心光路系统不存在彗差和像散,并且匹兹瓦场曲是零(即子午和弧矢平面都是平面),因此衍射光学元件成像像差与折射透镜不同。

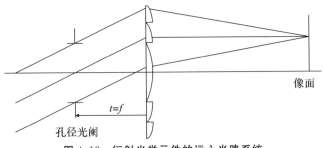

图 4.12　衍射光学元件的远心光路系统

4.4　衍射光学元件类型及设计方法

4.4.1　单层衍射光学元件

一般地,对于成像光学系统设计,对应衍射光学元件的最小特征尺寸远大于系统入射波长,根据第 2 章分析结果,根据传统标量衍射理论对光场进行求解,可得到衍射光学元件的设计结果,此时标量衍射理论即可满足设计要求和精度。具体实现过程为:此时的衍射光学元件的设计可以看作是一个逆向衍射问题的求解过程,即当给定入射光场和要求的出射光场时,分析求解衍射光学元件的透过率函数表达式。图 4.13 所示为单层衍射光学元件对光场调控的示意图,其中 $\tilde{t}(x,y)$ 为复振幅透过率函数,$\hat{U}_i$ 和 $\hat{U}_t$ 分别代表入射和出射光场,此时衍射光学元件的复振幅透过率函数与入射场和出射场的关系可以表示为 $\tilde{t}(x,y)=\hat{U}_t(x,y)/\hat{U}_i(x,y)$。

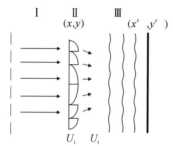

图 4.13　单层衍射光学元件的入射场与出射场

根据 N 级相位光栅模型,连续面型的单层衍射光学元件的台阶量化模型如图 4.14 所示。

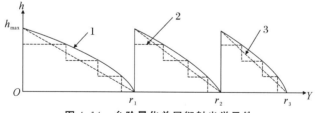

图 4.14　台阶量化单层衍射光学元件

根据光波的标量衍射理论,结合光栅的衍射效率分析模型,可以得出 N 级相位衍射结构的衍射光学元件的第 m 衍射级次的衍射效率表达式为

$$\eta_m^N = \left[\frac{\sin\left\{ \pi\left[m - \frac{\varphi(\lambda)}{2\pi} \right] \right\}}{\sin\left\{ \pi\left[m - \frac{\varphi(\lambda)}{2\pi} \right]/N \right\}} \frac{\sin(\pi m/N)}{\pi m} \right]^2 \tag{4-46}$$

式(4-46)是计算多级相位光栅衍射效率的基本表达式,也是二元光学元件的衍射效率基本表达式,它表达了衍射效率与衍射级次、相位级数以及多级结构与相位延迟 $\varphi(\lambda)$ 的关系。

衍射效率是衍射光学元件以及含有衍射光学元件的折衍混合光学系统的重要指标之

一,它决定了衍射光学元件在折衍混合光学系统中的应用可能性与使用范围。当多级相位光栅的相位级数无限增大时,衍射光栅周期内相邻子周期的高度差无限减小,此时多级相位光栅的多级结构趋近于连续曲面。图4.15展示了这一过程。

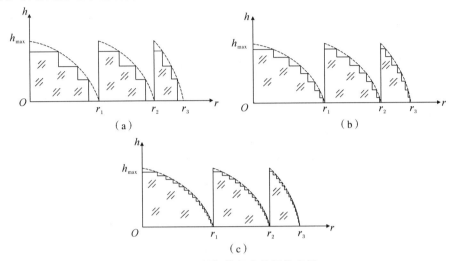

图 4.15 不同相位级次的相位光栅

(a)4 级相位;(b)8 级相位;(c)16 级相位

$N \to \infty$ 时,衍射光栅周期内相邻子周期的高度差无限减小近似为零,因而成了衍射光学元件。这一具有连续面型的单层衍射光学元件的衍射效率可以表示为

$$\eta_m^{\infty} = \mathrm{sinc}^2 \left[m - \frac{\phi(\lambda)}{2\pi} \right] \qquad (4-47)$$

通过式(4-47)得到,当 $\phi(\lambda) = 2\pi$ 时,此时对应的衍射光学元件的 1 级衍射效率是100%。因此当衍射光学元件是单层时,最大微结构高度 H 可以表示为

$$H = \frac{\lambda_0}{n(\lambda_0) - n_m(\lambda_0)} \qquad (4-48)$$

式中:λ_0 为衍射光学元件设计波长;$n(\lambda_0)$ 和 $n_m(\lambda_0)$ 分别是衍射光学元件在设计波长位置下基底和所在介质的折射率。

把式(4-46)和式(4-48)联立,推出当衍射光学元件是单层结构时,它的相位延迟表达式为

$$\phi(\lambda) = \frac{H}{\lambda} \left[\sqrt{n^2(\lambda) - n_m^2(\lambda) \sin^2\theta} - n_m(\lambda)\cos\theta \right] \qquad (4-49)$$

把式(4-47)和式(4-49)联立,推出当单层衍射光学元件的衍射效率表达式是

$$\eta_m = \mathrm{sinc}^2 \left\{ m - \frac{H}{\lambda} \left[\sqrt{n^2(\lambda) - n_m^2(\lambda) \sin^2\theta} - n_m(\lambda)\cos\theta \right] \right\} \qquad (4-50)$$

如果光线自空气介质入射到衍射光学元件,那么当衍射级次为第 m 级时的衍射效率是

$$\eta_m = \mathrm{sinc}^2 \left\{ m - \frac{H}{\lambda} \left[\sqrt{n^2(\lambda) - \sin^2\theta} - \cos\theta \right] \right\} \qquad (4-51)$$

如果光线自衍射光学元件的基底一侧,经衍射面入射到空气介质,那么当衍射级次为第 m 级时的衍射效率可以表示为

$$\eta_m = \mathrm{sinc}^2 \left\{ m - \frac{H}{\lambda} \left[n(\lambda)\cos\theta - \sqrt{1 - n^2(\lambda)\sin^2\theta} \right] \right\} \tag{4-52}$$

通过式(4-51)和式(4-52)推导出,单层的衍射光学元件以任意角度入射时的通式是

$$\eta_m = \mathrm{sinc}^2 \left\{ m - \frac{H}{\lambda} \left[n_i(\lambda)\cos\theta_i - n_t(\lambda)\cos\theta_t \right] \right\} \tag{4-53}$$

式中:θ 为入射角;θ_i 代表入射角;θ_t 代表出射角。若波长为 λ,则 $n_i(\lambda)$ 是入射介质对应的折射率,$n_t(\lambda)$ 是出射介质对应的折射率。单层衍射光学元件的表面微结构高度表示成 H,符号正负均可。如果光线自衍射光学元件基底的一侧,经衍射面入射到空气介质,那么 H 是正值;如果光线自空气介质入射到衍射光学元件,那么 H 是负值。

如果 $\theta_i = 0$,光线正入射至单层衍射光学元件,根据式(4-53),其衍射效率可表示为

$$\eta_m = \mathrm{sinc}^2 \left\{ m - \frac{H}{\lambda} \left[n_i(\lambda) - n_t(\lambda) \right] \right\} \tag{4-54}$$

4.4.2　谐衍射光学元件

传统单层衍射光学元件的负色散特性非常强烈,谐衍射光学元件的提出和使用能够有效改善此问题。1995 年,Faklis D. 和 Morris G. M. 以及 Sweeney D. W. 和 Sommargren G. E. 分别提出的谐衍射光学概念和元件,其能够在多个分立波长位置实现 100% 衍射效率,在获得相同光焦度的同时减小色散,这种元件也被称为多级谐衍射透镜。谐衍射光学元件是以 p 为设计级次,将相邻的两个环带的光程差设计为设计波长光程差的整数 $p(p\geqslant 2)$ 倍。因此无论是衍射微结构周期宽度还是微结构高度,谐衍射光学元件与传统单层衍射光学元件都有着很大的差别。

当入射波长是 λ 时,传统的单层衍射光学元件的焦距 $f(\lambda)$ 可以表示为

$$f(\lambda) = \frac{\lambda_0}{\lambda} f_0 \tag{4-55}$$

式中:λ_0 是谐衍射元件的设计波长;f_0 是设计波长对应的焦距。对于谐衍射光学元件的设计,首先应取大于 1 的整数 p,使 $p\lambda_0$ 为相邻环带间的光程差。此时根据式(4-55)得出在第 m 级次成像时,谐衍射光学元件的焦距表达式为

$$f_m(\lambda) = \frac{p\lambda_0}{m\lambda} f_0 \tag{4-56}$$

根据式(4-56),谐衍射光学元件的焦距可依据 p 和 m 有不同的值。如果想让 $f_m(\lambda)$ 与设计焦距 f_0 相等,那么应满足

$$\frac{p\lambda_0}{m\lambda} = 1 \tag{4-57}$$

即谐波长可以表示为

$$\frac{p\lambda_0}{m} = \lambda_m \tag{4-58}$$

根据式(4-58),若想与 λ_0 的焦点重合,谐波长 λ_m 必须为 λ_0 的 p/m 倍。

谐衍射光学元件多用于红外双波段光学系统中,因为如果 p 的选择恰当,就可以实现在确定的波长范围内多个谐波长的焦点重合。

根据传统单层衍射光学元件的相位延迟计算公式 $\phi(\lambda)=\dfrac{H}{\lambda}[n(\lambda)-1]$，谐衍射光学元件具有的相位延迟作用的表达式为

$$\Phi(\lambda)=p\phi(\lambda) \tag{4-59}$$

又根据单层衍射光学元件的表面微结构高度计算［式（4-48），将式（4-59）和式（4-48）联立］，推导出谐衍射光学元件的相位延迟表达式为

$$\Phi(\lambda)=p\frac{\lambda_0}{\lambda}\frac{n(\lambda)-1}{n(\lambda_0)-1} \tag{4-60}$$

因此，垂直入射和一般入射情况下谐衍射光学元件的衍射效率分别表示为

$$\eta_m=\mathrm{sinc}^2\left[m-p\frac{\lambda_0}{\lambda}\frac{n(\lambda)-1}{n(\lambda_0)-1}\right] \tag{4-61}$$

和

$$\eta_m=\mathrm{sinc}^2\left\{m-\frac{H_p}{\lambda}\left[\sqrt{n^2(\lambda)-n_m^2(\lambda)\sin^2\theta}-n_m(\lambda)\cos\theta\right]\right\} \tag{4-62}$$

对应地，谐衍射光学元件的微结构高度公式为

$$H_h=\frac{p\lambda_0}{n(\lambda_0)-1} \tag{4-63}$$

将式（4-62）和式（4-63）联立，则谐衍射光学元件的衍射效率公式为

$$\eta_m(\lambda)=\mathrm{sinc}^2\left\{m-\frac{H_h[n(\lambda)-1]}{\lambda}\right\} \tag{4-64}$$

如果谐衍射光学元件以二元台阶面型为表面微结构，那么衍射效率公式为

$$\eta_m^N=\left\{\frac{\sin\left\{\pi\left[\dfrac{\lambda_0}{\lambda}\dfrac{n(\lambda)-1}{n(\lambda_0)-1}p-m\right]\right\}}{\sin\left\{\pi\left[\dfrac{\lambda_0}{\lambda}\dfrac{n(\lambda)-1}{n(\lambda_0)-1}p-m\right]\right\}/N}\frac{\sin(\pi m/N)}{\pi m}\right\}^2 \tag{4-65}$$

若式（4-65）欲使衍射效率达到 100%，就一定要满足

$$p\frac{\lambda_0}{\lambda}\frac{n(\lambda)-1}{n(\lambda_0)-1}=m \tag{4-66}$$

将式（4-65）和式（4-66）联立，并简化为

$$p\frac{\lambda_0}{\lambda}\frac{n(\lambda)-1}{n(\lambda_0)-1}=m\frac{n\left(\dfrac{p\lambda_0}{m}\right)-1}{n(\lambda_0)-1} \tag{4-67}$$

谐衍射光学元件是不能使所有的谐波长处的衍射效率达到 100% 的，因为基底材料有色散，所以只有在 $m=p$ 时，谐衍射波长处的衍射可达 100%，在 $m\neq p$ 时则不能。因此，为达到 100% 的衍射效率，谐衍射波长应该满足

$$\lambda_m=p\frac{\lambda_0}{\lambda}\frac{n(\lambda_m)-1}{n(\lambda_0)-1} \tag{4-68}$$

谐衍射波长 λ_m 不同时，其焦距值也不同，焦距 f_m 可以表示为

$$f_m=f_0\frac{n(\lambda_0)-1}{n(\lambda_m)-1} \tag{4-69}$$

4.4.3　多层衍射光学元件

由 4.4.1 节中对所描述的一般成像单层衍射光学元件的衍射效率公式可以知道,所在介质折射率为 $n_m(\lambda)$,入射角为 θ_1 时,在单层衍射光学元件的材料确定之后,其衍射效率只与衍射微结构高度 H 有关,而衍射微结构高度 H 由设计波长 λ_0 确定。也就是说,只要确定了设计波长 λ_0,衍射效率就确定下来了。因此要想提高衍射效率,单层衍射光学元件缺少足够的设计自由度,很难有效提高衍射效率。对于谐衍射光学元件来说,引入相位高度因子 p,取相位的高级次来设计,使设计波段内多个波长处的衍射效率在理论上达到 100%。但是在整个设计波段内,除了这几个谐振波长外,其他波长处对应的衍射效率很低。因此谐衍射光学元件也不能从根本上提高整个设计波段内的衍射效率。

综上所述,为改善以上问题,即提高宽波段内的衍射效率、增加更多的设计自由度,研究者提出采用多层衍射光学元件结果。通过改变多个衍射微结构高度数值以及匹配具有不同色散特性的材料,能够在原理上实现更高性能衍射光学元件的设计要求,也能使整个波段内各个波长的入射光的绝大部分能量都能衍射到设计级次上,从而降低非设计级次的衍射光(杂散光)对整个光学系统性能的影响。

以双层衍射光学元件为例,根据 4.4.1 节中对单层衍射光学元件的分析,当两个单层衍射光学元件紧密层叠在一起时,组成一个双层衍射光学元件,其中复振幅透过率函数分别为 $\tilde{t}_1(x,y)$ 和 $\tilde{t}_2(x,y)$,入射场和出射场分别为 $\tilde{U}_{1i}$、$\tilde{U}_{1t}$ 和 $\tilde{U}_{2i}$、$\tilde{U}_{2t}$,如图 4.16 所示。

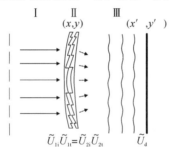

图 4.16　双层衍射光学元件的入射与出射光场

由于两层衍射光学元件是紧密贴合的,则可以认为第一个衍射光学元件的出射场 $\tilde{U}_{1t}$ 没有经过空间传播,直接成为第二个衍射光学元件的入射场 $\tilde{U}_{2i}$,即

$$\tilde{U}_{1t}=\tilde{U}_{2i} \qquad (4-70)$$

此时,基于标量衍射理论,可以得到层叠后的双层衍射光学元件的总透过率函数:

$$\tilde{t}(x,y)=\frac{\tilde{U}_{2t}}{\tilde{U}_{1i}}=\frac{\tilde{U}_{2t}}{\tilde{U}_{2i}}\frac{\tilde{U}_{1t}}{\tilde{U}_{1i}}=\tilde{t}_2\tilde{t}_1 \qquad (4-71)$$

由式(4-71)可以看出,紧密贴合的两个单层衍射光学元件的等效透过率函数等于两个单层衍射光学元件的透过率函数的乘积,即可以被认为是一个复合功能的单层衍射光学元件。同理,对于两层以上的衍射光学元件,也可以推导出相似的结果。因此,多层衍射光学元件可以替代传统的单层衍射光学元件,应用于折衍混合型光学系统中,具有传统单层衍射光学元件成像性能,也能满足宽波段高衍射效率的要求。

通过将光栅周期结构相同、衍射表面微结构的最大高度不同的多个单层衍射光学元件相互同心配置,可以得到多层衍射光学元件结构,若假设每个单层衍射光学元件的透过率函数分别为 t_1、t_2、t_3、$\cdots$、t_n,且有

$$t_1 = e^{i\varphi_1}, t_2 = e^{i\varphi_2}, \cdots, t_n = e^{i\varphi_n} \qquad (4-72)$$

式中:φ_1、φ_2、$\cdots$、φ_n 分别代表第 1 层、第 2 层、$\cdots$、第 n 层单层衍射光学元件在光束入射时由衍射微结构所产生的相位延迟。

由式(4-71)和式(4-72)可以得到多层衍射光学元件的总的透过率函数为

$$t = t_1 t_2 \cdots t_n = e^{i\varphi_1} e^{i\varphi_2} \cdots e^{i\varphi_n} = e^{i(\varphi_1 + \varphi_2 + \cdots + \varphi_n)} \qquad (4-73)$$

则多层衍射光学元件总的相位延迟为

$$\phi = \phi_1 + \phi_2 + \cdots + \phi_n \qquad (4-74)$$

由式(4-74)可知,多层衍射光学元件可以等效为一个单层衍射光学元件,其总的相位延迟为每个单层衍射光学元件相位延迟之和。多层衍射光学元件理论的提出是为了拓宽高衍射效率波段的宽度。它的基底是几种不同的光学材料,具有不同的色散特性、不同的微结构高度,但微结构周期宽度相同的衍射光学元件的组合方式具有多种类型。多层衍射光学元件的结构类型可以分为分离型、密接型和密接外长型 3 种,其结构型式如图 4.17 所示,其中图 4.17(a)中的分离型双层衍射光学元件目前最为常用。

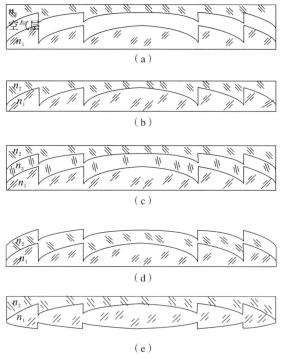

图 4.17　多层衍射光学元件的多种结构型式

(a)分离型;(b)密接型;(c)密接型(三层);(d)密接外长型;(e)密接外长型

根据标量衍射理论,首先可把多层衍射光学元件等效成一个单层衍射光学元件。根据前几节单层衍射光学元件衍射效率计算的公式,可推导出多层衍射光学元件的衍射效率公式。斜入射情况下光线通过多层衍射光学元件相邻子周期的传输如图 4.18 所示。

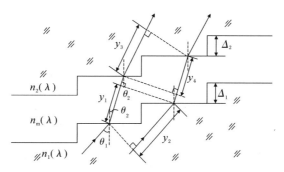

图 4.18　斜入射情况下光线通过多层衍射光学元件相邻子周期的传输

同样地，令 θ_1 是入射角（即 4.3.1 和 4.3.2 节中的入射角度 θ），两条光线以一定角度在多层衍射光学元件上入射的相邻子周期上产生的相位差是

$$\varphi(\lambda) = \frac{1}{\lambda} \{ [n_m(\lambda)y_1 - n_1(\lambda)y_2] + [n_2(\lambda)y_3 - n_m(\lambda)y_4] \} \qquad (4-75)$$

式中：波长为 λ 时，$n_1(\lambda)$ 代表第一种基底材料入射波长对应的折射率，$n_2(\lambda)$ 代表第二种基底材料的折射率，$n_m(\lambda)$ 代表两个深谐衍射光学元件之间填充介质的折射率，y_1 和 y_2 分别表示第一层衍射光学元件表面两侧光线的传播距离，y_3 和 y_4 分别表示第二层衍射光学元件表面两侧光线的传播距离。

类似于前面对相位衍射光栅衍射效率的推导，可推出相位延迟 $\varphi(\lambda)$ 可以表示为

$$\varphi(\lambda) = \frac{\Delta_1}{\lambda} \left[\sqrt{n_m^2(\lambda) - n_1^2(\lambda)\sin^2\theta_1} - n_1(\lambda)\cos\theta_1 \right] +$$

$$\frac{\Delta_2}{\lambda} \left[\sqrt{n_2^2(\lambda) - n_1^2(\lambda)\sin^2\theta_1} - \sqrt{n_m^2(\lambda) - n_1^2(\lambda)\sin^2\theta_1} \right] \qquad (4-76)$$

式中：Δ_1 和 Δ_2 分别是双层衍射光学元件的相邻子周期高度，得出这两个衍射光学元件的 N 级相位光栅总高度 d_1 和 d_2 表达式分别为

$$d_1 = (N-1)\Delta_1 \qquad (4-77)$$

和

$$d_2 = (N-1)\Delta_2 \qquad (4-78)$$

因此，多层衍射光学元件的最大相位延迟 $\phi(\lambda)$ 可以表示为

$$\phi(\lambda) = N\varphi(\lambda) = \frac{nd_1}{\lambda(N-1)} \left[\sqrt{n_m^2(\lambda) - n_1^2(\lambda)\sin^2\theta_1} - n_1(\lambda)\cos\theta_1 \right] +$$

$$\frac{nd_2}{\lambda(N-1)} \left[\sqrt{n_2^2(\lambda) - n_1^2(\lambda)\sin^2\theta_1} - \sqrt{n_m^2(\lambda) - n_1^2(\lambda)\sin^2\theta_1} \right] \qquad (4-79)$$

若 $N \to \infty$，则双层衍射光学元件由多级相位近似成为连续面型，式（4-79）变为

$$\phi(\lambda) = \frac{H_1}{\lambda} \left[\sqrt{n_m^2(\lambda) - n_1^2(\lambda)\sin^2\theta_1} - n_1(\lambda)\cos\theta_1 \right] +$$

$$\frac{H_2}{\lambda} \left[\sqrt{n_2^2(\lambda) - n_1^2(\lambda)\sin^2\theta_1} - \sqrt{n_m^2(\lambda) - n_1^2(\lambda)\sin^2\theta_1} \right] \qquad (4-80)$$

式中：H_1 和 H_2 分别是两个基底的表面微结构高度，这两个基底是面型连续的双层衍射光学元件的基底。把式（4-49）与式（4-80）联立，推出多层衍射光学元件第 m 级衍射效率为

$$\eta_{\mathrm{m}} = \mathrm{sinc}^2 \left\{ m - \left\{ \begin{array}{l} \dfrac{H_1 \left[\sqrt{n_{\mathrm{m}}^2(\lambda) - n_1^2(\lambda) \sin^2\theta_1} - n_1(\lambda)\cos\theta \right]}{\lambda} \\[3mm] + \dfrac{H_2 \left[\sqrt{n_2^2(\lambda) - n_1^2(\lambda) \sin^2\theta_1} - \sqrt{n_{\mathrm{m}}^2(\lambda) - n_1^2(\lambda) \sin^2\theta_1} \right]}{\lambda} \end{array} \right\} \right\} \quad (4-81)$$

和传统单层衍射光学元件的衍射效率公式比较,将衍射微结构 H_2 引入新的相位延迟,使式(4-81)变形。如光线正入射,$\theta_1 = 0$,由式(4-81)推导出

$$\eta_{\mathrm{m}} = \mathrm{sinc}^2 \left(m - \left\{ \frac{H_1 \left[n_{\mathrm{m}}(\lambda) - n_1(\lambda) \right]}{\lambda} + \frac{H_2 \left[n_2(\lambda) - n_{\mathrm{m}}(\lambda) \right]}{\lambda} \right\} \right) \quad (4-82)$$

若空气是中间介质,$n_{\mathrm{m}}(\lambda) = 1$,图 4.17(a)是分离型双层衍射光学元件;若其他材料是中间介质,图 4.17(c)所示就是填充型三层衍射光学元件。

若多层衍射光学元件的基底材料和层数更多,体现相位延迟的通式可以表示为

$$\phi(\lambda) = 2\pi \sum_{j=1}^{N} \frac{H_j \left[n_{ji}(\lambda) \cos_{ji} - n_{jt}(\lambda) \cos_{jt} \right]}{\lambda} \quad (4-83)$$

式中:H_j 正负均可,表示的是第 j 层衍射光学元件的表面微结构高度数值。对于入射波长 λ 和第 j 层衍射光学元件,$n_{ji}(\lambda)$ 表示入射介质材料折射率,$n_{jt}(\lambda)$ 表示出射介质材料折射率;θ_{ji} 表示入射角,θ_{jt} 表示出射角。

由式(4-83),推导出多层衍射光学元件光线以任意角度入射的相位延迟 $\phi(\lambda)$ 通式表示为

$$\phi(\lambda) = 2\pi \sum_{j=1}^{N} \frac{H_j \left[\sqrt{n_{j-1,t}^2(\lambda) - (n_{1i}\sin\theta_{1i})^2} - \sqrt{n_{jt}^2(\lambda) - (n_{1i}\sin\theta_{1i})^2} \right]}{\lambda} \quad (4-84)$$

式中:$n_{0t} = n_{1t}$。

因此,多层衍射光学元件的第 m 级斜入射的衍射效率 η_m 和带宽积分平均衍射效率 $\overline{\eta}_m(\lambda)$ 表达式分别为

$$\eta_m = \mathrm{sinc}^2 \left[m - \frac{\varphi(\lambda)}{2\pi} \right] \quad (4-85)$$

和

$$\overline{\eta}_m(\lambda) = \frac{1}{\lambda_{\max} - \lambda_{\min}} \int_{\lambda_{\min}}^{\lambda_{\max}} \eta_m \, \mathrm{d}\lambda = \frac{1}{\lambda_{\max} - \lambda_{\min}} \int_{\lambda_{\min}}^{\lambda_{\max}} \mathrm{sinc}^2 \left[m - \frac{\varphi(\lambda)}{2\pi} \right] \mathrm{d}\lambda \quad (4-86)$$

因此,多层衍射光学元件能够应用于宽波段折衍混合成像光学系统的设计中,能获得高的衍射效率和带宽积分平均衍射效率。

4.4.4　衍射光学轴锥镜

轴棱锥能将光线连续地会聚到沿轴线不同位置上,具有大焦深等优点,能产生无衍射光束,产生的无衍射光束在光镊、成像等领域都有应用。但是,传统折射式轴棱锥在实际应用中需要小的底角来产生长距离的无衍射光束,而小底角的折射式轴棱锥又对加工精度及误差有很高要求,从而使轴棱锥在系统中很难对准,且设计灵活性很低,加工成本高。轴棱锥的顶点离轴加工误差会使衍射光斑分离,椭圆加工误差也会使衍射光斑偏离理想的无衍射光。

为此,衍射光学轴锥镜是在传统轴锥镜的基础上利用衍射光学元件的设计制作方法实现的,有逐渐替代传统轴锥镜的趋势,其具有体积小、质量轻、厚度薄、适合大批量加工等优势。与常规衍射光学元件相似,衍射光学轴锥镜还具有以下优势:①高衍射效率,利用亚波长微结构及连续相位面型,可以达到接近 100% 衍射效率;②独特色散性质,与常规折射元件组合可以同时校正球差和色差,传统折射元件提供光焦度,衍射表面校正像差;③具有更多设计自由度,包括通过波带位置、槽宽、槽深、槽型结构等变化产生任意波前,增大了设计自由度;④特殊光学功能,使用亚波长结构可以得到宽带宽、大视场、消反射和偏振等更多功能;⑤材料选择较多且具备可重复性,衍射光学元件的加工方法都可以应用,且对基底材料要求很低。衍射轴锥镜的每部分衍射都是相互分离、单独修正的,但是由于衍射光波变化在很大程度上依赖于入射波长,因此目前多用于单色光照射的情况。

4.4.5　反射式衍射光学元件

现代光学系统,特别是军用、航天航空领域等对新型光学系统提出了新的要求,光学系统要向小型化和多样化发展,因而成像衍射光学元件的应用范围也不断拓宽,在某些特殊场合需要在反射表面上制作衍射微结构来实现系统像差的校正。例如,本节中选取文献中提出的反射式成像衍射光学元件进行分析,包括相关概念和设计方法。

与其他类型衍射光学元件一样,衍射效率也是反射式成像衍射光学元件的关键参数之一,决定了光学系统的使用情况。对于反射式衍射光学元件,其衍射效率可以表示为衍射级次的反射光强度 E_{R_m} 与总能量 E_{R_0} 之比,即

$$\eta_m = \frac{E_{R_m}}{E_{R_0}} \qquad (4-87)$$

式中:E_{R_m} 代表第 m 级衍射级次的反射光强度;E_{R_0} 代表入射至该衍射光学元件的总能量。反射衍射光学元件应用于成像光学系统时,设计的周期宽度远大于入射波长,因此,标量衍射理论可以应用于此类型衍射光学元件的设计和分析中,设计精度能够满足使用要求。同传统单层衍射光学元件的分析方法相同,得到连续表面的单层反射式衍射光学元件的衍射效率可以表示为

$$\eta_m = \mathrm{sinc}^2 \left(m - \frac{\phi(\lambda)}{2\pi} \right) \qquad (4-88)$$

式中:$\mathrm{sinc}^2(x) = \sin(\pi x)/(\pi x)$;$m$ 代表反射式衍射光学元件的衍射级次;ϕ 代表其相位延迟。为便于分析讨论,使用图 4.27 中的台阶模型对连续表面进行近似。对于给定数量的相位,第 m 衍射级的衍射效率可以写为

$$\eta_m^N = \left[\frac{\sin\{\pi[m-\varphi(\lambda)]\}}{\sin\left\{\frac{\pi[m-\varphi(\lambda)]}{N}\right\}} \frac{\sin\left(\frac{m\pi}{N}\right)}{\pi m} \right]^2 \qquad (4-89)$$

式(4-88)和式(4-89)中的相位延迟 $\phi(\lambda)$ 和 $\varphi(\lambda)$ 可表示为

$$\phi(\lambda) = N \cdot \varphi(\lambda) \qquad (4-90)$$

式中:φ 代表两个相邻子周期之间的相位差。在图 4.19 中,反射式衍射光学元件入射和出

射介质的折射率分别为 n 和 $-n$。入射角和反射角分别为 θ 和 $-\theta$。相邻子周期之间的物理长度和物理宽度分别为 t 和 k。总的相位差 φ 可表示为

$$\varphi = \frac{n}{\lambda}(y_2 - y_1) \tag{4-91}$$

式中：λ 代表入射波长；y_1 和 y_2 是两条相邻平行光线的光路。当垂足位于光学表面下方时，y_2 定义为负值。相反，当垂足位于光学表面上方时，将 y_2 定义为正值。y_1 和 y_2 的表达式可以表示为

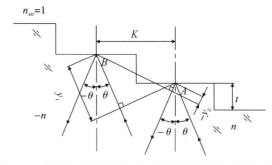

图 4.19　光线通过反射式衍射光学元件的两个相邻子周期

$$\left. \begin{array}{l} y_1 = k\sin\theta + t\cos\theta \\ y_2 = k\sin\theta - t\cos\theta \end{array} \right\} \tag{4-92}$$

将式(4-92)代入式(4-91)，可以得到相位 φ 的表达式为

$$\varphi = -\frac{2n}{\lambda}t\cos\theta \tag{4-93}$$

根据式(4-93)可知反射式衍射光学元件在一个周期内的相位延迟 ϕ 为

$$\phi = N\varphi = -\frac{2nH}{\lambda}\cos\theta \tag{4-94}$$

式中：H 代表反射式衍射光学元件的表面微结构高度，可以表示为 $H = Nt$。在确定了设计波长 λ_0 和设计入射角 θ_0 后，可以通过设置 ϕ 等于 1 来计算 N 阶反射式衍射光学元件的微结构高度，即

$$\phi_0 = -\frac{2Hn_0}{\lambda_0}\cos\theta_0 = 1 \tag{4-95}$$

简化式(4-95)，计算得到反射式衍射光学元件的表面微结构高度，表示为

$$H = -\frac{\lambda_0}{2n_0\cos\theta_0} \tag{4-96}$$

式中：n_0 代表反射式衍射光学元件在设计波长处 λ_0 的基底材料折射率数值。将式(4-96)代入式(4-95)可以求解出相位延迟 ϕ 的表达式为

$$\phi = \frac{n\lambda_0\cos\theta}{n_0\lambda\cos\theta_0} \tag{4-97}$$

将式(4-97)代入式(4-89)，可以用以下二元衍射结构表示反射式衍射光学元件的衍射效率 η_m^N 为

$$\eta_m^N = \left\{ \frac{\sin\left[\pi\left(m-\frac{n\lambda_0\cos\theta}{n_0\lambda\cos\theta_0}\right)\right]}{\sin\left[\frac{\pi}{N}\left(m-\frac{n\lambda_0\cos\theta}{n_0\lambda\cos\theta_0}\right)\right]}\frac{\sin\left(\frac{m\pi}{N}\right)}{\pi m} \right\}^2 \tag{4-98}$$

如图 4.20 所示,当 N 的数值接近于无穷大时,二元微结构在每个周期都变成连续表面,其中衍射结构表面有反射涂层,入射光线经元件反射后成像到理想焦点位置。

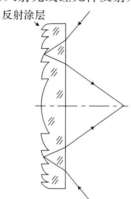

图 4.20　反射式衍射光学元件的表面轮廓

具有连续轮廓的反射式衍射光学元件的衍射效率和带宽积分平均衍射效率可分别表示为

$$\eta_m = \text{sinc}^2\left(m+\frac{2nH}{\lambda}\cos\theta\right) \tag{4-99}$$

和

$$\bar{\eta}_m = \frac{1}{\lambda_{\max}-\lambda_{\min}}\int_{\lambda_{\min}}^{\lambda_{\max}}\text{sinc}^2\left(m+\frac{2nH}{\lambda}\cos\theta\right)\mathrm{d}\lambda \tag{4-100}$$

基于式(4-99)和式(4-100),可以计算出不同波段和入射角的衍射效率和带宽积分平均衍射效率,进而可以有效评估含有反射式衍射光学元件的混合成像光学系统的实际成像质量。

4.4.6　ZEMAX 中衍射光学元件的设置

在 ZEMAX 软件中,自带了 4 种二元光学面型,即二元面 1(Binary1)～二元面 4(Binary4),对于成像光学系统的设计,主要使用二元面 2,二元面 1 和二元面 2 比较类似,下面主要介绍这两种面型的使用。在 ZEMAX 的"Help"手册中,二元面 1 和二元面 2 的面型方程相同,可以表示为

$$Z = \frac{Cr^2}{1+\sqrt{1-(1+K)C^2r^2}} + a_1r^2 + a_2r^4 + a_3r^6 + \cdots + a_8r^{16} \tag{4-101}$$

可以看出,这是标准的偶次非球面方程,其中 C 为曲率,是二元光学的基底曲率,K 是二次曲线常数,也叫作圆锥系数或者 Conic 常数,$a_1 \sim a_8$ 是高次项系数,r 为径向坐标,二元面 1 和二元面 2 产生的相位函数分别为

$$\varphi = M\sum_{i=1}^{N}A_iE_i(X,Y) \tag{4-102}$$

和

$$\varphi = M\sum_{i=1}^{N} A_i \rho^{2i} \tag{4-103}$$

式中：M 为衍射级次；A_i 为项系数；$E_i(X,Y)$ 为位置坐标。式(4-103)中 ρ 为式(4-102)中的归一化孔径半径。

在选定使用的二元表面类型后，在数据编辑窗口会出现扩展输入数据，二元面 2 的输入数据少于二元面 1 的输入数据，并且只有较少项数没有新增项，相关参数的输入根据光学系统实际计算结果确定。图 4.21 和图 4.22 分别为以光学玻璃 BK7 为基底材料的基于二元面 1 和二元面 2 的单层衍射光学元件设计相关设置。图 4.23 为二元光学元件相位，上边曲线代表每毫米单位的周期数，下边曲线代表每毫米单位的相位分布。

	表面	类型	标注	曲率半径	厚度	材料	膜	净	延	机	圆	TC	衍射级次	2阶	4阶	6阶	8阶	10	12	14	16	绝对?	最大项数#	归一化半径	X1Y0	X0Y1	X2Y0	X1Y1
0	物面	标准面		无限	250...			5...	0...	5...	0...	0...																
1	光阑 (孔	标准面		131...	25...	BK7		3..	0...	3..	0...																	
2	(孔径)	二元面1		-149...	250...			3..	0...	3..	0...	0...	1.000	0...	0...	0...	0...	0...	0...	0...	0...	0	4	100.000	0.000	0.000	0.000	0.000
3	像面	标准面		无限	-			7...	0...	7...	0...	0...																

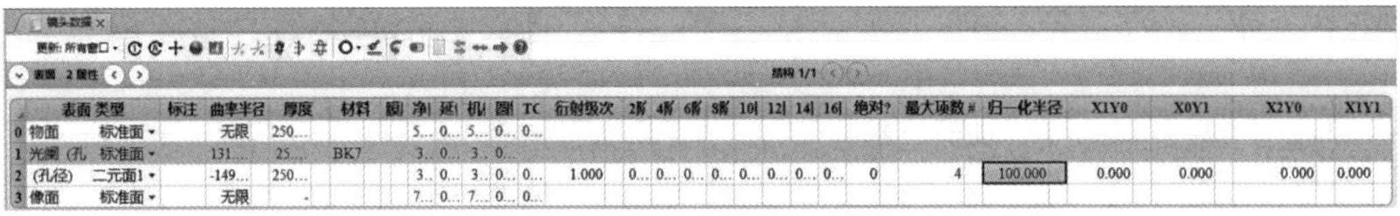

图 4.21 基于二元面 1 的单层衍射光学元件的设置

	表面	类型	标注	曲率半径	厚度	材料	膜	净	延	机	圆	TC	衍射级次	2阶	4阶	6阶	8阶	10	12	14	16	最大项数#	归一化半径	p^2的系数	p^4的系数	p^6的系数
0	物面	标准面		无限	250...			5...	0...	5...	0...	0...														
1	光阑 (孔	标准面		131...	25...	BK7		3..	0...	3..	0...															
2	(孔径)	二元面2		-149...	250...			3..	0...	3..	0...	0...	1.000	0...	0...	0...	0...	0...	0...	0...	0...	3	30.000	-2993.832	1135.545	-59.321
3	像面	标准面		无限	-			5...	0...	5...	0...	0...														

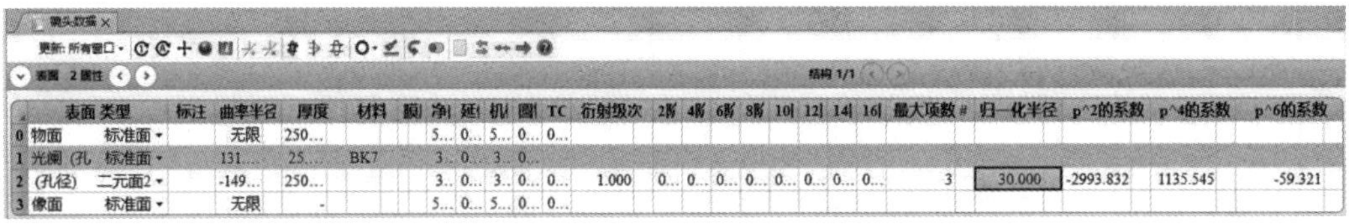

图 4.22 基于二元面 2 的单层衍射光学元件的设置

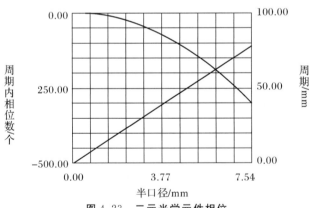

图 4.23 二元光学元件相位

4.5 衍射光学元件加工和测量

4.5.1 加工方法和误差控制

对于成像衍射光学元件，其表面微结构多为微米量级甚至更小，这要求其加工方式为微细加工，对于加工设备的精度要求和加工工程师的技术要求很高。常规地，首先需要设计好成像衍射光学元件二维衍射微结构或者三维衍射微结构的表面形貌,然后通过图形转移、材料去除等方式实现在基底表面加工衍射微结构。随着衍射光学理论的不断发展和加工工艺的不断改进,高质量成像衍射光学元件也逐渐能够在工程中得以应用,促进了高精密光学系统的发展。在现代社会发展中,为了适应时代发展和社会进步,先进制造技术也需要快速发展,光学元件的加工对应的是超精密加工技术,这直接取决于高精密光电设备的精度。成像衍射光学元件作为现代光学工程领域的一个重要研究方向,对于后续混合成像光学系统的研制具有重要作用,其特殊表面微结构也要求此类光学元件具有特殊加工工艺和高的加工精度。

单点金刚石车削技术作为一种高效率、高精度的光学表面加工方法,可直接生产具有纳米级表面粗糙度和亚微米级形状精度的光学元件,被广泛用于高精度、高质量的非球面或者自由曲面光学元件的加工,已成为实现多种光学应用的最佳解决方案。本节着重介绍单点金刚石车削加工方法实现衍射光学元件制造技术。单点金刚石车削的车床如图 4.24(a)所示,具体加工过程如图 4.24(b)所示。

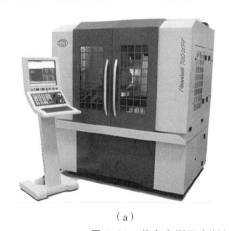

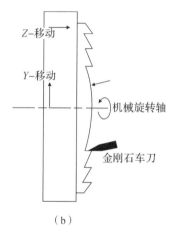

（a）　　　　　　　　　　　　　　　　（b）

图 4.24　单点金刚石车削加工衍射光学元件车床及加工技术

(a)单点金刚石车床;(b)加工原理

如图 4.24 所示,相比较其他加工技术,单点金刚石车削技术有很多优点:①能够实现一次车削成型,避免了反复套刻的复杂性;②加工出来的衍射光学元件面型质量良好,加工元件的表面粗糙度能够达到纳米级,面型精度能够达到 $\lambda/10$ 量级;③不受基底面型的限制,单点金刚石车削技术能够在平面、球面,甚至非球面基底上加工含有任意高次项的衍射微结构,且能够精确控制微结构高度。然而,金刚石车削技术也存在一定的缺点。

(1)单点金刚石车削技术对待加工材料有一定的要求。

对于材料的选择,目前为止,单点金刚石车削技术只能加工部分红外晶体和光学塑料,无法加工传统光学玻璃,表 4.3 中列出了可以用单点金刚石车削加工的部分光学材料。

表 4.3　适合金刚石车削加工的常用材料

红外材料	光学塑料
氟化钙 CaF_2	聚甲基丙烯酸甲酯 PMMA
氟化镁 MgF_2	聚碳酸酯 PC

续 表

红外材料	光学塑料
硒化锌 ZnSe	聚丙烯 PP
硫化锌 ZnS	聚苯乙烯 PS
砷化镓 GaAs	聚酰胺 PA
锗 Ge	—
硫族玻璃	—
硅 Si	—

（2）对加工面型的要求。只能加工简单面型即只具有旋转对称结构的衍射光学元件，不可以加工具有不规则面型的微光学元件，对于不规则面型的衍射光学元件，仍需要采用微电子制造工艺等方法完成。

（3）车削刀口对衍射光学元件的透过率的影响。因为金刚石车刀的刀头形状为圆弧，在微结构转换点处的加工有过渡区，会降低衍射光学元件的透过率，如图 4.25 所示。由遮挡效应引起的衍射光学元件透过率损失可表示为

$$L \approx \frac{4}{D} \sqrt{\frac{2 \mathrm{d} R_{\mathrm{T}}}{n_{\mathrm{rtotal}}}} \sum_{n}^{n_{\mathrm{rtotal}}} \sqrt{n_r} \tag{4-104}$$

式中：L 为透过率损失；D 为衍射光学元件有效口径；d 为最大微结构高度；R_{T} 为刀尖半径，n_{rtotal} 为衍射光学元件周期总数。由式（4-46）可知，当刀尖半径一定时，遮挡效应对透过率的损失与衍射光学元件周期数有关。对于红外波段，衍射光学元件的周期数较少，遮挡效应引起的透过率损失较小，有时这种透过率损失可以忽略不计；而对于可见光波段，周期数很大，一般为几十到几百，所以遮挡效应对通过率的影响很大。目前将刀头形状换成半圆形可以解决单点金刚石车削加工引起的遮挡效应，如图 4.25 所示。

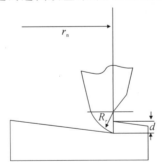

图 4.25 单点金刚石车削半圆形刀头消除遮挡效应

（4）车削过程对元件表面粗糙度的影响。利用单点金刚石车削技术进行衍射光学元件的加工时，会存在一定的表面粗糙度，表面粗糙度对衍射光学元件的衍射效率有一定的影响。单点金刚石车削技术加工对衍射光学元件表面粗糙度 R_{th} 的影响可以表示为

$$R_{\mathrm{th}} = \frac{f^2}{2 R_{\mathrm{T}}} \tag{4-105}$$

式中：f 为每转的进给量；R_{th} 为加工造成的表面粗糙度。这样，造成的衍射光学元件表面的散射 TIS(Total Integrated Scattering)可以表示为

$$\mathrm{TIS} = \left(\frac{4 \pi \delta}{\lambda_0} \right)^2 \tag{4-106}$$

式中:δ 代表 RMS 表面粗糙度数值并且满足 $\delta \approx 0.4R_{th}$。根据报道,现有单点金刚石车削技术能够达到的 RMS 表面粗糙度小于 10 nm。根据 Debye-Waller factor,表面粗糙度对单层衍射光学元件衍射效率 $\eta_m(\lambda,\theta,R_{th})$ 以及带宽积分平均衍射效率 $\overline{\eta}_m(\theta,R_{th})$ 的影响可以分别表示为

$$\eta_m(\lambda,\theta,R_{th}) = \eta_m(\lambda,\theta)\left(1 - \left\{\frac{2\pi R_{th}}{\lambda}[n_1(\lambda) - n_m(\lambda)]\right\}^2\right) \quad (4-107)$$

$$\overline{\eta}_m(\theta,R_{th}) = \frac{1}{\lambda_{max} - \lambda_{min}}\int_{\lambda_{min}}^{\lambda_{max}} \eta_m(\lambda,\theta)\left(1 - \left\{\frac{2\pi R_{th}}{\lambda}[n_1(\lambda) - n_m(\lambda)]\right\}^2\right)d\lambda \quad (4-108)$$

式(4-107)和式(4-108)中:$\eta_m(\lambda,\theta)$ 代表加工衍射光学元件不产生表面粗糙度时对应的理论衍射效率;$n_1(\lambda)$ 代表基本材料对应的折射率;$n_m(\lambda)$ 代表所两层衍射基底之前所处介质的折射率;λ_{min} 和 λ_{max} 分别代表工作波段内的最小和最大入射波长。从式(4-107)和式(4-108)可以看出,单点金刚石车削技术会造成衍射效率和带宽积分平均衍射效率一定程度的下降。

然而,任何加工都不可避免地会引入加工误差,对于衍射光学元件也一样,加工误差依然存在,并且加工误差会直接影响成像衍射光学元件的衍射效率,最终会导致整个混合成像光学系统实际像质的下降。对于衍射光学元件的加工,常见且主要的加工误差包含两部分,即加工引起的衍射微结构表面高度误差和衍射微结构周期宽度误差;并且,一般情况下,两种加工误差是同时出现并且共同影响其衍射效率的。

(1)衍射微结构高度加工误差的影响。图 4.26 所示为加工造成的成像单层衍射光学元件的表面微结构高度误差示意图,其中,H_a 代表存在加工误差的实际微结构高度,H_0 代表不存在加工误差(理论计算)得到的理想微结构高度,二者在图中分别用实线和虚线表示。

图 4.26　加工误差引起的微结构高度误差示意图

若只考虑加工误差产生的衍射微结构高度误差对成像单层衍射光学元件衍射效率的影响,且先假定光线垂直入射至衍射光学元件基底上,此时,该衍射光学元件的实际衍射效率 $\eta_{m\text{-real}}$ 可以表示为

$$\eta_{m\text{-real}} = \text{sinc}^2\left\{m - \frac{H_a}{\lambda}[n(\lambda) - 1]\right\} \quad (4-109)$$

式中:m 为衍射光学元件衍射级次;$n(\lambda)$ 代表衍射元件基底材料在入射波长为 λ 处对应的折射率。由加工误差引起的成像衍射光学元件的实际微结构高度可以表示为

$$H_a = H_0 + \Delta H = H_0(1 + \varepsilon) \quad (4-110)$$

式中:ε 代表相对微结构高度误差,可以表示为 $\varepsilon = \Delta H/H_0$,$\Delta H$ 代表衍射微结构高度误差平均数值,可表示为 $\Delta H = (\Delta H_1 + \Delta H_2 + \Delta H_3 + \cdots + \Delta H_N)/N$;$\Delta H_j$ 代表成像衍射光学元件第 j 个环带位置对应微结构高度误差,N 则代表总的环带数。

(2)衍射微结构周期宽度误差的影响。图 4.27 所示为加工过程产生的微结构周期宽度误差,其中 T_0 代表衍射微结构后期宽度理论值,T_a 代表由加工误差产生的微结构周期宽度误差引起的实际周期宽度。

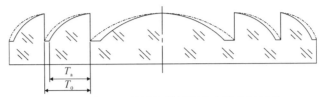

图 4.27　加工误差引起的周期宽度误差示意图

和微结构高度误差对衍射效率影响的分析一样,若只考虑加工误差产生的衍射微结构周期宽度对成像单层衍射光学元件衍射效率的影响,且先假定光线垂直入射至衍射光学元件基底上,此时,该衍射光学元件的实际衍射效率 $\eta_{m\text{-real}}$ 可以表示为

$$\eta_{m\text{-real}} = \eta_m \operatorname{sinc}^2\left(\frac{T_a - T_0}{T_0}\right) = \operatorname{sinc}^2\left\{m - \frac{H_0\left[n(\lambda) - 1\right]}{\lambda}\right\}\operatorname{sinc}^2\xi \qquad (4-111)$$

式中:ξ 表示相对周期宽度误差,可以表示为 $\xi = (T_a - T_0)/T_0$。

如图 4.28 所示:$H_{1\text{designed}}$(设计值,理论值)和 $H_{1\text{real}}$(实际值,含加工误差)分别代表第一层衍射光学元件的理论微结构高度和加工误差导致的实际微结构高度;$H_{2\text{designed}}$ 和 $H_{2\text{real}}$ 分别代表第二层衍射光学元件的理论微结构高度和加工误差导致的实际微结构高度,此时衍射微结构高度实际数值大于理论设计数值。$T_{1\text{designed}}$ 和 $T_{1\text{real}}$ 分别代表第一层衍射光学元件的理论微结构周期宽度和加工误差导致的微结构周期宽度;$T_{2\text{designed}}$ 和 $T_{2\text{real}}$ 分别代表第二层衍射光学元件的理论微结构周期宽度和加工误差导致的微结构周期宽度,此时衍射微结构周期宽度实际数值大于理论设计数值。相同的,$H_{1\text{designed}}$ 和 $H_{1\text{real}}$ 也为实际加工得到的两个实际衍射微结构高度数值,该数值小于理论设计数值;$T_{1\text{designed}}$ 和 $T_{1\text{real}}$ 也为实际加工得到的两个实际衍射微结构周期宽度数值,该数值也小于理论设计数值。

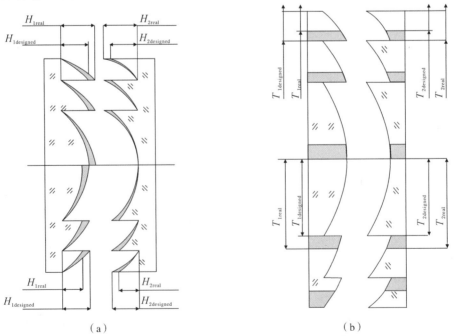

（a）　　　　　　　　　　　　　　（b）

图 4.28　加工误差对双层衍射光学元件面型误差的影响

（a）微结构高度误差;（b）周期宽度误差

根据前面的分析可知,实际混合成像光学系统的调制传递函数 $F(f_x, f_y)$ 值可以近似由理论调制传递函数 $\mathrm{MTF}_T(f_x, f_y)$ 和衍射光学元件的带宽积分平均衍射效率 $\overline{\eta}_m(\lambda)$ 的乘积表示,即为

$$F(f_x, f_y) = \overline{\eta}_m(\lambda)\mathrm{MTF}_T(f_x, f_y) \tag{4-112}$$

带宽积分平均衍射效率是用来衡量宽波段范围内衍射光学元件的综合性能的,根据标量衍射理论,双层衍射光学元件的带宽积分平均衍射效率可以表示为

$$\overline{\eta}_m(\lambda) = \frac{1}{\lambda_{\max} - \lambda_{\min}} \int_{\lambda_{\min}}^{\lambda_{\max}} \eta_m(\lambda)\mathrm{d}\lambda \tag{4-113}$$

由式(4-113)可以看出,带宽积分平均衍射效率与入射波段最大值、最小值和双层衍射元件衍射效率相关。衍射效率 $\eta_m(\lambda)$ 可以表示为

$$\eta_m(\lambda) = \mathrm{sinc}^2\left[m - \frac{\phi_a(\lambda_i)}{2\pi}\right] \tag{4-114}$$

式中:ϕ_a 为衍射元件的相位函数,对于衍射光学元件,其相位延迟函数 $\phi(\lambda_i)$ 可以表示为

$$\phi(\lambda_i) = k_i[n_1(\lambda_i) - 1]H_{1\mathrm{designed}} + k_i[n_2(\lambda_i) - 1]H_{2\mathrm{designed}} = m2\pi \tag{4-115}$$

式中:$\eta_m^\infty(\lambda)$ 代表第 m 衍射级次的衍射效率;$\overline{\eta}_m^\infty(\lambda)$ 代表宽波段多层衍射元件对应的带宽积分平均衍射效率,也就是宽波段实际光学系统的衍射效率。通常情况下,选取一级衍射效率为衍射光学元件的衍射效率,即选择 $m=1$,带宽积分平均衍射效率可以表示为

$$\overline{\eta}_m(\lambda) = \frac{1}{\lambda_{\max} - \lambda_{\min}} \int_{\lambda_{\min}}^{\lambda_{\max}} \mathrm{sinc}^2\left[m - \frac{\phi_a(\lambda_i)}{2\pi}\right]\mathrm{d}\lambda =$$
$$= \frac{1}{\lambda_{\max} - \lambda_{\min}} \int_{\lambda_{\min}}^{\lambda_{\max}} \mathrm{sinc}^2\left\{1 - \frac{[n_1(\lambda) - 1]H_{1\mathrm{designed}} + [n_2(\lambda) - 1]H_{2\mathrm{designed}}}{\lambda}\right\}\mathrm{d}\lambda \tag{4-116}$$

加工过程中加工误差包括衍射微结构高度误差和衍射微结构周期宽度误差两种,其中衍射微结构高度的实际值可以表示为

$$\left.\begin{aligned}
H_{1\mathrm{real}} &= H_{1\mathrm{designed}} \pm \Delta H_1 = H_{1\mathrm{designed}} \pm (\Delta H_{11} + \Delta H_{12} + \cdots + \Delta H_{1N})/N \\
&= H_{1\mathrm{designed}}(1 \pm \varepsilon_1) \\
H_{2\mathrm{real}} &= H_{2\mathrm{designed}} \pm \Delta H_2 = H_{2\mathrm{designed}} \pm (\Delta H_{21} + \Delta H_{22} + \cdots + \Delta H_{2N})/N \\
&= H_{2\mathrm{designed}}(1 \pm \varepsilon_2)
\end{aligned}\right\} \tag{4-117}$$

同时,双层衍射光学元件衍射实际微结构周期宽度可以表示为

$$\left.\begin{aligned}
T_{1\mathrm{real}} &= T_{1\mathrm{designed}} \pm \Delta T_1 = T_{1\mathrm{designed}} \pm (\Delta T_{11} + \Delta T_{12} + \cdots + \Delta T_{1N})/N \\
&= T_{1\mathrm{designed}}(1 \pm \xi_1) \\
T_{2\mathrm{real}} &= T_{2\mathrm{designed}} \pm \Delta T_2 = T_{2\mathrm{designed}} \pm (\Delta T_{21} + \Delta T_{22} + \cdots + \Delta T_{2N})/N \\
&= T_{2\mathrm{designed}}(1 \pm \xi_2)
\end{aligned}\right\} \tag{4-118}$$

式(4-117)和式(4-118)中:ε_1 和 ε_2 分别代表双层衍射光学元件的衍射微结构高度相对误差数值;ξ_1 和 ξ_2 分别代表双层衍射元件衍射微结构周期宽度相对误差数值;ΔH_{ij} 为存在加工误差时第 i 层衍射光学元件第 j 个环带衍射微结构高度的误差值;ΔT_{ij} 为存在加工误差时第 i 层衍射光学元件第 j 个环带衍射微结构周期宽度误差值。

因此,受到单点金刚石车削技术加工误差影响的双层衍射光学元件的带宽积分平均衍射效率可以表示为

$$
\begin{aligned}
\bar{\eta}_m^\infty(\lambda) &= \frac{1}{\lambda_{\max} - \lambda_{\min}} \int_{\lambda_{\min}}^{\lambda_{\max}} \mathrm{sinc}^2 \left[1 - \frac{\varphi_a(\lambda)}{2\pi} \right] \mathrm{sinc}^2(\xi_1) \mathrm{sinc}^2(\xi_2) \mathrm{d}\lambda \\
&= \frac{1}{\lambda_{\max} - \lambda_{\min}} \int_{\lambda_{\min}}^{\lambda_{\max}} \mathrm{sinc}^2 \left\{ 1 - \frac{[n_1(\lambda)-1]H_{\mathrm{real}} + [n_2(\lambda)-1]H_{2\mathrm{real}}}{\lambda} \right\} \\
& \qquad \mathrm{sinc}^2(\xi_1) \mathrm{sinc}^2(\xi_1) \mathrm{d}\lambda
\end{aligned}
\tag{4-119}
$$

由式(4-119)可以看出,双层衍射光学元件的带宽积分平均衍射效率不仅与其自身衍射微结构参数即衍射微结构高度和衍射微结构周期宽度有关,也与光学系统的使用波段有关,因此,加工误差与双层衍射元件带宽积分平均衍射效率和单个入射波长的衍射效率的关系可以分别表示为

$$
\begin{aligned}
\bar{\eta}_m^\infty(\lambda) &= \frac{1}{\lambda_{\max} - \lambda_{\min}} \int_{\lambda_{\min}}^{\lambda_{\max}} \mathrm{sinc}^2 \left[1 - \frac{\varphi_a(\lambda)}{2\pi} \right] \mathrm{sinc}^2(\xi_1) \mathrm{sinc}^2(\xi_2) \mathrm{d}\lambda = \frac{1}{\lambda_{\max} - \lambda_{\min}} \\
& \int_{\lambda_{\min}}^{\lambda_{\max}} \mathrm{sinc}^2 \left[1 - \frac{[n_1(\lambda)-1]H_{1\mathrm{designed}}(1+\varepsilon_1) + [n_2(\lambda)-1]H_{2\mathrm{designed}}(1+\varepsilon_2)}{\lambda} \right] \cdot \\
& \mathrm{sinc}^2 \left(\frac{T_{1\mathrm{real}} - T_{1\mathrm{designed}}}{T_{1\mathrm{designed}}} \right) \mathrm{sinc}^2 \left(\frac{T_{2\mathrm{real}} - T_{2\mathrm{designed}}}{T_{2\mathrm{designed}}} \right) \mathrm{d}\lambda
\end{aligned}
\tag{4-120}
$$

和

$$
\begin{aligned}
\eta &= \mathrm{sinc}^2 \left\{ 1 - \frac{H_{1\mathrm{designed}}[n_1(\lambda)-1] + H_{2\mathrm{designed}}[n_2(\lambda)-1]}{\lambda} \right\} \\
& \mathrm{sinc}^2 \left(\frac{T_{1\mathrm{real}} - T_{1\mathrm{designed}}}{T_{1\mathrm{designed}}} \right) \mathrm{sinc}^2 \left(\frac{T_{2\mathrm{real}} - T_{2\mathrm{designed}}}{T_{2\mathrm{designed}}} \right)
\end{aligned}
\tag{4-121}
$$

存在加工误差的多层衍射元件衍射效率可以表示为

$$
\begin{aligned}
\eta &= \mathrm{sinc}^2 \left[1 - \frac{H_{1\mathrm{designed}}(1+\varepsilon_1)[n_1(\lambda)-1] + H_{2\mathrm{designed}}(1+\varepsilon_2)[n_2(\lambda)-1]}{\lambda} \right] \\
& \mathrm{sinc}^2 [T_{1\mathrm{designed}}(1+\xi_1)] \mathrm{sinc}^2 [T_{2\mathrm{designed}}(1+\xi_2)]
\end{aligned}
\tag{4-122}
$$

为简化分析,假定采用单点金刚石车床的加工精度是相同的,即 $\varepsilon_1 = \varepsilon_2$ 和 $\xi_1 = \xi_2$,然后针对加工误差对多层衍射元件带宽积分平均衍射效率的影响,进行计算和分析。

4.5.2 衍射光学元件的装配方法和误差控制

光学系统设计所允许的总公差是保证对光传递函数影响最小时所允许的误差范围。对于光学成像系统,在设计和加工完成后,装调误差会直接影响光学成像系统的性能。偏心误差和倾斜误差是装调过程中两种典型误差,偏心误差相比较倾斜误差,对双层衍射光学元件衍射效率的影响更大,因此,在设计和加工过程全部完成后,应控制装调误差以确保光学系统的性能。

常用的双层衍射光学元件是一种双分离型双层衍射元件,由两种色散特性光学材料组成,两层之间有气隙,可在宽波段内实现高衍射效率和带宽积分平均衍射效率。图 4.29(a)(b)分别为没有偏心误差和具有偏心误差的双层衍射光学元件衍射微观结构,具有偏心误差的双层衍射光学元件中的光路如图 4.30 所示,偏心误差 Δ 会导致光程差及额外相位差。

然后,建立偏心误差对双层衍射元件衍射效率和带宽积分平均衍射效率影响的数学模型,推导出相应的数学表达式。

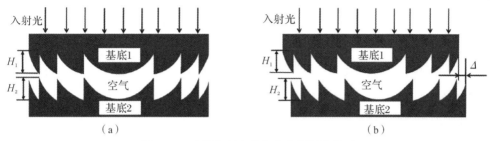

图 4.29　双层衍射光学元件装调误差类型

(a)没有偏心误差;(b)有偏心误差

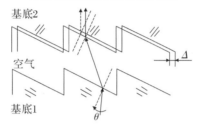

图 4.30　双层衍射光学元件衍射微结构的光线传输

式(4-112)已给出混合成像系统的实际像质会受到带宽积分平均衍射效率的影响,同理,对于成像光学系统中使用的双层衍射光学元件,其关键功能是在焦距很小的情况下校正像差,又由于衍射光学元件衍射微结构周期宽度的最小特征尺寸比入射波长大很多倍,因此,标量近似理论可以应用于双层衍射光学元件的设计和分析中,其实际带宽积分平均衍射效率可以表示为

$$\bar{\eta}_{\text{real}}(\lambda,T,\theta,\Delta) = \frac{1}{\lambda_{\max}-\lambda_{\min}}\int_{\lambda_{\min}}^{\lambda_{\max}}\eta_{\text{real}}(\lambda,T,\theta,\Delta)\,\mathrm{d}\lambda \qquad (4-123)$$

可以看出,双层衍射光学元件带宽积分平均衍射效率受入射波长、微结构周期宽度、入射角和偏心误差的影响。

带宽积分平均衍射效率可以代表整个入射波段的整个真实衍射特性,而衍射效率代表不同入射波长的衍射特性。此外,不同波长处的衍射效率可以表示为

$$\eta_{\text{real}}(\lambda,T,\theta,\Delta) = \text{sinc}^2\left[1-\frac{\phi_{\text{real}}(\lambda,T,\theta,\Delta)}{2\pi}\right] \qquad (4-124)$$

式中:$\phi_{\text{real}}(\lambda,T,\theta,\Delta)$代表含有偏心误差的双层衍射光学元件的实际相位延迟,T是衍射微结构的周期宽度,θ是入射角,Δ是偏心误差。

双层衍射光学元件的相位延迟为理想设计值和偏心误差的相位延迟之和,通常可以表示为

$$\phi_{\text{real}}(\lambda,T,\theta,\Delta) = \phi_{\text{idea}}(\lambda,T,\theta) + \phi_{\text{decenter}}(\lambda,T,\theta,\Delta) \qquad (4-125)$$

由式(4-125)可以看出,双层衍射光学元件的相位延迟由理想相位 $\phi_{\text{real}}(\lambda,T,\theta)$ 和具有偏心误差 $\phi_{\text{real}}(\lambda,T,\theta,\Delta)$ 的实际相位延迟两部分组成。在存在偏心误差的情况下,根据图4.30,可以将其推导为

$$L_1 = \frac{\Delta \sin\beta_2}{\sqrt{1 - n_1^2(\lambda)\sin^2\theta}}$$

$$L_2 = L_1 \left[\sqrt{1 - n_1^2(\lambda)\sin^2\theta} \sqrt{1 - \frac{n_1^2(\lambda)\sin\theta}{n_2^2(\lambda)}} + \frac{n_1^2(\lambda)\sin^2\theta}{n_2(\lambda)} \right]$$

$$(4-126)$$

式中：L_1 和 L_2 分别代表有和没有偏心误差的光路。此外，式(4-126)中的 $\sin\theta$ 可以表示为 $\sin\theta = H_{02}/(T^2 + H_{02}^2)^{1/2}$，这与第二基底层的微结构高度和微结构周期宽度有关。$n_2(\lambda)$ 和 $n_1(\lambda)$ 代表入射波长在第一和第二基底层的折射率。

根据斯涅尔定律，由一个周期宽度的偏心误差引起的相位延迟 $\phi_{\text{decenter}}(\lambda, T, \theta, \Delta)$ 可以表示为

$$\phi_{\text{decenter}}(\lambda, T, \theta, \Delta) = \frac{1}{\lambda}\left[n_2(\lambda)L_2 - L_1 \right] \qquad (4-127)$$

然后，将式(4-126)代入式(4-127)中，由偏心误差引起的双层衍射元件相位延迟表示为

$$\phi_{\text{decenter}}(\lambda, \theta, \Delta) = \frac{1}{\lambda}\frac{\Delta \sin\beta_2}{\sqrt{1 - n_1^2(\lambda)\sin^2\theta}} \left[\sqrt{1 - n_1^2(\lambda)\sin^2\theta} \right. $$
$$\left. \sqrt{n_2^2(\lambda) - n_1^2(\lambda)\sin^2\theta} + n_1^2(\lambda)\sin^2\theta - 1 \right] \qquad (4-128)$$

将式(4-28)代入式(4-127)中，双层衍射光学元件的总相位延迟可以表示为

$$\varphi_{\text{real}}(\theta, \lambda, T, \Delta, m) = \varphi_{\text{ideal}}(\lambda, \theta) + \frac{1}{\lambda}\frac{\Delta \sin\beta_2}{\sqrt{1 - n_1^2(\lambda)\sin^2\theta}}$$
$$\left[\sqrt{1 - n_1^2(\lambda)\sin^2\theta} \sqrt{n_2^2(\lambda) - n_1^2(\lambda)\sin^2\theta} + n_1^2(\lambda)\sin^2\theta - 1 \right]$$

$$(4-129)$$

因此，含有偏心误差双层衍射光学元件的实际衍射效率和带宽积分平均衍射效率可以分别表示为

$$\eta_{\text{real}}(\theta, \lambda, \Delta, m) = \text{sinc}^2 \left\{ m - \left\{ \begin{array}{l} \varphi_{\text{ideal}}(\lambda, \theta) + \frac{1}{\lambda}\frac{\Delta \sin\beta_2}{\sqrt{1 - n_1^2(\lambda)\sin^2\theta}} \cdot \\ \left[\sqrt{1 - n_1^2(\lambda)\sin^2\theta} \sqrt{n_2^2(\lambda) - n_1^2(\lambda)\sin^2\theta} + n_1^2(\lambda)\sin^2\theta - 1 \right] \end{array} \right\} \right\}$$

$$(4-130)$$

和

$$\bar{\eta}_{\text{real}}(\lambda, \beta, \theta, \Delta) = \frac{1}{\lambda_{\max} - \lambda_{\min}} \int_{\lambda_{\min}}^{\lambda_{\max}} \eta_{\text{real}}(\theta, \lambda, \Delta, m) \, d\lambda \qquad (4-131)$$

此外，当光线垂直入射时，双层衍射光学元件的实际相位延迟可以表示为

$$\phi_{\text{real}}(\lambda, \theta, \Delta) = \frac{H_1}{\lambda}\left[n_1(\lambda) - 1 \right] + \frac{H_2}{\lambda}\left[n_2(\lambda) - 1 \right] + \frac{\Delta \cdot H_2}{\lambda \sqrt{T^2 + H_2^2}}\left[n_2(\lambda) - 1 \right] \quad (4-132)$$

在正常入射情况下偏心误差引起的双层衍射光学元件实际衍射效率 $\eta_{\text{real}}(\lambda, T, \Delta)$ 和带宽积分平均衍射效率 $\bar{\eta}_{\text{real}}(\lambda, \Delta, T)$ 分别为

$$\eta_{\text{real}}(\lambda, T, \Delta) = \text{sinc}^2 \left(m - \left\{ \frac{H_1}{\lambda}\left[n_1(\lambda) - 1 \right] + \frac{H_2}{\lambda}\left[n_2(\lambda) - 1 \right] + \right. \right.$$

$$\left. \frac{\Delta \cdot H_2}{\lambda \sqrt{T^2 + H_2^2}} \big[n_2(\lambda) - 1 \big] \right\} \right) \tag{4-133}$$

和

$$\bar{\eta}_{real}(\lambda, \Delta, T) = \frac{1}{\lambda_{\max} - \lambda_{\min}} \int_{\lambda_{\min}}^{\lambda_{\max}} \operatorname{sinc}^2 \left\{ m - \frac{H_1}{\lambda} \big[n_1(\lambda) - 1 \big] + \right.$$

$$\left. \frac{H_2}{\lambda} \big[n_1(\lambda) - 1 \big] + \frac{\Delta \cdot H_2}{\lambda \sqrt{T^2 + H_2^2}} \big[n_1(\lambda) - 1 \big] \right\} d\lambda \tag{4-134}$$

由式(4-134)和式(4-133)可以看出,双层衍射光学元件衍射效率和带宽积分平均衍射效率与每层基底的衍射微结构高度、基底折射率、微结构周期宽度和偏心度有关。

4.5.3 衍射光学元件的面型和衍射效率测量

在完成成像衍射光学元件的设计和加工后,检测技术是评估加工精度的必要手段,是保证混合成像光学系统具有良好工作性能的重要步骤。目前,检测技术的发展不断趋于多样化,检测精度也越来越高,然而,关于成像衍射光学元件表面面型的检测仍然还没有一种标准的方法,国内一些科研院所也对衍射表面做过测量方面的研究,但是都是针对特定材料、特定波段、特定光学系统进行的,还没有能够实现成像衍射光学元件表面形貌测量的标准,这也是制约我国衍射光学发展和研究的重要因素之一。

传统光学元件的表面形貌检测可以分为定性检测和定量检测,定性检测方法主要是刀口阴影法,定量检测方法主要包括接触式测量和非接触式测量两种方法。其中,接触式测量随着表面接触式测量仪的不断开发而逐渐进步,从而使得表面微结构尺寸的检测成为可能。然而,接触式测量容易划伤表面并且测量精度受限。随着光电技术的发展,非接触式测量仪也开始出现并逐渐发展,随之产生了一系列对应的非接触式检测方法,能够完成光学元件表面微结构形貌的检测,包括有效微结构参数和表面粗糙度检测。

1. 接触式测量

20 世纪 70 年代,美国研发了三维表面针式轮廓仪,开启了接触式测量的先河,该方法也是最早出现并且研究时间最长的一种表面轮廓测量方法。具体实现思路是:首先使用机械探针在待测元件表面上下移动,然后位移传感器会记录下探针的移动量,对测量值进行处理,最终模拟出待测元件的表面微观结构。典型代表有电容式位移传感器,其测量精度能够达到 0.1 nm,测量探针的直径决定了横向分辨率,直径越小对应的测量精度越高。

然而,该方法是逐点检测面型的,当待测物体较大时,需要多次移动完成测量,此时测量数据量很大、测量工作麻烦。另外,探针和光学元件是直接接触的,这会对光学元件表面造成一定的压力,待测光学元件基底质地较为松软时,可能会对表面造成一定的划伤并且测量不准确。因此,此检测方法不适用于抛光光学表面、镀膜表面的光学件检测。

2. 非接触式测量

与接触式测量方法不同,非接触式测量在测量过程种通过间接测量待测元件表面从而获得其元件表面微结构形貌。光学探针测量法、扫描探针显微镜测量法、扫描电子显微镜测量法和光学干涉测量法等都属于非接触测量的主要方法,应用较为广泛。

此方法有效改善了接触式测量的缺点,针对不同光学元件使用情况和测量精度要求,在实际检测过程中选择相应的检测方法。

3. 成像衍射光学元件表面微结构检测

根据前面章节内容可知,成像衍射光学元件多是在光学透镜表面制作的,光学透镜基底材料主要有光学玻璃、光学塑料、光学晶体、金属材料等,并且加工方法和镀膜也都是一般成像光学系统的必备要求。因此,不能使用直接测量法对其表面形貌进行测量,一般都会采用非接触测量方法,所使用的典型测量仪器是白光干涉仪。本小节以白光干涉仪为例,介绍成像衍射光学元件表面微结构的检测方法和过程。

单色光源干涉仪和白光干涉仪在测量方法上是相同的,区别在于使用波段为宽波段,各个波长分量会综合影响干涉条纹,而且比单色光源干涉仪具有更大的测量范围。当使用白光干涉仪进行测量时,条纹中心会出现一条最亮的条纹,此位置为零光程差位置,与测量波长无关,在其两侧为彩色条纹分布。因此,零光程差位置可以准确得到,也为实际测量提供了一个绝对的参考位置,去保证光程的绝对测量,白光干涉仪具有的优势是对外界因素不敏感,抗干扰能力强。

图 4.31 所示为具有超高性能的新一代 ZYGO NewView7300 白光干涉仪,它的 RMS 重复性精度优于 0.01 nm,纵向分辨率优于 0.1 nm,侧向分辨率为亚微米级,测量区域更可达 100 mm×100 mm。该干涉仪具有优异的光学性能和图像质量,并且具有图像拼接,能够实现自动化放大功能,这也为实际测量提供了更好的性能。这样高精度的检测仪器能够满足成像衍射光学元件表面微结构、面型精度、表面粗糙度等加工参数的检测,并满足一定的精度要求。仪器的参数见表 4.4。

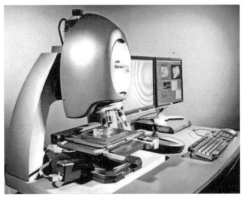

图 4.31　ZYGO NewView7300 白光干涉仪

表 4.4　ZYGO NewView7300 的参数

关键性能	参　数
扫描速度/($\mu m \cdot s^{-1}$)	≤135
系统缩放	自动缩放
最大扫描范围/mm	≤200
RMS 可重复性/nm	<0.01

续 表

关键性能	参　　数
物镜/倍	$1\sim100$
最大视场角/mm	一般,14;可选择,22
Z 平台/mm	机动式(100 行程)
X‐Y 平台/mm	人工(100 行程)或者机动(150 行程)

　　成像衍射光学元件的特征参数主要包括光学参数和物理参数两大类,具体内容见表 4.5,特征参数检测方式见表 4.6。

表 4.5　衍射光学元件的特征参数

光学参数	衍射元件的元件横向尺寸、衍射元件的特征尺寸、衍射元件的三维形貌、衍射元元件的表面粗糙度
物理参数	衍射效率,焦距,分辨率,像差、波像差,相位分布,色散,像场尺寸,点扩散函数,调制传递函数,斯托列尔比

表 4.6　衍射光学元件特征参数的检测方式

对　象	方　式	技　　术
表面面型	物理探针	轮廓测定仪、原子力显微镜、扫描隧道显微镜
	光学探针	成像技术:显微术、电子显微镜
		扫描技术:共焦扫描成像、电子显微扫描、自聚焦传感
		干涉技术:泰曼‐格林干涉、斐索干涉计量、白光干涉仪
光学特性	波前测量	干涉计量(透射)
	Hartmann‐Shack 传感	成像面分析、傅里叶频谱面分析

　　目前,成像衍射光学元件衍射效率的测量还没有统一的方法和国家标准,可以根据对其衍射效率的定义,搭建光路完成测试。常见的成像衍射光学元件衍射效率的定义有以下 6 种。

　　(1)分别测出衍射光场的主衍射级次的最大能量与通过衍射光学元件后出射光束的能量,计算其比值得到衍射效率。

　　(2)把入射光线经过衍射光学元件后在成像面位置的光能量作为系统的总能量,折衍混合结构能够补偿光线经过衍射光学时被吸收、反射等损失掉的能量,将后焦面的总能量作为衍射效率测量的标准。

　　(3)测出入射至焦平面探测器上的有效面积光能量,然后测出去掉平面基底对光束吸收、反射后的出射光束能量,计算其比值得到衍射效率结果。

　　(4)测出经过衍射光学元件后的光束入射至焦平面光探测器的有效面积光能量和经过整个光学系统后的焦平面探测器上的有效面积光能量,计算其比值得到衍射效率。

　　(5)扣除背景影响的衍射效率的测量,指采用间接方式计算衍射光学元件主衍射级次的透射能量,即为该衍射光学元件的衍射效率,具体实现是通过去除总投射光能量中背景光的影响。

(6)采用衍射远场的中央主瓣衍射光能量与理想受限折衍混合透镜的轴上辐照度之比；也可以通过计算主瓣和第一旁瓣的光能量与总能量之比，计算衍射光学元件对应的衍射效率，此方法也称为斯特内尔效率法。

4.6　折衍混合成像光学系统应用举例

衍射光学元件由于其特殊成像性质，已在实际光学系统设计和研制中得以应用，设计波段也从可见光波段扩展至紫外波段、近红外、中波红外、长波红外、太赫兹波段，甚至从单个波长扩展至宽波段、双波段、多波段等光学系统中。将衍射光学元件应用于传统折射式光学系统构成折衍混合成像光学系统，以下列举笔者将不同类型衍射元件应用于不同光学系统的典型案例。所有设计采用 ZEMAX Opticstudio 软件完成，并忽略设计过程中的详细操作和计算。

4.6.1　单层衍射光学元件在目镜光学系统中的应用

目镜光学系统既是望远镜和显微镜等的重要组成部分，也是一种独特的光学系统。它将前置光学系统（如物镜）所成的像再次放大供人观察的同时，在功能和具体设计上与成像物镜又有很大的不同。目镜的设计要求是其独特功能的直接结果，需要用目镜在人眼舒适的距离下呈现附近物的放大图像或者二次图像（客观系统的内部图像）。图 4.32 所示为最简单的 10 倍目镜。物镜所成的像（对于目镜光学系统为物面）经过图 4.32 所示结构后在会聚点（即人眼处）形成 10 倍放大的像。

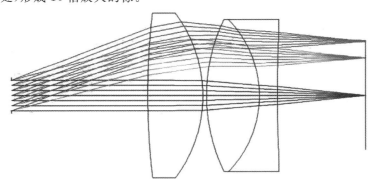

图 4.32　10 倍目镜光学系统二维结构图

此外，目镜光学系统必须为其使用者提供足够的视距。为了给使用者提供足够的视距，目镜必须提供一个成像良好的外出瞳。因此，目镜必须对成像像差提供足够的校正，同时对瞳孔像差进行校正。

目镜是目视光学系统的重要组成部分，在军事系统、医疗器械系统以及娱乐等诸多方面都起着重要的作用。基于目镜自身的特点，即较大的视场、有一定的眼点距等，目镜光学系统的像差校正变得更加复杂。为了保证目镜的成像质量，特别是大视场的目镜，目镜系统的结构就变得复杂、沉重，这不符合现代光电仪器向轻小型发展的趋势。将衍射光学元件用于成像光学系统设计中能突破传统光学系统的许多局限，如在单透镜上引入衍射面能实现消色差设计,用普通的光学材料组合就能实现复消色差。在改善系统成像质量、减小系统体积和质量等诸多方面表现出传统光学系统不可比拟的优势。本节主要目的是设计一款基于衍射光学元件且要求具有长出瞳距离的目镜光学系统,具体指标见表 4.7。

表 4.7　目镜光学系统设计参数要求

光学系统性能	参　数	光学系统性能	参　数
出瞳直径/mm	8	出瞳距/mm	60
焦距/mm	40	视场/(°)	$2\omega=30$
波段	F、C、d 光	畸变/(%)	<10
MTF	40 lp/mm 时>0.1		

选取艾弗尔目镜作为初始结构并找到参数指标为:入瞳直径 4 mm,半视场 30°,波长范围 0.51 μm、0.55 μm、0.61 μm,焦距 27.9 mm。其较大的半视场适合长出瞳距离,故选取该结构参数为初始结构参数,具体参数见表 4.8。

表 4.8　初始核数据数

表面序号	表面类型	曲率半径/mm	厚度/mm	玻　璃	口径/mm
0	标准面	无限	19.5	—	2
1	标准面	无限	2.25	F2	13.258
2	标准面	37.94	11.2	BK7	14.993
3	标准面	−31.65	0.5		16.386
4	标准面	75.4	8.4	SK10	18.561
5	标准面	−75.4	0.5		18.823
6	标准面	43.55	12.9	SK4	18.512
7	标准面	−37.4	2.8	SF2	17.638
8	标准面	51.54	13.25		15.857
9	标准面	无限	—		14.831

1. 纯折射结构的目镜光学系统

将曲率半径和厚度设置为变量,并将玻璃类型改为替换,通过不断组合变量来优化光学系统的成像质量,得到传统折射式长出瞳目镜结构,具体参数见表 4.9,二维结构如图 4.33 所示。

表 4.9　纯折射式长出瞳目镜设计参数

表面序号	表面类型	曲率半径/mm	厚度/mm	玻　璃	口径/mm
0	标准面	无限	60	—	4
1	标准面	353.884	2.051	SF57	20.232
2	标准面	63.121	12.541	ULTRAN20	20.807
3	标准面	−62.331	0.264		20.003

续 表

表面序号	表面类型	曲率半径/mm	厚度/mm	玻 璃	口径/mm
4	标准面	50.986	11.781	N-LAK22	23.826
5	标准面	−312.715	13.886	—	23.294
6	标准面	24.953	15.072	PSK53A	18.067
7	标准面	147.77	3.339	P-SF8	14.050
8	标准面	15.192	9.024	—	10.676
9	标准面	无限	—	—	9.766

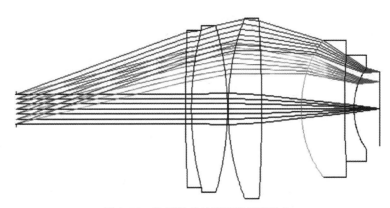

图 4.33 纯折射式长出瞳距目镜结构

光学系统由 5 片镜片构成且所有表面都采用球面,该系统总长为 127.95 mm。纯折射式长出瞳目镜的场曲和畸变如图 4.34 所示。

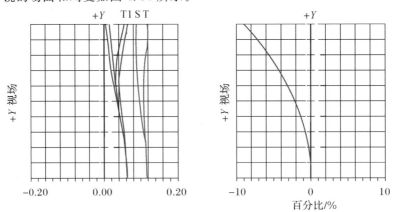

图 4.34 纯折射式长出瞳目镜的场曲和畸变

由图 4.34 可知:最大场曲为 0.12 mm;最大视场处畸变最大,为 9.03%;光学系统在频率为 40 lp/mm 时的 MTF 曲线如图 4.35 所示。

在 40 lp/mm 处,中心视场的 MTF 高于 0.7,最大视场的 MTF 高于 0.4,满足设计指标要求。

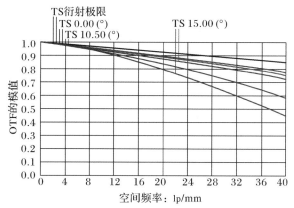

图 4.35　纯折射式长出瞳目镜的 MTF 曲线

2. 折衍混合结构的目镜光学系统

为了进一步优化光学系统的尺寸和像差,处理如下:在视场波长等参数不变的情况下,把最后一组双胶合透镜删去一面,替换为一片厚透镜;同时为了保持成像质量,将第 5 面的表面类型设为"二元面 2",并将编辑器中二次项和四次项(即参数 1 和参数 2)设为变量,使用同纯折射式系统的操作数进行优化,最终得到图 4.36 所示的折衍混合式长出瞳目镜,设计参数见表 4.10。

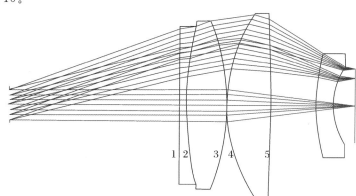

图 4.36　折衍混合式长出瞳目镜结构

表 4.10　折衍混合式长出瞳目镜设计参数

表面序号	表面类型	曲率半径/mm	厚度/mm	玻　璃	口径/mm
0	标准面	无限	60	—	4
1	标准面	463.459	2.915	SF66	20.195
2	标准面	67.111	14.124	FK51	20.862
3	标准面	−45.237	9.92E-003	—	22.16
4	二元面	−326.312	15.605	PSK53A	24.164
5	标准面	−312.715	16.073	—	22.95

续 表

表面序号	表面类型	曲率半径/mm	厚度/mm	玻 璃	口径/mm
6	标准面	39.798	6.004	SSK3	13.701
7	标准面	14.508	7.904	—	10.289
8	标准面	无限	—	—	9.775

优化设计后,该系统由 4 片镜片构成,第 5 个面为衍射面,系统总长为 122.63 mm。折衍混合式长出瞳目镜的场曲和畸变如图 4.37 所示。由图 4.37 和图 4.38 可知,最大场曲为 0.18 mm;最大视场处畸变最大,为 9.03%。光学系统在频率为 40 lp/mm 时的 MTF 曲线如图 4.38 所示。

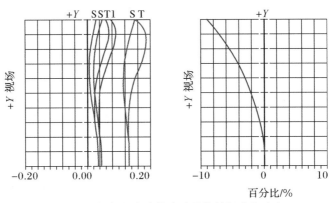

图 4.37　折衍混合式长出瞳目镜的场曲和畸变

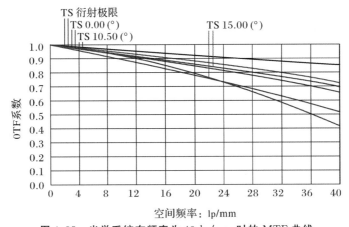

图 4.38　光学系统在频率为 40 lp/mm 时的 MTF 曲线

在 40 lp/mm 处,光学系统中心视场的 MTF 高于 0.7,最大视场的 MTF 高于 0.4,满足设计指标要求。

衍射光学表面微结构高度可由光栅闪耀级次推导得出。根据式(4 - 48),将 $H = \dfrac{\lambda}{n-1}$ 与从"成都光明"材料库中查的第五面衍射面材料 PSK53A 的折射率数据代入此公式,利用 Matlab 编程可得单层衍射光学元件的一级衍射效率与入射角度的关系,如图 4.39 所示。

由图可见在 15° 入射角度范围内,单层衍射光学元件的衍射效率高于 99.84%。实际上,从光路中可以看出,入射光学元件到衍射光学元件的入射角随目镜系统视场的增大而增大,此处简化,将入射角按 0°~15° 计算。

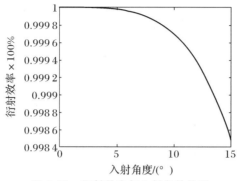

图 4.39　衍射效率与入射角的关系

表 4.11　两种目镜系统的指标参数对比

设计指标	传统折射式目镜系统	折衍混合式目镜系统
透镜个数/片	5	4
系统总长/mm	127.95	122.63
最大畸变/(%)	9.03	9.03
中心视场 MTF/(40 lp · mm^{-1})	0.7	0.7
最大视场 MTF/(40 lp · mm^{-1})	0.4	0.4

根据表 4.11 并对比传统折射式目镜结构,折衍混合式目镜系统的透镜数量减少了 1 片,结构更加简单,总长减小了 4.16%,成像质量满足要求,适用于一些对目镜长度和出瞳距等指标要求严格的场合。但由于衍射元件加工的费用较高,因此实际使用时可根据实际选择其中任一种结构的目镜,均能够适用于轻小型长出瞳距的使用场合。此外,比较两种光学系统设计结果可以看出,像差特性有明显改善,其中畸变的改善最为明显,垂轴像差和最大场曲的改善较大,轴向色差的改善稍小;简化了系统的结构,减轻了系统的质量,系统的总长也得到一定程度的减小。

设计结果表明,最小周期宽度控制在预期的范围之内,通过合理选择加工工艺参数,该衍射面可以采用金刚石单点车削技术加工出来。另外,与传统光学系统相比,在折衍混合的可见光波段,目镜能显著减轻系统的质量,同时能达到传统目镜的成像质量,能显著减小系统的垂轴色差,适应于现代光学系统质量轻、体积小、成像质量高的发展趋势。

4.6.2　双层衍射光学元件在宽波段光学系统中的应用

目前,监控镜头广泛应用于许多公共场所,包括各机关、部门的安防系统、高速公路的快速抓拍系统,以及在恶劣条件下替代人工的检测监控系统。这些系统的光学成像部分主要在可见光和近红外波段。光线充足时成像质量尚可,光线不足甚至暗时系统成像质量较差。因此,识别和处理图像是困难的。根据实际微光监测系统的要求,需要工作波段为 0.4~

0.9 μm的成像光学系统。另外,考虑到光学系统的更高像质、轻量化设计、简单成像光学系统结构,考虑使用折衍混合成像光学系统完成此设计。因此,确定了光学系统设计参数,见表 4.12。

表 4.12 宽波段监控光学系统设计参数要求

光学系统性能	参　数	光学系统性能	参　数
波段/μm	0.4～0.9	视场角/(°)	18
F 数	2	MTF@68 lp/mm	>0.5
畸变(%)	<2	焦距/mm	28
总长/mm	<40	是否校正二级光谱	是

这里,分别采用传统折射式匹兹瓦光学系统和使用双层衍射光学元件的基于匹兹瓦光学系统的混合式光学系统进行优化设计,最后进行光学系统结构和成像性能的对比。

要使用匹兹瓦结构进行系统设计,通常需要在图像平面附近添加一个场透镜以进行场曲率校正。经过优化设计后,用于色差校正的传统玻璃组合光学系统的二维结构如图 4.40 所示,该系统由 8 片光学透镜组成,共有 3 种光学材料,包括 N-SK2,N-KZFS8 和 P-SF68,共由 8 个镜片组成。

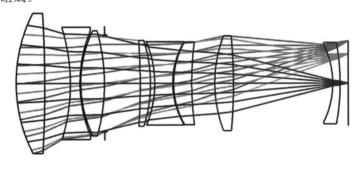

$\xleftarrow{\hspace{3cm}}$ 10 mm

图 4.40　传统折射式匹兹瓦光学系统二维结构

图 4.41 给出了传统折射式匹兹瓦光学系统的成像质量评价,其中图 4.41(a)给出了该光学系统的 MTF,而图 4.41(b)给出了其轴向像差。

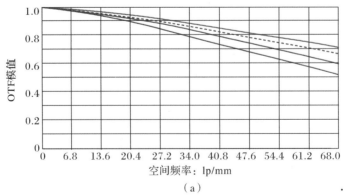

（a）

图 4.41　传统折射式匹兹瓦光学系统的成像质量评价

（a）MTF 曲线

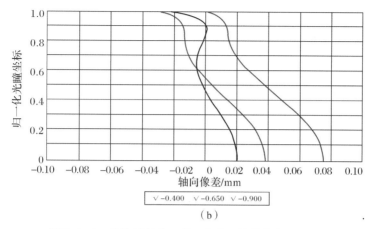

续图 4.41　传统折射式匹兹瓦光学系统的成像质量评价

(b)轴向像差曲线

　　基于双层衍射的光学元件不仅可以在宽波段实现良好的成像质量,而且还可以保证高的衍射效率。基于传统折射式光学系统结构,将前透镜替换为双层衍射光学元件结构,获得校正消色差的结构和性能,与传统的结构相比,大大减小了系统质量和尺寸。该器件用于系统结构优化和校正。基底材料选用可见波段常用的 PMMA 和 POLYCARB,其中 PMMA 作为正片,POLYCARB 作为负片透镜材料。同时在优化过程中将后置镜头组替换为单个透镜。在这里,使用 ZEMAX 软件进行进一步优化设计,图 4.42 展示了优化设计后的光学系统二维结构。

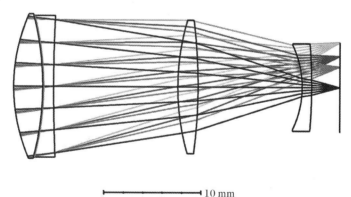

10 mm

图 4.42　折衍混合光学系统二维结构

　　优化后的系统总长度为 33.5 mm,满足设计要求。此外,这比通过传统方法设计的系统的总长度要短。此外,场镜与像面之间有一定的距离,可以加装滤光片等元件。在此优化设计中,双层衍射光学元件的引入也为光学系统提供了更多的设计自由度,也意味着更高级次的像差校正。图 4.43 显示了基于双层衍射光学元件的折衍混合式匹兹瓦光学系统的成像质量,图 4.43(a)描绘了光学系统的 MTF,图 4.43(b)显示了轴向像差曲线。

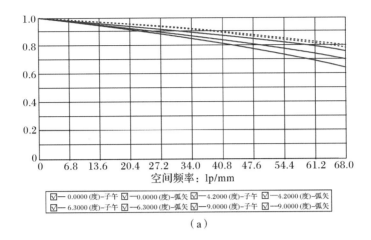

（a）

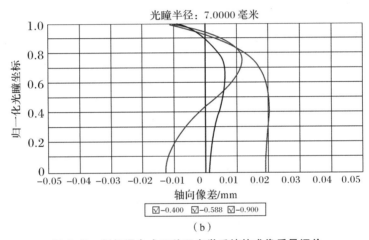

（b）

图 4.43 折衍混合式匹兹瓦光学系统的成像质量评价

（a）MTF 曲线；（b）轴向像差曲线

从图 4.43 可以看出,光学系统像质均能满足使用要求,并且调制传递函数比传统设计更高,超过了设计要求,在 68 lp/mm 时每个视场的值都高于 0.6。考虑到实际入射角度的影响,在空间频率为 68 lp/mm 时,双层衍射光学元件衍射效率影响下的系统的实际调制传递函数见表 4.13,系统的实际调制传递函数也远远超出了设计要求。

表 4.13 不同角度下衍射效率对实际 MTF 的影响计算结果

MTF	视场角为 0°		视场角为 6.3°		视场角为 9°	
	子午方向	弧矢方向	子午方向	弧矢方向	子午方向	弧矢方向
理论值	0.757	0.757	0.635	0.795	0.663	0.764
实际值	0.723	0.723	0.607	0.759	0.634	0.729

此外,系统畸变小于 1.74%,满足设计要求。此光学系统与传统折射式光学系统最大的区别在于双层衍射光学元件的使用,在校正色差和二级光谱的前提下,简化了系统结构和体积、提升了系统成像质量。表 4.14 给出了两种设计下的光学系统的性能对比。

表 4.14　两种设计方法下的光学系统结构和性能对比

性能要求	折射式光学系统	折衍混合式光学系统	差别
透镜数目	8	4	4
质量/g	4.595	1.437	3.158
系统总长/mm	36.5	33.5	3
后焦距/mm	0.89	2.901	−2.011
调制传递函数@ 68 lp/mm	>0.5	>0.6	>0.1
是否校正二级光谱	未校正	校正	校正

综上所述,使用衍射光学元件的混合成像光学系统比传统光学元件设计的光学系统的设计自由度更高,为传统方法提供了更高的设计自由度。在提高系统图像质量的同时,系统的结构也从 8 个减少到 4 个,结构更简单,系统总长度更短,后焦距更长,检测更容易,系统质量更轻,且校正了二极光谱。

4.6.3　双层衍射光学元件在双波段红外光学系统中的应用

红外光学系统在目标信息获取、真实性识别、反隐身、多目标跟踪等方面具有独特的优势。此外,红外探测器和红外成像系统的发展,也促使着红外光学系统在军事和高端商业领域的快速应用。然而,单波段红外光学系统在获取目标信息方面存在局限性,解决这个问题的有效途径是拓宽红外光学系统的工作波段,实现对更多目标信息的探测和识别。一般地,为提高自身生存能力以及对目标的探测和识别能力,红外光学系统至少需要两个工作波段,这意味着红外光学成像系统应该在两个甚至更多波段内都具有成像功能,并且要求有良好的成像质量。因此,多波段红外光学系统的研究和应用便成为光学工程领域的热点之一。双波段红外光学成像系统要求在 $3\sim5\ \mu m$ 中波波段和 $8\sim12\ \mu m$ 长波波段范围内具有同步成像特性,并且要求成像质量能够满足目标探测和识别要求。由于传统折射式红外成像光学系统性能的局限性,很难在两个波段同时高质量成像,因此,必须采用特殊方法以满足双波段红外光学系统的高质量成像要求。

选用 ZnSe-ZnS 作为双层衍射光学元件的基底材料,对含有双层衍射光学元件的双波段红外折衍混合成像系统进行优化设计和分析,设计指标见表 4.15。

表 4.15　双波段红外折衍混合成像光学系统设计指标

设计要求		数 值
光学系统	工作波段/μm	3~5,8~12
	F 数	1.6
	焦距/mm	100
	视场角/(°)	$2\omega=10$
	MTF @17 lp/mm	>0.5 @ 3~5,>0.4 @ 8~12
探测器	类型	HgCdTe
	阵列(个×个)	320×256
	像元/μm	30

根据表 4.15 的要求,该光学系统在长波和中波波段都应获得高质量图像。采用 ZEM-AX OpticsStudio 光学设计软件对该系统进行优化设计后,得到含有双层衍射光学元件的双波段红外折衍混合成像光学系统的结构,如图 4.44 所示。

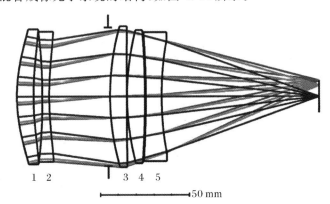

图 4.44　含有双层衍射光学元件双波段红外折衍混合成像系统结构

从图 4.44 中可以看出,该光学系统由 5 片透镜组成,编号为 1~5,其中:透镜 1 和透镜 2 的光学材料是锗(Germanium),透镜 3 和透镜 4 的光学材料是硒化锌(ZnSe),透镜 5 的光学材料是硫化锌(ZnS)。另外,双层衍射光学元件的第 1 层和第 2 层光学结构分别在透镜 4 的后表面和透镜 5 的前表面。优化设计后的光学系统的具体设计参数见表 4.16,其中:第 0 表面是物面,第 5 表面是光阑面,最后一个表面是像平面。

表 4.16　含有双层衍射光学元件的双波段混合成像光学系统结构参数

表 面	类型	曲率半径/mm	厚度/mm	材料
0	标准面	无限	无限	—
1	偶次非球面	85.227	9.256	Ge
2	偶次非球面	148.585	4.977	—
3	偶次非球面	−351.237	4.0	Ge
4	偶次非球面	157.869	33.770	—
5	标准面	无限	1.084	—
6	标准面	136.692	9.293	ZnSe
7	标准面	3 932.194	0.1	—
8	标准面	127.540	9.943	ZnSe
9	二元表面	−494.784	0.5	—
10	二元表面	−494.784	9.000	ZnS
11	标准面	177.350	88.534	—
12	标准面	无限	—	—

从表 4.16 可以看出,该光学系统由 4 个球面、4 个非球面和 2 个衍射面组成,光学表面参数见表 4.17,其中:c 代表圆锥系数,4th 和 6th 分别代表第 4 级、第 6 级非球面系数。

表 4.17 双波段混合成像光学系统非球面表面参数

表 面	c	4th	6th
1	-3.156	$-2.802\ 153\ 498\ 613\ 580E-007$	$-1.376\ 989\ 788\ 612\ 052E-010$
2	-10.438	$-7.581\ 807\ 547\ 567\ 688E-007$	$7.568\ 253\ 935\ 139\ 011E-011$
3	50.421	$0.000\ 000\ 000\ 000\ 000E+000$	$0.000\ 000\ 000\ 000\ 000E+000$
4	-24.662	$-2.828\ 305\ 895\ 348\ 544E-007$	$-1.242\ 057\ 108\ 420\ 291E-010$

双波段混合成像光学系统的 MTF 如图 4.45 所示,图 4.45(a)为长波波段 MTF 曲线,图(b)为中波波段 MTF 曲线。截止频率的计算基于表 4.17 中关于双波段探测器参数的计算结果,计算公式为:1/2 pixel[①]。

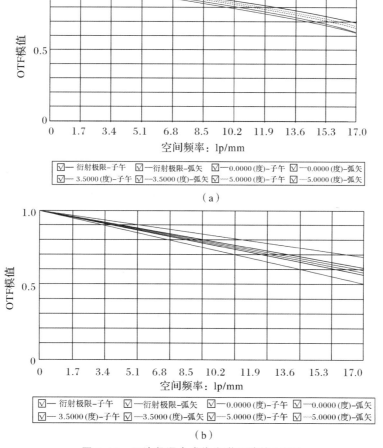

（a）

（b）

图 4.45 双波段混合成像光学系统的 MTF

（a）长波波段（8~12 μm）;（b）中波波段（3~5 μm）

从图 4.45 可以看出,该混合光学系统的最优设计结果是:在空间频率为 17 lp/mm 时,长波波段和中波波段在各视场的 MTF 数值分别达到 0.5 和 0.6,达到了理论设计要求,并

---

① pixel:像素大小。

且系统在整个视场范围内成像良好。此外:根据长波波段全视场在半径 21 μm 的包圆能量达到 80%;中波波段全视场在半径 16 μm 的包圆能量达到 80%。因此,两波段全视场的包圆能量均能保证在 1.4 个像元内不低于 80%,系统成像质量良好。

最后,计算折衍混合成像光学系统的实际 MTF。考虑到双波段双层衍射光学元件的综合带宽积分平均衍射效率对混合成像光学系统实际 MTF 的影响,将综合带宽积分平均衍射效率代入,对实际 MTF 进行计算,可以得到在截止频率为 17 lp/mm 处,该系统在不同入射角度下的实际 MTF 见表 4.18。可以看出,混合成像系统的实际 MTF 也完全满足设计要求。

表 4.18　双层衍射光学元件衍射效率对实际 MTF 的影响

入射角度/(°)	MTF	中波红外波段		长波红外波段	
		理论值	实际值	理论值	实际值
0	子午平面	0.686	0.665	0.599	0.589
	弧矢平面	0.686	0.665	0.599	0.589
3.5	子午平面	0.614	0.595	0.568	0.559
	弧矢平面	0.661	0.641	0.586	0.577
5	子午平面	0.616	0.597	0.494	0.486
	弧矢平面	0.643	0.623	0.557	0.548

第5章 光学非球面理论及应用

5.1 光学非球面概述

球面是传统光学系统中最常见的表面类型,包括平面和标准球面两种类型,平面是球面曲率半径趋近无穷大的特殊情况。现代光学设计面临越来越多的技术需求和越来越高的使用要求,采用传统光学球面结构往往会导致光学系统结构复杂、体积和质量较大等问题,难以满足实际设计和使用需求。随着光学理论的发展和加工工艺的进步,非球面逐渐出现在人们的视野中,并应用于光学系统中。非球面具有的更多设计自由度用于像差校正过程能够简化光学系统结构,减轻光学系统质量,减小系统体积,提高光学系统像质,使得更短或者更长波段光学系统的研制成为可能。在光学透镜中使用非球面能够消除球面镜片在光线传输过程中产生的球差、彗差、像散、场曲和畸变,并减少光能损失,从而获得高质量的图像效果和高品质的光学特征,从而使得光学仪器设备更加轻量化、低成本,使光学系统的设计更加灵活。此外,现代精密加工技术的进步也使非曲面的加工成为可能,特别是单点金刚石车削工艺能够直接应用于面型切削,可以加工的材料包括光学塑料、红外晶体等。

广义非球面指不能用球面定义的面型,即不能只用一个半径确定的面型,包括多种面型结构,例如旋转对称结构和非旋转对称结构,有关于旋转对称的面型,排列了有规律的微结构阵列,包含衍射结构的光学表面、形状各异的自由曲面等。一般的非球面的概念多是狭义的,主要指能够用含有非球面系数的高次多项式来表示的面型,其中心到边缘的曲率半径连续发生变化;在某些情况下,特指旋转对称的非球面面型。自由曲面指无法用球面或者非球面系数表示的曲面,很多情况下需要用非均匀有理 B 样条(Non-Uniform Rational B-Splines,NURBS)造型方法或者其他方法描述。图 5.1 为典型球面和非球面光学头罩对比。可以看出,相比较球面头罩,非球面头罩在减小气动阻力、增大扫描视场等方面有更大的优势。

光学非球面在特殊光学系统中的应用包括:①透红外、紫外的光学材料制造困难,材料种类少,昂贵;②大尺寸透射材料制造更加困难且透镜体积过大;③在极紫外波段无透射材料,只能采用反射非球面校正像差。非球面在光学仪器的典型应用包括军用激光装置、热成像装置、微光夜视头盔、红外扫描装置、导弹导引头和各种变焦镜头等,民用方面包括摄像机的取景器、变焦镜头、医疗内窥镜、数码产品摄像头等。

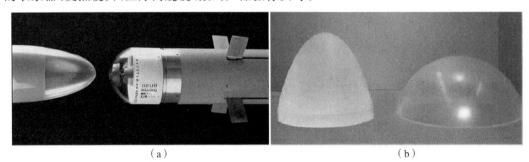

（a）   （b）

图 5.1　两种头罩的应用和对比

(a)非球面光学头罩与球面头罩在飞行器平台的应用;(b)两种头罩的对比

5.2　旋转对称的光学非球面方程

在光学设计中,为了给光学系统的设计与优化提供更多的设计自由度,常常使用旋转对称非球面。对于一个旋转对称的非球面,其表达式由表征基准二次曲面的多项式和表征非球面与基准二次曲面偏离的附加多项式两部分组成。附加多项式可以为偶次幂级数多项式、Zernike 多项式和 Q 型多项式等。图 5.2 所示为球面和非球面的表面结构示意图,由图5.2(a)(b)可以看出,球面和非球面存在一定矢高差,球面透镜的球差影响比较严重,而非球面能够在焦点位置校正球差。此外,球面结构在边缘位置比非球面面型结构更陡。

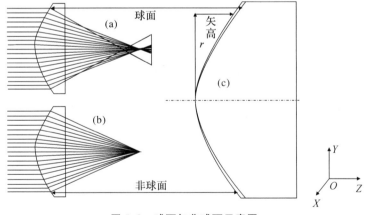

图 5.2　球面与非球面示意图

非球面一般可用 $f(x,y,z)$ 方程式表示,其顶点与坐标原点重合,光学设计时一般将光轴设置为 z 轴,常用的绕 z 轴(光轴)旋转对称的基准二次曲面的面型 z_t 表达式为

$$z_t = f(x_t, y_t) = c_t \frac{\dfrac{x_t^2}{a_t^2} + \dfrac{y_t^2}{b_t^2}}{1 + \sqrt{1 - \left(\dfrac{x_t^2}{a_t^2} + \dfrac{y_t^2}{b_t^2}\right)}} \qquad (5-1)$$

式中：x_t 和 y_t 分别代表某点 t 在 x 和 y 方向的坐标位置；a_t 和 b_t 均为常数（可能为虚数，a_t^2 和 b_t^2 为实常数），c_t 为实常数，且存在以下关系，即

$$\left.\begin{array}{l} R_{t,x} = a_t^2/c_t \\ R_{t,y} = b_t^2/c_t \\ K_{t,x} = (a_t^2/c_t^2) - 1 \\ K_{t,y} = (b_t^2/c_t^2) - 1 \end{array}\right\} \qquad (5-2)$$

式中：R_x 和 R_y 为 yoz 面（$z_t=0$）和 xz（$y_t=0$）上非球面的曲率半径，K_x 和 K_y 均为二次曲面常数。因此，式（5-1）也可以表示为

$$z_t = f(x_t, y_t) = \frac{\dfrac{x_t^2}{R_{t,x}} + \dfrac{y_t^2}{R_{t,y}}}{1 + \sqrt{1 - \left[(1+K_{t,x})\left(\dfrac{x_t}{R_{t,x}}\right)^2 + (1+K_{t,y})\left(\dfrac{y_t}{R_{t,y}}\right)^2\right]}} \qquad (5-3)$$

特别地，当 $R_t = R_{t,x} = R_{t,y}$ 和 $K_t = K_{t,x} = K_{t,y}$ 时，令 $h_t^2 = x_t^2 + y_t^2$，h_t 为曲面上任意一点到光轴的垂直距离，且 $\rho_t = 1/R_t$，则式（5-1）和式（5-3）可以分别表示为

$$z_t = f(x_t, y_t) = \frac{h_t^2}{R_t + \sqrt{R_t^2 - (1+K_t)h_t^2}} \qquad (5-4)$$

和

$$z_t(h_t) = f(x_t, y_t) = \frac{h_t^2 \rho_t}{1 + \sqrt{1 - \left[(1+K_t)h_t^2 \rho_t^2\right]}} \qquad (5-5)$$

式（5-4）必须满足 $(1+K_t)h_t^2 \rho_t^2 \leqslant 1$。

5.2.1　基于偶次幂级数多项式的非球面

对于基于偶次幂级数多项式的非球面，其中表征非球面与基准二次曲面偏离的附加多项式为偶次幂级数多项式，增加更高阶的非球面多项式之后，表达式为

$$\rho_e(1+K_e)\left[z_e - \left(\sum_{m=2}^{M} A_{e,2m} h_e^{2m}\right)\right]^2 - 2\left[z_e - \left(\sum_{m=2}^{M} A_{e,2m} h_e^{2m}\right)\right] + \rho_e h_e^2 = 0 \qquad (5-6)$$

式中：A_{2m} 为非球面多项式的各项系数；M 为非球面多项式的最高次数；下标 e 代表偶次幂级数多项式非球面类型。

因此，基于偶次幂级数多项式的非球面的表达式可以写为

$$z_e(h_e) = \frac{h_e^2 \rho_e}{1 + \sqrt{1 - (1+K_e)h_e^2 \rho_e^2}} + A_{e,2m} h_e^{2m} \qquad (5-7)$$

或者

$$Z = \frac{cr^2}{1 + \sqrt{1 - (1+k)c^2 r^2}} + \sum a_{2i} r^{2i} \tag{5-8}$$

当 $m = 2, 3, 4, \cdots, -1 \leqslant h_e \leqslant 1$ 和 $-1 \leqslant A_{e,2m} h_e^{2m} \leqslant 1$ 时,基于偶次幂级数多项式的非球面附加多项式的曲面面型见表 5.1。

表 5.1　不同参数取值的非球面($a_i = 0$)

k 取值	$k < 0$	$k = 0$	$-1 < k < 0$	$k = -1$	$k < -1$
面型	二次曲面	球面	椭球面	抛物线	双曲面

由于基于偶次幂级数多项式的非球面的表达式简单,所以该非球面是广泛应用的非球面之一。在实际的光学设计中,为了获得更多的设计自由度,可以将更多的偶数项添加到附加多项式的展开式中并进行优化设计。理论上,非球面的多项式足够多时,可以对任意旋转对称非球面面型以任意精度逼近。若已知需要表征的非球面,则只需要确定其基准二次曲面的表达式就可以运用最小二乘法来确定 $A_{e,2m}$ 的最佳数值。由于附加多项式没有实际的物理意义,也不是正交多项式,而且在优化过程中系数的数值不稳定,所以往往出现系数符号正、负交替的形式。

对于基于偶次幂级数多项式的非球面来说,相同的非球面面型可能对应着几组数值和符号都不同的系数,因此只能通过各项系数的相互抵消来表征所需的非球面形状。附加多项式系数间的互相抵消:一方面可能导致非球面的设计效率降低,设计人员无法通过直接修正非球面系数来控制非球面的面型;另一方面更容易导致非球面系数出现四舍五入的误差,从而降低制造及测量的效率。

Kross 等研究结果表明,基于偶次幂级数多项式的非球面在优化过程中,附加多项式的系数 $A_{e,2m}$ 随实际焦距的变化很大,因此提出了新的附加多项式系数 $B_{e,2m}$,可表示为

$$B_{e,2m} = A_{e,2m} \rho_e^{1-2m} \tag{5-9}$$

由式(5-9)可以得到新的基于偶次幂级数多项式的非球面表达式,即

$$z_e(h_e) = \frac{h_e^2 \rho_e}{1 + \sqrt{1 - (1 + K_e) h_e^2 \rho_e^2}} + \frac{1}{\rho_e} \sum_{m=2}^{M} B_{e,2m} (h_e \rho_e)^{2m} \tag{5-10}$$

非球面与基准二次曲面的偏离情况如图 5.3 所示,其中 h_e 为非球面上任意一点到光轴的垂直距离,C_0 为球心,φ_e 为非球面上任意一点到球心 C_0 的连线与光轴的夹角,R_e 为非球面顶点处的半径。

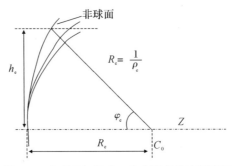

图 5.3　非球面与基准二次曲面的偏离示意图

从图 5.3 可以得到

$$h_e \rho_e = \frac{h_e}{R_e} = \sin\varphi_e \tag{5-11}$$

那么,式(5-11)也可以写成

$$z_e(h_e) = \frac{1}{\rho_e}\left[\frac{(h_e\rho_e)^2}{1+\sqrt{1-(1+K_e)(h_e\rho_e)^2}} + \sum_{m=2}^{M} B_{e,2m}(h_e\rho_e)^{2m}\right] \tag{5-12}$$

对于附加多项式的表达式,式(5-10)和式(5-12)是将式(5-7)中以 h_e 扩展的偶次幂级数多项式转换成以孔径角 φ_e 扩展的偶次幂级数多项式的情况。当对光学系统的焦距进行放大或者缩小时,由于孔径角 φ_e 具有不变性,则附加多项式的系数不会随焦距的改变而改变,这样一来非球面的表达式变得更稳定,该表达式的缺点是不适用于顶点曲率为零的非球面,即非球面半径为无穷大的情况。

5.2.2　基于 Zernike 多项式的非球面

任意一点 P 在单位圆平面中的直角坐标 $P(x,y)$ 和极坐标 $P(r,\theta)$ 如图 5.4 所示,其中 O 为极坐标系的极点,r 为点 P 的极径,θ 为逆时针方向 Oy 到 OP 的夹角,即极角。

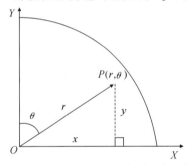

图 5.4　任意一点 P 在单位圆平面中的直角坐标和极坐标

任何连续的函数可以用一系列多项式来表示,即

$$F(r,\theta) = \sum_i A_i f_i(r,\theta) \tag{5-13}$$

式中:$f_i(r,\theta)$ 为单个多项式($i=1,2,3,\cdots$)。

多项式正交可表示为

$$\iint f_i(r,\theta)f_j(r,\theta)\mathrm{d}r\mathrm{d}\theta = \delta_{ij} \tag{5-14}$$

式中:δ_{ij} 为克罗内克函数($j=1,2,3,\cdots$),即二元函数。当 i 值与 j 值相同时,如果积分中的两个多项式相同,那么积分的结果恰好为 1;如果积分中两个多项式不同,那么积分结果为 0。多项式的第一个性质是正态性,即多项式被归一化;第二个性质是正交性,因此将其指定为正交正态多项式集。

为了描述已知的任意波阵面 $W(r,\theta)$,需要计算各个多项式的系数的 A_i,此处只需将 $W(r,\theta)$ 与单个多项式 $f_i(r,\theta)$ 进行交叉积分,可以得到

$$\left.\begin{aligned}&\iint W(r,\theta)f_i(r,\theta)\mathrm{d}r\mathrm{d}\theta = \sum_i \delta_{ii}A_i\\&\iint W(r,\theta)f_i(r,\theta)\mathrm{d}r\mathrm{d}\theta = A_i\end{aligned}\right\} \tag{5-15}$$

式(5-15)给出的积分可以确定任意系数。系数 A_i 表示每个多项式的项对波前误差的贡献。实际上,由于多项式具有正交性,每个分量的幅度 A_i 代表该分量贡献的方均根值,因此总方均根波前误差由各个系数的二次方和的二次方根来表示,即

$$\langle W^2(r,\theta)\rangle = \iint W(r,\theta)*W(r,\theta)\mathrm{d}r\mathrm{d}\theta = \sum_i A_i^2 \qquad (5-16)$$

式中:⟨ • ⟩为加权平均值;* 为卷积符号。对于使用 Zernike 多项式来描述任意波阵面 $W(r,\theta)$ 的函数,可以根据多项式 Z 进行展开,该多项式 Z 在整个光瞳表面上是正交的,即

$$W(r,\theta) = \sum_{\alpha,\beta} C_\alpha^\beta Z_\alpha^\beta(r,\theta) \qquad (5-17)$$

式中:C 为 Zernike 多项式的各项系数;Z 为多项式函数;α 为极点角频率的系数;β 为 Zernike 多项式的最大径向函数。

因此,Zernike 在极坐标系中($x=r\sin\theta, y=r\cos\theta$)可以表示为

$$Z_\alpha^\beta(r,\theta) \pm \mathrm{i}Z_\alpha^{-\beta}(r,\theta) = V_\alpha^{-\beta}(r\cos\theta, r\sin\theta) = V_\alpha^\beta(r)\exp(\pm im\theta) \qquad (5-18)$$

$$Z_\alpha^\beta(r,\theta) = V_\alpha^\beta(r)\cos m\theta \qquad (5-19)$$

$$Z_\alpha^{-\beta}(r,\theta) = V_\alpha^\beta(r)\sin m\theta \qquad (5-20)$$

式(5-18)~式(5-20)中:$V_\alpha^\beta(r)$ 为径向函数。对单位圆进行归一化,则径向坐标 r 的取值范围为 $0\leqslant r\leqslant 1$。径向函数 $V_\alpha^\beta(r)$ 可表示为

$$V_\alpha^\beta(r) = \sum_{l=0}^{\frac{\alpha-\beta}{2}} \frac{(-1)^l(\alpha-l)!}{l!\left[\frac{1}{2}(\alpha+\beta)-l\right]!\left[\frac{1}{2}(\alpha-\beta)-l\right]!} r^{\alpha-2l} \qquad (5-21)$$

Kross 等以二次曲面为基准曲面,将 Zernike 多项式作为附加多项式来描述旋转对称的非球面,该过程选择了极点角频率系数为 4,最大径向阶数为 2β 的径向函数 $V_{2\beta}^4(r)$,即

$$V_{2\beta}^4(r) = \sum_{l=0}^{\beta-2} \frac{(-1)^l(2\beta-l)!}{l!(\beta+2-l)!(\beta-2-l)!} r^{2\beta-2l} \qquad (5-22)$$

由式(5-19)可以写出 $m=2,3,4,\cdots,7$ 的径向函数 $V_{2m}^4(r)$ 的表达式,即

$$\left.\begin{aligned}
V_4^4(r) &= r^4 \\
V_6^4(r) &= -5r^4+6r^6 \\
V_8^4(r) &= 15r^4-42r^6+28r^8 \\
V_{10}^4(r) &= -35r^4+168r^6-252r^8+120r^{10} \\
V_{12}^4(r) &= 70r^4-504r^6+1\,260r^8-1\,320r^{10}+495r^{12} \\
V_{14}^4(r) &= -126r^4+1\,260r^6-4\,620r^8+7\,920r^{10}-6\,435r^{12}+2\,002r^{14}
\end{aligned}\right\} \qquad (5-23)$$

根据式(5-9)可知,基于 Zernike 多项式的非球面表达式可以写为

$$z_z(h_z) = \frac{h_z^2\rho_z}{1+\sqrt{1-(1+K_z)h_z^2\rho_z^2}} + \frac{1}{\rho_z}\sum_{m=2}^{M} C_{z,2m}V_{z,2\beta}^4(r) \qquad (5-24)$$

对半径 r 进行归一化,(5-24)式也可写为

$$z_z(h_z) = \frac{1}{\rho_z}\left[\frac{(h_z\rho_z)^2}{1+\sqrt{1-(1+K_z)(h_z\rho_z)^2}} + \sum_{m=2}^{M} C_{z,2m}V_{z,2\beta}^4(r)\right] \qquad (5-25)$$

当 $m=2,3,4,\cdots,7$,$-1\leqslant r\leqslant 1$ 和 $1\leqslant V_{z,2m}^4(r)\leqslant 1$ 时,相比于基于偶次幂级数多项式的非球面,下标 z 代表 Zernike 多次式非球面类型,基于 Zernike 多项式的非球面的附加多项

式为正交多项式,避免了附加多项式各项系数符号正、负交替和互相抵消,而且在光学设计中具有一定的优势,能够更好地校正系统的像差。

5.2.3　基于 Q 型多项式的非球面

2007 年,Forbes 提出以非标准的正交多项式来代替简单的幂级数多项式为基底的 Q 型非球面。Q 型非球面分为两种:一种是强非球面 Q_{con},另一种为温和非球面 Q_{bfs}。

1. 强非球面

强非球面 Q_{con} 的表达式同样由基准二次曲面和表征非球面与基准二次曲面偏离的附加多项式组成,适合描述非球面度更高的曲面。相比于其他非球面,这里使用正交化的 Q 型多项式 $Q_{con,m}(r^2)$ 作为附加多项式。定义 Q_{con} 非球面与基准二次曲面的偏离量为 Δz_{con},可以表示为

$$\Delta z_{con}(r) = r^4 \sum_{m=0}^{M} a_m Q_{con,m}(r^2) \tag{5-26}$$

因此,对于 Q_{con} 非球面,其表达式为

$$z_{con} = \frac{c(x^2+y^2)}{1+\sqrt{1-(1+k)c^2(x^2+y^2)}} + u^4 \sum_{m=0}^{M} a_m Q_m^{con}(r^2) \tag{5-27}$$

式中:当 m 取不同值时,不同的 Q_{con} 非球面附加多项式的正交基底是在同一个最大值的基础上按比例缩小的,因此可以更好地控制各项的系数。

2. 温和非球面

温和非球面 Q_{bfs} 的表达式由最佳拟合球面和表征非球面与最佳拟合球面偏离的附加多项式组成(最佳拟合球面为同时通过该非球面顶点和最大通光口径边缘的球面),即 Q_{bfs} 非球面将其最佳拟合球面作为基准的二次曲面,适合描述非球面度较低的曲面。同样这里使用正交化的 Q 型多项式 $Q_{bfs,m}(r^2)$ 作为附加多项式。定义 $\Delta z_{bfs} = f(h_{bfs,max})$ 为 Q_{bfs} 非球面与最佳拟合球面的偏离量,则 Q_{bfs} 非球面最佳拟合球面的曲率 ρ_{bfs} 为

$$\rho_{bfs} = 2f(h_{max,bfs}) / [h_{max,bfs}^2 + f(h_{max,bfs})^2] \tag{5-28}$$

Q_{bfs} 非球面与最佳拟合球面的偏离量 Δz_{bfs} 可以写为

$$\Delta z_{bfs}(r) = \frac{r^2(1-r^2)}{\sqrt{1-\rho_{bfs}^2 h_{bfs}^2}} \sum_{m=0}^{M} a_m Q_{bfs,m}(r^2) \tag{5-29}$$

对于 Q_{bfs} 非球面,其表达式为

$$z_{bfs}(h_{bfs}) = \frac{\rho_{bfs} h_{bfs}^2}{1+\sqrt{1-\rho_{bfs}^2 h_{bfs}^2}} + \frac{r^2(1-r^2)}{\sqrt{1-\rho_{bfs}^2 h_{bfs}^2}} z \sum_{m=0}^{M} a_m Q_m^{bfs}(r^2) \tag{5-30}$$

此外,式(5-26)~式(5-30)中的 a_m 表示多项式系数;$Q_m^{con}(r^2)$ 和 $Q_m^{bfs}(r^2)$ 分别代表 Q_{con} 和 Q_{bfs} 非球面中所包含的阶次为 m 的正交多项式;M 代表两种面型的多项式最高次幂。

5.2.4　其他常见非球面方程

1. 椭圆面

椭圆面的表达式为

$$\frac{(z-a)^2}{a^2}+\frac{r^2}{b^2}=1 \qquad (5-31)$$

式中：曲率半径 $R=b^2/a$；圆锥系数 $k=-(b^2-a^2)/a^2$；两焦点距离 $2F$，$F^2=a^2-b^2$。

　　该球面用途非常广泛，当其结合高阶非球面系数成为高次椭圆非球面透镜时，可用于半导体激光准直和大的数值孔径的光纤激光准直，对于 NA＝0.20 的光纤的准直系统和 NA＝0.50 的半导体激光准直系统，人们常用 3 片球面透镜。而当采用非球面透镜，一般 1 片就能满足系统要求。这样在提高系统光束质量的同时，又能使结构相对简单，系统质量减轻，这在很多系统中有非常重要的意义。现在很多成像系统和聚焦系统中都采用也常采用椭圆非球面。在望远反射系统和离轴反射系统中，椭圆面和双曲面常结合起来使用。

　　2. 双曲面

　　双曲面的表达式为

$$\frac{(z-a)^2}{a^2}-\frac{r^2}{b^2}=1 \qquad (5-32)$$

式中：曲率半径 $R=b^2/a$；圆锥系数 $k=-(b^2-a^2)/a^2$。如果切线角度可知，那么圆锥系数也可表示为 $k=-(1+\tan^2\theta)$。

　　该非球面和椭圆面一样，当带有高阶非球面系数时，可用于聚焦成像系统，又可以作为激光和光纤准直透镜，最广泛的应用是把高次双曲面和高次椭圆非球面相结合。对于双曲面，在望远反射系统中应用比较广泛，尤其是 $R-C$ 系统。由两个双曲面镜子组合的 $R-C$ 系统，在加工和安装时允许的失调量较大时，还能确保光学系统成像质量。

　　3. 抛物面

　　抛物面的表达式为

$$Z=\frac{r^2}{2R}=\frac{r^2}{4f} \qquad (5-33)$$

式中：焦距 $f=R/2$。人们常用抛物反射镜作为望远镜离轴光学系统的主镜和聚光镜。在调校激光发射和接收光学系统的同时，抛物反射镜作为首选。当然，在某些成像系统中也常使用抛物非球面透镜。

　　近年来，半导体激光器由于其优越性不断的体现，已经应用于工业、国防和商业领域。为适应半导体激光的应用，非球面方程为

$$Z(r)=\frac{cr^2}{1+1\sqrt{1-(1+k)c^2r^2}}+Ar^4+Br^6+Cr^8+Dr^{10}+Er^{12}+\cdots \qquad (5-34)$$

　　演化为一种新的方程，称为双非球面方程，也叫复合双曲面方程，表示为

$$z=\frac{c_x x^2+c_y y^2}{1+\sqrt{1-(1+k_x)c_x^2 x^2-(1+k_y)c_y^2 y^2}}+$$
$$\sum_{i=1}^{16}\alpha_i x^i+\sum_{i=1}^{16}\beta_i y^i+\sum_{i=1}^{N}A_i Z_i(\rho,\varphi) \qquad (5-35)$$

式中：$c_x=1/R_x$；$c_y=1/R_y$。该非球面主要针对非对称系统，如半导体激光用于半导体准直、整形以及半导体激光耦合光纤等。随着加工和检测工艺的提高，此类非球面将有广阔的应用前景。

5.3　非球面像差理论

5.3.1　分析方法

对于非球面,相当于在球面的基础上附加了一个改变量。非球面与球面光学系统的初级像差一样,采用空间光线追迹的方法进行,本部分以旋转对称非球面为例,对非球面初级像差理论进行介绍。对于旋转对称非球面,可以看作是由球面和一个中心厚度无限薄的校正板叠合的。一般方程可以表述为

$$r^2 = 2r_0 z - (1-e^2)z^2 + \alpha z^3 + \beta z^4 + \gamma z^5 + \cdots \tag{5-36}$$

式中:e 代表曲面的偏心率;r_0 为曲面近轴曲率半径;$\alpha,\beta,\gamma,\cdots$ 为方程系数。

5.3.2　初级像差推导

任意一个旋转对称非球面方程为

$$z = \frac{1}{2r_0}r^2 + Br^4 + Cr^6 + \cdots \tag{5-37}$$

坐标原点与非球面相切的球面方程为

$$r^2 = 2r_0 z - z^2 \tag{5-38}$$

级数展开式为

$$z_{\text{sphere}} = \frac{1}{2r_0}r^2 + \frac{1}{8r_0^3}r^4 + \frac{1}{16r_0^5}r^6 + \cdots \tag{5-39}$$

式(5-37)~式(5-39)中:$B = \dfrac{1}{8r_0^3}(1+b) = \dfrac{1}{8r_0^3}(1-e^3)$,$C = \dfrac{1}{16r_0^5}(1+c)$,$b$、$c$ 为变形系数,代表与球面的差异。

当 $b=c=0$ 时,变形消失,非球面方程可写为

$$z = \frac{1}{2r_0}r^2 + \frac{1+b}{8r_0^3}r^4 + \frac{1+c}{16r_0^5}r^6 + \cdots \tag{5-40}$$

非球面与级数展开式相减,可得

$$\Delta z = \frac{b}{8r_0^3}r^4 + \frac{c}{16r_0^5}r^6 + \cdots \tag{5-41}$$

式中:Δz 为中心无限薄的校正板的厚度增量,将引起光程差,当只考虑初级量时,仅取第一项

$$\Delta l = (n-n')\Delta z = (n-n')\frac{b}{8r_0^3}r^4 \tag{5-42}$$

注意:在变形系数 b 和近轴曲率半径 r_0 一定的情况下,光程差在初级近似下并不因弯曲而变化,初级像差式是完全等价的。

当光阑位于非球面顶点时,非球面与近轴半径相同的球面相比,产生的初级波像差为

$$\Delta W = (n-n')\frac{b}{8r_0^3}r^4 = -\frac{(n-n')e^2}{8r_0^3}h^4 \tilde{r}^4 \tag{5-43}$$

式中:h 为近轴光线和校正板的焦点高度;$\tilde{r}$ 是归一化坐标。

光阑在校正板上相应的初级像差增量为

$$\left.\begin{aligned}
\Delta S_{\mathrm{I}} &= (n-n')\frac{b}{r_0{}^3}h^4 = -\frac{(n'-n)e^2}{r_0{}^3}h^4 \\
\Delta S_{\mathrm{II}} &= 0 \\
\Delta S_{\mathrm{III}} &= 0 \\
\Delta S_{\mathrm{IV}} &= 0 \\
\Delta S_{\mathrm{V}} &= 0
\end{aligned}\right\}
\tag{5-44}$$

光阑不在校正板上相应的初级像差增量为

$$\left.\begin{aligned}
\Delta S_{\mathrm{I}} &= (n-n')\frac{b}{r_0{}^3}h^4 = -\frac{(n'-n)e^2}{r_0{}^3}h^4 \\
\Delta S_{\mathrm{II}} &= \Delta S_{\mathrm{I}}\left(\frac{h_z}{h}\right) \\
\Delta S_{\mathrm{III}} &= \Delta S_{\mathrm{I}}\left(\frac{h_z}{h}\right)^2 \\
\Delta S_{\mathrm{IV}} &= 0 \\
\Delta S_{\mathrm{V}} &= \Delta S_{\mathrm{I}}\left(\frac{h_z}{h}\right)^3
\end{aligned}\right\}
\tag{5-45}$$

式中:h_z 是主光线与校正板的交点高度。

根据初级像差理论,单个的非球面只能校正一种像差,即场曲,场曲系数为 0,代表非球面不能改变初级场曲的系数。当光阑位于折射面上时,非球面化只会影响球差系数,随着光阑远离折射面,非球面化对轴外像差的影响也逐渐增大。因此,一般选取合适的光阑位置,对轴外像差的校正很重要。此外,非球面对初级色差系数是无影响的,即将光学透镜表面进行非球面化设计不能用于初级色差的校正。

5.4 非球面在光学系统中的应用

5.4.1 在反射系统中的应用

非球面光学系统与球面光学相比,有很大的优势。非球面可以提高系统的相对口径比,扩大视场角,在提高成像质量的同时能减少透镜数量,使镜头形状小型化,减轻系统质量等。采用非球面技术设计的光学系统,可消除球差、彗差、像散、场曲,减少光能损失,从而获得高质量的图像效果和高品质的光学特性,可广泛应用于微光夜视、激光测距、导引头,以及现代光电子产品、图像处理产品(如数码相机、VCD、DVD、电脑、CCD 摄像镜头、大屏幕投影电视机)及军事、天文和医疗等行业,是集现代光学工程、光学材料工程、超精密机械加工、超精密成型工艺、超精密检测、精密镀膜等高新技术为一体的综合工程,并且是当今世界光学领域用途十分广泛的、快速发展的高新技术之一。

如图 5.5 所示,简单的球面反射镜存在球差和彗差,无限远物点被球面反射镜聚焦成像在反射镜焦点处,其焦距为反射镜半径的一半,会产生初级像差;采用抛物面反射镜,使无限远轴上的点被成像为理想的无像差像点。当成像目标偏离光轴时,成像质量迅速下降。

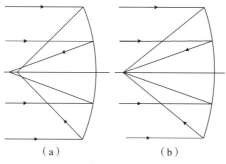

图 5.5　球面、抛物面反射镜

(a)球面反射镜;(b)抛物面反射镜

图 5.6 所示的卡塞格林望远镜光路,由两个圆锥曲面组成,分别为抛物面(主镜)和双曲面(次镜),其中:F_1 是主反射镜的像点,F_2 是最终成像点。此类光学系统对轴上光具有很好的成像效果。

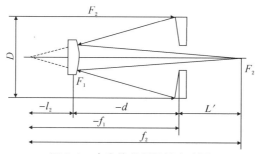

图 5.6　卡塞格林望远镜光路图

5.4.2　在折射系统中的应用

如图 5.7 所示,使用双曲面-平面构成的准直器光学透镜,能够将二极管激光器发出的光耦合进入光纤聚焦系统,或者将发出的光进行准直,应用于高精度并且在给定温度范围内要求性能稳定的光学系统中。相反,该结构能够将无限远目标聚焦为无像差的光斑,应用于平面-双曲面光纤透镜中。二极管激光器和透镜的距离决定于该光学透镜的折射率。

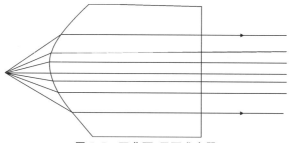

图 5.7　双曲面-平面准直器

如图 5.8 所示,使用非球面校正像散,中孔径光阑位于远离镜头的左侧,对于球面镜成像会存在一定像差,将其中一个球面改为非球面,能够进行像差校正。

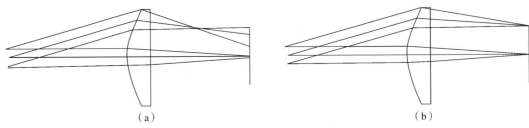

图 5.8　球面、非球面透镜的像散

(a)球面透镜产生的像散；(b)非球面透镜校正像散

　　除了上述成像系统的应用外,非球面在照明光学系统中也有很多应用,例如投影系统和显微系统的聚光镜、街灯、探照灯等。对于非成像光学系统中的非球面,其加工误差可略微放宽,此外多应用于材料成本较高的红外系统中。

5.4.3　光学非球面的技术要求

　　在完成非球面光学系统设计后,需要绘制单独的非球面表面,以便后续非球面光学表面或者元件的加工,光学非球面绘制的技术要求包括:

　　(1)在元件图纸上注明采用非球面的表面。

　　(2)元件图纸包括表面形状方程和非球面系数,并简要说明术语和符号规则。

　　(3)列出矢高数据表,矢高是垂直于光轴距离表面顶点的径向距离 r 的函数,应该列出足够数量的数据点以进行足够抽样,仿真表面形状。

　　(4)说明实际表面接近理想表面的程度,例如可表示为“在通光孔径范围内,表面与理想表面的偏差在 4 个可见光光圈内,即 0.001 mm 内”。

　　(5)可能需要要求高频表面不规则度或者表面光洁度。高频表面不规则度可以用表面范围内与理想表面斜率的最大斜率偏离量表示;表面光洁度常用均方根表面光洁度表示,单位为 nm,主要适用于金刚石车削加工的表面,这些表面的粗糙度影响较大,散射和离轴遮挡是太空望远镜中的主要问题。

　　(6)根据实际需要,可以加入非球面表面拟采用的检验形式。

　　需要注意的是,列出的要求越多,则光学系统越昂贵,并且加工的周期越长。因此,一般列出系统正常工作需满足的要求即可。

5.4.4　基于 ZEMAX 软件的非球面设置

　　在 ZEMAX 中,默认的表面类型为“标准面”(含平面和标准球面两种),对于标准面,只有曲率半径(常用曲率半径,也可设置为曲率,$r=1/\rho$)一个参数,意味着在光学设计过程中,优化变量的选择也只有曲率半径一种,在一定程度上可优化的变量较少,在采用非球面替代常规“标准面”后,根据 5.2 节中表述可知,随着优化变量的增多,会更好地达到校正像差的目的。将 ZEMAX 软件中“标准面”改成非球面,即更改“表面类型”,有两种方法:

　　(1)单击“表面类型”列下想更改的面型右边的下拉箭头,就会出现可选择的多种面型;然后选择想要使用的面型,单击即可。

　　(2)单击选中想要改变的表面,然后单击“透镜数据”左上角的“表面 * 类型”(* 为选中的表面编号),然后在对话框中选择表面类型进行相关设置。

ZEMAX 软件中自带的表面类型较多,包括常规面、衍射面、自由曲面、渐变折射率面、理想面、特殊面等,如图 5.9 所示,根据光学系统设计需要,自行选择,相关面型表述可以参考 ZEMAX 软件自带的"Help"文档。

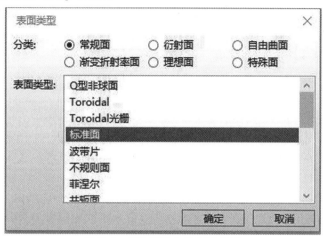

图 5.9　ZEMAX 自带表面类型

5.5　典型非球面光学系统设计

迄今为止,随着科技的快速发展,各种类型的光学系统不断地被发明制造,用途也越来越广。采用传统球面光学器件设计出来的光学系统结构复杂,体积大,像质差,满足不了现代光电仪器的要求,系统中采用非球面光学器件,能消除光学系统多种像差,减少光学零件的数量,优化光学系统,减小系统的尺寸和质量。天文光学望远镜是观测天体的重要仪器之一,大视场、低成本、高性能天文望远镜是当前研究和开发的热点之一。按照物镜的种类,可将望远镜光学系统分为 3 类,即折射系统、反射系统、折反系统。大口径、大相对孔径的折射系统需要不同折射率的玻璃匹配形成消色差系统,为了消除残余球差,还需引入非球面,且折射系统的透镜材料及加工费用都很高,因此价格也十分昂贵。反射式望远镜对轴外像差校正能力较弱,视场角较小,一般小于 ±1°,不能满足大视场望远镜的需求。折反射望远镜以球面镜为基础,加入适当的折射元件,用来校正轴外球差,可获得良好的光学质量。下面介绍几种典型的非球面光学系统。

5.5.1　R－C 光学系统

1668 年,牛顿根据光线的反射规律制造出了反射式望远镜,且反射式望远镜不存在色差,为大口径、宽波段光学系统的研制奠定了一定的基础。反射式望远系统主要可以分成牛顿望远系统、格里高利(James Gregory)望远系统和卡塞格林(Gasserain)望远系统。牛顿(Newton)系统光学结构是牛顿发明出的第一个反射式望远镜,又被称为牛顿望远镜,平行于主轴的入射光射入之后,经凹面(抛物面)镜反射,光射到了与主轴成 45°角的平面镜上,之后又通过透镜,使得反射后的光平行射出;但该望远系统有一定的像差,而且存在着严重的彗差,所以牛顿系统只得用于小视场角的观察。格里高利望远系统的光学结构,平行于主轴的光射入系统之后,光线在凹面(抛物面)镜反射,反射后的光再经过球面镜片反射,通过透镜使得光平行射出系统;但格里高利的结构不是很紧凑,不仅对制造成本有着极大的要求,而且成像效果也达不到预期精度,所以有待进一步改进。卡塞格林望远系统是法国科学家卡塞格林设计出的新型系统,平行于主轴的光射入系统之后,在凹面(抛物面)镜反射,反射后的光线再经过双曲面的副镜进行反射,透镜使得反射后的光平行射出系统。在实际生产过程中,为了使光线通过主镜,成像于主镜的后面,会在镜子的中间开一个小孔。该系统的尺寸小,两个镜片的场曲相反,会使视场扩大;但是此系统不能单独使用主镜的焦面,不能随便更换副镜。

在反射式光学系统中,两镜系统有重要的应用,经典的两镜系统有卡塞格林望远系统和格里高利望远系统。卡塞格林望远系统中,主镜是凹面抛物面,次镜是凸面双曲面。卡塞格林望远系统和格里高利望远系统只消除了球差,而轴外像差没有校正,使用上受到一定限制。为此,卡塞格林提出了主镜和次镜都采用双曲面的结构,使球差和彗差同时得到校正的改进型卡塞格林望远系统,由 Ritchey 实现,故称为 R－C 系统光路结构。图 5.10 给出了一组工作在可见光波段,全视场 $2\omega = 1°$ 的卡塞格林望远系统初始结构,其焦距为800 mm,系统总长 290 mm,可以通过优化曲率半径、厚度和圆锥系数,来提高系统成像质量。其光学系统建模过程可参考 ZEMAX 手册,此处不赘述。

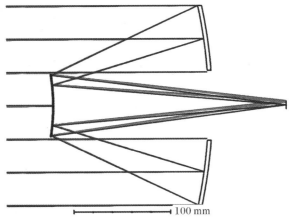

100 mm

图 5.10　ZEMAX 软件中 R－C 光学系统结构

5.5.2　施密特光学系统设计

施密特光学系统具有视场大、像质好等优点,是应用最广泛的折反射式光学系统之一。1931 年德国科学家施密特发明了施密特光学系统,该系统由球面反射镜和一块接近平行平板的非球面校正镜组成,且该校正镜位于球面镜球心附近。非球面的面形能够使中央光束略有会聚,而边缘光束略有发散。校正板放在球面反射镜的球心,这样能使整个系统的球差得到很好的校正,且主镜不产生彗差、像散和畸变,仅有场曲。但是,折反射式施密特光学系统不能实现目视功能,在科普天文望远镜中甚少使用。我国自主研制的大口径大视场 LAMOST 望远镜属于反射式施密特光学系统,安置于国家天文台兴隆观测站,该系统由 4 m 口径的非球面主反射镜和球面镜组成。此外,我国也提出了离轴全反射式施密特光学系统,该系统由离轴非球面主镜和球面镜组成,非球面镜位于球面镜球心,系统筒长较长,离轴非球面也较难实现加工,对于低成本的天文望远镜也很少使用。图 5.11 所示为全视场 $2\omega=7°$,焦距为 250 mm,系统总长为 520 mm 的施密特光学系统二维结构。

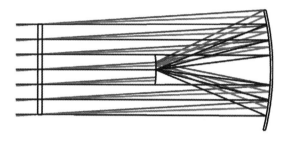

⊢——————200 mm

5.11　ZEMAX 软件中施密特光学系统的二维结构

5.5.3　三反射镜光学系统

在空间对地遥感领域中,无论是军事还是民用领域对光学系统的要求都越来越高。当工作轨道高度和探测器尺寸一定时,增大焦距可以提高对地面像元的分辨率。但是,焦距增大时,系统的尺寸也将随着增大,对航空航天产品非常不利。因此,如何在既增大焦距又保证成像质量的条件下尽量减小系统体积是目前空间光学研究的热点问题之一。在大孔径的系统中,折射系统需要采用特殊的材料和结构来消除二级光谱色差,而反射系统不产生色差,孔径可以做得较大,且宜于轻量化。由于双反射镜系统不能满足大视场、大相对孔径的要求,因此人们又引进了三反射镜光学系统。共轴三反射镜光学系统在大视场的情况下,中心遮拦过大,影响了进入系统的能量,同时也降低了光学系统的分辨率,采用非共轴三反射镜光学系统能够解决中心遮拦问题。图 5.12 所示为全视场 $2\omega=10°$,焦距为 670 mm,系统总长为 690 mm 的离轴三反射镜光学系统的二维结构。

此外,近些年,还有例如离轴四反射镜光学系统等结构逐渐出现在人们的视野。此外,除了传统光学设计方法,人工智能方法,例如机器学习等也逐渐引入非球面、自由曲面的光学系统设计中。人们利用深度神经网络的数据分析、特征提取和做决断等独特优势,可以探索自由曲面光学系统在设计理论模型、加工和检测技术等方面新的理论方法和技术途径。

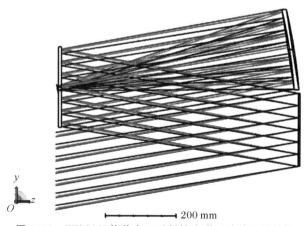

⊢——————200 mm

图 5.12　ZEMAX 软件中三反射镜光学系统的二维结构

5.6 光学自由曲面

5.6.1 光学自由曲面发展概述

成像光学系统是各种时空信息感知装备与仪器的"眼睛",在日常生活中无处不在。随着科学技术的发展与进步,人们对成像光学系统的要求也越来越高,体现在:

(1)要求光学系统在获得优良像质的同时,向大视场、大孔径、宽波段等方向发展,以满足不同任务的需要。

(2)要求光学系统元件数量更少、体积更小、质量更轻。

(3)针对某些具体应用,光学系统需要实现特殊的成像功能,例如环景变焦、像面平移和旋转等。

(4)为消除系统的光线遮拦或者实现特殊的、紧凑的系统结构,系统经常会使用偏心倾斜元件。

光学系统需要校正由此引入的各种非常规像差。然而,传统可供光学设计使用的球面以及非球面自由度较小,且结构不灵活,难以满足上述设计要求。因此,成像光学系统设计迫切需要使用新型复杂自由曲面,即光学自由曲面。

自由曲面具有能够针对性地校正光学系统的各类像差、增大景深、扩大视场、提升光学系统性能、优化系统结构、使系统具有灵活的空间布局等优势,满足现代光学系统高性能、轻量化和小型化的发展要求。自由曲面在新型光学系统发展和应用中具有革命性意义,尤其是在一些特殊应用领域,如国防、军事、航空航天以及其他特殊工程等领域中都体现出了重要应用价值,因而已成为各国重点研究和发展的方向,并受到越来越多的关注。

早在 1954 年,Alvarez 使用自由曲面发明了用于眼科的变焦镜头。然而,直到 2004 年,罗彻斯特大学 K. P. Thompson 等才首次在光学领域正式提出了"自由曲面"的概念。自此,国内外高校、研究机构等对自由曲面光学的研究如火如荼,推动了其理论和技术的快速发展。自由曲面结构复杂且具有一定的不对称性,其设计需要复杂的数学推导和大量的计算,传统像差理论也不再适用。因此,设计具有良好像质的自由曲面光学系统是一项烦琐而复杂的任务,需要大量的人力,且要求光学工程师有丰富的设计经验。近年来,国内外关于自由曲面设计方法和像差理论的研究层出不穷。

5.6.2 常见自由曲面方程

自由曲面成像光学系统设计的关键之一就是选择合适的数学描述。应用于照明系统设计等非成像领域的自由曲面经常使用离散数据点直接进行面型描述,但是由于自由曲面成像系统设计过程中通常需要对像质进行优化(通常是多参数优化),且对成像质量以及光线追迹的速度与精度等有很高的要求,如果直接采用大量的离散数据点进行面型描述,并将离散点作为优化变量,会造成优化设计极为复杂且困难。所以成像系统设计中的自由曲面通常采用有具体数学表达式的面型。

1. 常 规 面 型

自由曲面成像系统设计的常规面型包括超环面、变形非球面和 XY 多项式自由曲面。超环面分为 X 超环面和 Y 超环面两种,其中,X 超环面的生成方法是先在 XOZ 平面内生成一条曲线(该曲线与非球面表达样式相似,只是去掉了 y 项),再将此曲线绕与 X 轴平行并与其相距 $1/c_y$ 的轴旋转得到曲面。X 超环面关于与 X 轴相距 $1/c_y$ 的轴旋转对称,关于 XOZ、YOZ 平面对称,且在 x、y 两个方向的曲率不同。超环面可以提供的设计自由度较少。X 超环面的表达式为

$$z = \frac{c_y y^2 + S(2 - c_y S)}{1 + \sqrt{(1 - c_y S)^2 - (c_y y)^2}} \tag{5-46}$$

式中:$S = \dfrac{c_x x^2}{1 + \sqrt{1 - (1 + k_x) c_x x^2}} + \displaystyle\sum_{i=2}^{p} A_{2i} x^{2i}$;$k_x$ 为 x 方向的圆锥系数。

变形非球面也被称为复曲面,在弧矢与子午平面内有不同的曲率和二次曲面系数,且在 x、y 两个方向上都是呈非球形的。变形非球面没有旋转对称性,但它关于 XOZ 和 YOZ 平面对称。

变形非球面的表达式为

$$z = \frac{c_x x^2 + c_y y^2}{1 + \sqrt{1 - (1 + k_x) c_x^2 x^2 - (1 + k_y) c_y^2 y^2}} +$$
$$\sum_{i=2}^{p} A_{2i} \left[(1 - B_{2i}) x^2 + (1 + B_{2i}) y^2 \right]^i \tag{5-47}$$

XY 多项式曲面是通过在二次曲面基底上添加 x 与 y 的各阶幂次项得到的。该曲面没有旋转对称性,面型描述简单、设计自由度高、校正像差能力强且与光学曲面数控加工的形式一致,目前的应用较为广泛。但此类曲面缺乏正交性,且各单项式与光学检测中使用的像差没有直接的关联。XY 多项式曲面表达式为

$$z = \frac{c(x^2 + y^2)}{1 + \sqrt{1 - (1 + k) c^2 (x^2 + y^2)}} + \sum_{i=0}^{p} \sum_{j=0}^{p} A_{i,j} x^i y^j, \quad 1 \leqslant i + j \leqslant p \tag{5-48}$$

2. 正 交 面 型

自由曲面面型中的正交面型描述主要有 Zernike 多项式曲面、Q 多项式自由曲面等。Zernike 于 1934 年提出 Zernike 多项式曲面。Zernike 多项式的基函数在单位圆域内是连续正交完备的。特别地,Zernike 多项式中各项与光学检测中的像差形式对应,并且正交性的存在使得各种像差系数与拟合使用的项数无关,以上性能使其被广泛应用于分析光学表面偏差和波像差。目前自由曲面成像系统的矢量像差理论主要是讨论 Zernike 多项式面型项引入的像差。使用 Zernike 多项式曲面进行光学设计有利于依据矢量像差理论有针对性地对系统的像差进行校正。Zernike 多项式主要有两种形式,一种是标准 Zernike 多项式,另一种是条纹 Zernike 多项式。二者的不同仅存在于各项的排序上。在成像光学设计中使用的 Zernike 多项式曲面通常是在二次曲面基底上添加极坐标形式的 Zernike 多项式。Q 多项式自由曲面是由美国 QED 公司的 Forbes 提出的一种自由曲面,它是由 Forbes 提出的旋转对称 Q 多项式曲面(包括 Qbfs 多项式曲面以及 Qcon 多项式曲面)发展而来的。它的面型系数可以直接用来表征曲面相对于最佳拟合球面的矢高偏差梯度,可以用于自由曲面

的公差分析,使光学设计和加工检测难度的评价可以同时进行,从而避免了设计后再进行加工评价的烦琐过程。极坐标系下的 Zernike 多项式自由曲面表达式为

$$Z(\rho,\theta) = \frac{cr^2}{1+\sqrt{1-(1+k)c^2r^2}} + \sum_{i=1}^{N} z_i Z_i(\rho,\theta) \tag{5-49}$$

式中:$Z(\rho,\theta)$ 为光学表面的矢高量;c 为曲率半径;k 为圆锥系数;r 为光轴方向半径高度;$\sum_{i=1}^{N} z_i Z_i(\rho,\theta)$ 为 Zernike 多项式;z_i 为 Zernike 多项式系数。前 9 项条纹 Zernike 多项式与赛德像差的关系见表5.2。

表 5.2　前 9 项条纹 Zernike 多项式与赛德像差的关系

项 数	Zernike 多项式		对应的赛德像差
	一般坐标下	极坐标下	
1	1	1	常数
2	x	$\rho\cos\theta$	X 轴倾斜
3	y	$\rho\sin\theta$	Y 轴倾斜
4	$2(x^2+y^2)-1$	$2\rho^2-1$	离焦
5	x^2-y^2	$\rho^2\cos2\theta$	0°像散
6	$2xy$	$\rho^2\sin2\theta$	45°像散
7	$[3(x^2+y^2)-2]x$	$(3\rho^3-2\rho)\cos\theta$	X 轴倾斜彗差
8	$[3(x^2+y^2)-2]y$	$(3\rho^3-2\rho)\sin\theta$	Y 轴倾斜彗差
9	$6(x^2+y^2)^2-6(x^2+y^2)^2+1$	$6\rho^4-6\rho^2+1$	球差

3.局部面型控制的自由曲面

对于以上介绍的几种面型,调整曲面方程中的任一参数都会造成所有位置处矢高和其偏导数的改变。与此相对应的是可以实现局部面型控制的自由曲面,主要有径向基函数自由曲面(典型的径向基函数如高斯基函数)以及 NURBS 等。径向基函数自由曲面通过在二次曲面基底上添加径向基函数项得到。在某个径向基下的某一点处的函数值仅与该点到径向基中心处的径向距离有关,因此径向基函数曲面是一种局部面型可控的自由曲面。径向基函数自由曲面表达式为

$$z = \frac{c(x^2+y^2)}{1+\sqrt{1-(1+k)c^2(x^2+y^2)}} + \sum_{i=1}^{N} \omega_i \varphi(\parallel x-C_i \parallel) \tag{5-50}$$

NURBS 通过控制顶点网络、基函数以及各点的权重来描述曲面,是一种参数化的描述曲面的方式。它是国际标准化组织颁布的工业产品的数据交换标准中,定义工业产品几何形状的唯一数学方法。调节 NURBS 的每一个控制点或者其权重,只影响该点附近的面型,因而 NURBS 也是一种局部面型可控的自由曲面。NURBS 的性质优良,在照明领域已得到成功应用。但是其变量数太多使得其光线追迹极为复杂,追迹时间长、难以优化,目前在成像领域中的应用较少。总体上讲,有局部控制能力的面型相较于只有全局控制能力的面型,可以实现不同区域的面型局部修正并可以实现系统不同视场光束相对独立的控制,但光

线追迹可能更为复杂、优化难度更大。NURBS 面型表达式为

$$S(u,v) = \frac{\sum\limits_{i=0}^{n}\sum\limits_{j=0}^{m} N_{i,p}(u)N_{j,p}(v)\omega_{i,j}P_{i,j}}{\sum\limits_{i=0}^{n}\sum\limits_{j=0}^{m} N_{i,p}(u)N_{j,p}(v)\omega_{i,j}} \tag{5-51}$$

和

$$\left.\begin{array}{l} N_{i,0}(u) = \begin{cases} 1, & u_i \leqslant u \leqslant u_{i+1} \\ 0, & \text{其他} \end{cases} \\[12pt] N_{i,p}(u) = \dfrac{u-u_i}{u_{i+p}-u_i}N_{i,p-1}(u) + \dfrac{u_{i+p+1}-u}{u_{i+p+1}-u_{i+1}}N_{i+1,p-1}(u), \quad p \geqslant 1 \end{array}\right\} \tag{5-52}$$

总体来说,光学自由曲面的表征方法可以分为离散点拟合描述方法和多项式组合描述方法,二者优缺点见表 5.3。

表 5.3　自由曲面描述方法的优缺点对比

表征方式		优点	缺点
离散点拟合描述法	B 样条	局部控制能力强	精度不高
	非均匀有理 B 样条	局部控制,可微性	精度不高,拟合复杂
多项式组合描述法	可变非球面	具有面对称性	非对称像差校正能力不足
	XY 多项式	自由度高,既可是面对称也可是完全非对称	非正交多项式
	Q 多项式	加工可控性	面型复杂,计算量大
	径向基函数	局部表征能力强	非正交,理论不足
	Zernike 多项式	与赛德尔像差相对应,正交多项式	可移植性不强

5.6.3　自由曲面初始结构设计方法

传统球面或者非球面光学系统的设计起点一般是基于理想光学系统计算或者选取一个已有结构作为初始结构,然后在此初始结构的基础上基于像差理论进行后续优化设计,从而得到最终结果。对于基于自由曲面的成像光学系统设计,也可以采用"初始结构+后续优化设计"的基本思路。然而,目前自由曲面光学系统面临计算量很大,设计难度较大并且初始结构很少的问题,因此,在"初始结构"选取和"后续优化"两方面都面临着新的困难与挑战,需要探索并使用新型的、更有效的设计方法。

基于传统思路的自由曲面成像系统初始结构生成方法主要有两种:一种是根据系统设计要求,例如结构要求、曲面数量要求、系统参数要求等,从专利库中或者已有系统中寻找大致匹配的系统作为初始结构;另一种是根据系统设计要求,基于理想光学系统及初级像差理论求解初始结构,然后以得到的初始结构为起点,建立相应的约束条件和评价函数,不断调整曲面的面型参数以及偏心倾斜等,通过逐步优化得到最终设计结果。以上设计思路可以用于完成实际自由曲面成像系统设计任务。

然而,自由曲面成像系统大多呈非对称或者特殊结构,并且自由曲面系统使用的元件个

数一般比实现同等参数的球面或者非球面系统所使用的元件个数少很多。此外,自由曲面光学系统常用于大视场、大孔径、小 F 数等远优于传统系统所能实现的系统参数,或者实现一般系统难以实现的功能。在很多情况下,设计者很难从专利库或者从已有系统中找到在系统结构、参数与功能上与设计要求接近的系统,作为自由曲面系统设计的初始结构。如果以一个与设计要求相差较远或者像质极差的初始结构为起点进行后续优化,对设计经验的依赖较大,且设计工作的时间成本与人力成本可能较高。以同轴系统为起点的系统设计也可能有相同的问题。综上所述,自由曲面成像系统设计面临初始结构无可借鉴,即"无初始结构"的难题。针对此问题,研究者开展了大量的相关研究工作,目标都是更好、更快、更直接地得到满足一定设计要求的初始结构。

自由曲面成像系统初始结构的新型设计方法可以大致分为 3 类,即基于光线逐点直接调控的数值求解方法、基于像差理论的设计方法以及基于机器学习的设计方法等。下面介绍 3 类方法的基本思路,具体不再详细展开,读者可查阅相关文献。

(1)基于光线逐点直接调控的数值求解方法。基于光线逐点直接调控的数值求解方法大多数是:根据系统成像与结构要求,通过数值求解方法逐点求解自由曲面上的点,并通过拟合得到待求自由曲面,由此得到供后续优化使用的初始结构。此方法又主要包括微分方程法、多曲面同步设计方法,以及基于逐点构建与迭代的设计方法等。图 5.13 为采用偏微分方程法设计光学自由曲面的原理,对入射光线和出射光线的方向向量和自由曲面上任意一点的特征参数建立微分方程组,当入射光线和出射光线确定时,就可以求解该点的特征参数。

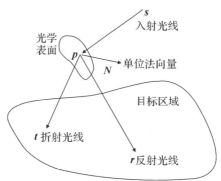

图 5.13　偏微分方程法设计光学自由曲面的原理

(2)基于像差理论的设计方法。此类方法目前多用于离轴反射式系统设计中。该类系统的传统设计思路有两种:第一种是先根据近轴光学理论和初级像差理论设计一个同轴球面或者二次曲面系统,然后单独或者综合使用视场离轴、孔径离轴、倾斜曲面等手段消除光线遮拦,并以此为初始结构开展后续优化;第二种方法是直接使用球面或者二次曲面组成的离轴消遮拦系统,作为供后续优化的初始结构。然而,当系统中的元件发生偏心倾斜时,如果不对系统结构与面型进行控制,就会引入大量非常规像差,这不利于后续优化。此时可以借助于像差理论,引导设计者设计像差较小的无遮拦初始结构,或者指导系统结构选型。

(3)基于机器学习的设计方法。成像光学系统设计,尤其是自由曲面系统设计,在各个环节都需要大量的人工参与,且每次设计仅得到一个孤立的解,只能满足当前的设计要求。单次设计任务难以利用以往的设计结果。对于不同的设计任务,设计人员需要进行大量重复劳动,会耗费大量人力与时间,并且不利于非专家进行相关的设计工作。近年来,人工智能和机器学习已经被应用于许多领域,包括光学和光电子领域。如果将机器学习与人工智能和光学设计,尤其是自由曲面光学设计结合起来,开展基于机器学习的自由曲面成像系统设计,可以有效降低设计难度、减少人工参与,产生的接近或者超过人工设计水平的系统有重要的应用前景。

对于某一种结构类型的系统,可以在一定的系统参数范围内,例如系统参数可选取视场角、入瞳直径等,生成大量的系统参数组合,采用一个特殊的系统进化策略,得到对应系统的曲面参数,例如自由曲面空间位置以及面型参数。将系统参数和对应的曲面参数分别作为训练样本中的输入部分和输出部分,作为机器学习标签,使用监督学习模式对神经网络进行训练。得到神经网络后,对于一个设计任务,只需输入其系统参数,即可得到满足一定要求的曲面参数,作为供后续优化的良好的初始结构,从而实现对初始结构的快速建模。该方法有效降低了自由曲面成像系统设计对人工参与和设计经验的依赖程度,光学设计初学者也可以上手设计。

5.6.4　自由曲面优化设计方法

除了"初始结构无"的问题,自由曲面成像系统的优化设计还面临着"优化设计难"的问题。成像光学系统的优化一般是在已有初始结构的基础上,把系统中的结构参数(例如曲面的位置、各曲面之间介质的材料参数、曲面的面型参数等)设为变量,基于系统像质和约束条件建立评价函数,并通过多参数优化完成。典型的优化算法包括阻尼最小二乘法、适应法等。自由曲面成像系统结构复杂,系统参数较多,系统的非对称结构以及非旋转对称面型导致传统像差理论不再适用;而自由曲面面型描述中的变量个数远多于传统球面以及非球面的变量个数,优化模型复杂,光线追迹速度慢;系统整体的非对称性又要求在优化过程中抽取更多的视场和光线,导致优化时间显著延长。在成像系统设计中使用自由曲面是一把"双刃剑",虽然能大幅提升系统设计的潜力,但是也可能为成像系统设计带来很多困难。传统的针对同轴球面系统的优化设计方法策略等可能不再适用,需要针对复杂自由曲面成像系统设计建立合适、新型的优化策略与算法,来对优化设计过程进行指导,保证设计高效、顺利地进行。整体上来讲,自由曲面成像系统的优化应该遵循一种渐进式的策略,这也符合光学设计的一般思路。

5.7　基于光学自由曲面的光学系统应用举例

基于光学自由曲面的光学系统应用,在国际上的典型代表有:罗彻斯特大学 G. W. Forbes 等提出了采用新的正交多项式集进行自由曲面表征的方法;马德里理工大学 J. C. Miñano 和布鲁塞尔大学 F. Duerr 等研究了多曲面设计方法及其在成像系统中的应用;麻省理工学院 M. P. Chrisp 等采用非均匀有理 B 样条实现了自由曲面设计,并研制完成了一款离轴三反消像散光谱仪;罗彻斯特大学 A. Bauer 等提出了基于应用光学的自由曲面光学设计方法,基于其像差场理论研究,设计了电子取景器;罗彻斯特大学 K. Fuerschbach 等和加州理工学院 J. Chung 等分别提出了自由曲面光学系统的一般像差场理论和一种广义的自由曲面光学系统像差校正方法;亚利桑那大学 R. Liang 等基于自由曲面理论设计了含有表面信息的光线映射照明系统。国内的相关研究组在自由曲面研究方面也取得了丰硕的成就,典型代表有:北京理工大学杨通提出了基于构造迭代法的自由曲面光学系统设计,研究了自由曲面重叠在偏心和倾斜的光学表面上产生像差场,此外,他们团队还研制了基于几何波导和自由曲面的超薄近眼显示器和非对称成像光学器件。长春光机所 Q. Meng 等研究了自由曲面扩展面型和视场,并设计了具有超宽视场的离轴三镜系统。清华大学金国藩院士团队研究了自由曲面像差理论并研制了基于自由曲面的离轴反射成像系统。此外,浙江大学吴仍茂等研究了照明系统中的自由曲面,并将其应用于非成像光束调控及高效节能照明和聚光光伏领域,使得光学系统结构紧凑、照明高效,眩光效应减少。

自由曲面具有的众多优势也推动着其快速发展和广泛应用。例如:美国航天局 J. Howard 等在三反射望远系统中采用自由曲面实现了像散校正;法国国家空间学院 C. Luitot 等为 MetOp-B 型卫星研制了含有 Zernike 多项式自由曲面的红外大气探测器干涉仪;德国耶拿大学 M. Beier 等为欧空局研制了自由曲面傅里叶变换红外光谱仪;布鲁塞尔大学 F. Nie 等使用自由曲面设计了一款折反式超短焦投影系统;法国马赛大学 W. Jahn 等设计了自由曲面大空间望远镜。此外,自由曲面还应用于增强现实显示器、角膜成像系统、光谱仪等特殊工作环境的光学系统中。此处不再展开论述,读者可查阅参考文献。

随着电子与计算机技术的发展,头戴显示系统作为一个多学科交叉的设备,在现代教育、医疗、娱乐和军事训练等领域具有广泛的应用,使得佩戴者能够与虚拟数字世界进行互动。此外,头戴显示系统还能够将现实世界信息与虚拟数字世界进行有机融合,增强用户的真实感和立体感。当前,用于头戴显示系统设计的光学元件主要分为全息元件、光波导器件和自由曲面光学元件。随着自由曲面光学技术的不断发展,头戴显示系统已广泛利用光学自由曲面进行设计。小型化、轻量型和结构紧凑是当前头戴显示系统的发展趋势,以满足实际使用的物理特性要求。此外,大出瞳直径和小 F 数也是高性能头戴显示光学系统的必然要求。自由曲面棱镜作为头戴显示光学系统设计中的一个典型结构,能够满足上述需求。然而,单个自由曲面棱镜难以实现宽波段成像,需要结合其他补偿元件来平衡色差。离轴反射式头戴显示光学系统不仅可以满足头戴显示系统要求的物理特性和光学性能,还能够实现宽波段成像,是头戴显示光学系统设计中的一种重要结构。

第6章 红外成像光学系统

6.1 红外成像概述

红外光学系统最初来源于军事武器装备的需求,是根据热辐射成像的,因此也称为热红外光学系统,其基本功能是接收和聚集目标所发出的红外辐射并传递到探测器,从而产生电信号。红外光学系统与普通可见光光学系统在设计上的区别主要在于光学材料。热红外光学系统的设计应该满足要求:①小尺寸,由整机尺寸要求确定;②具有尽可能满足要求的相对孔径;③有确定的视场角;④在所选波段内具有最小的辐射能损失;⑤在各种气象条件下或者在振动和抖动条件下具有稳定的光学性能,由系统具体应用确定。

红外成像光学系统是实现高像质红外成像的重要环节。与可见光成像光学系统相比,红外成像光学系统的实现更复杂也更困难。红外辐射的波长比可见光的大一个数量级,容易发生衍射;此外,红外光学材料的折射率大且种类较少,用不同材料组合进行光学像差校正的选择范围小。因此,对红外成像光学系统与元件面形的设计与加工要求更高。

红外波段的辐射能量与可见光波段的辐射能量相差几个数量级,为获得足够多的红外辐射能量,红外热成像系统需要采用大孔径成像光学系统。一般而言:红外/热成像系统需要观察远距离(例如 5 000 m)的场景,因此需要采用长焦距(例如 200 mm)的光学系统;为控制红外辐射的衍射,红外成像光学系统的相对孔径需要取较大值(例如 F 数取值 $1\sim4$),典型可见光相机镜头的 F 数取值 $1\sim22$。

第一代热成像技术的发展,产生了基于光机扫描成像的红外光学系统,特别是产生了基于锗材料光学元件的长波红外光学系统。

第二代红外/热成像技术发展,除产生了中波红外、短波红外成像仪对红外成像光学系统的新需求,还产生了非制冷热像仪对红外成像光学系统的新需求,因此,发展了新的红外光学材料、红外光学元件的设计、加工方法,丰富了红外成像光学系统的内容。

目前,红外探测器正在向第三代红外焦平面探测器发展,超过百万像素,探测元尺寸减小至 8 μm 甚至 5 μm,热灵敏度提高至 mK 级,获取的信息维度增加了光谱维(双/多波段)、偏振维(4 个偏振态)等。第三代红外焦平面探测器技术的新特点,导致第二代红外成像光学系统的技术不能很好地满足、甚至不能满足第三代红外/热成像系统的成像要求。换言之,第三代红外焦平面探测器对用于第三代红外/热成像红外的光学系统提出了新要求。

6.2 红外成像技术基础

6.2.1 红外波段和大气窗口

电磁波在大气中传输时,随波长的不同会有不同程度的衰减。在可见光波段,引起电磁波衰减的主要因素是分子散射;在紫外、红外与微波区,引起电磁波衰减的主要因素是大气吸收。按与可见光波段的距离,可以分为3个范围,即近红外波段、中波红外波段和长波红外波段。图 6.1 为海平面高度为 1.8 km 的空气水平距离处的大气的光谱透过率曲线。

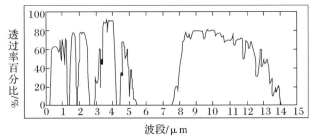

图 6.1 大气透过率窗口

(1)0.7~1.1 μm 为近红外成像光谱区。该波段除了不能被人眼直接观察外,其成像所需要的光学材料、探测器类型与可见光基本相同。低亮度电视、像增强器、星光望远镜、夜视镜以及许多数码相机的红外拍摄功能基本都在该波段工作。从光学应用上,绝大部分为人造光源,典型的有半导体激光光源和 LED 光源,过去曾用红外线灯。使用的大部分光学材料包括光学玻璃、光学塑料和光学晶体,都具有较高的透过率,可以用作光学元件材料。CCD 的光敏感范围逐渐向近红外的长波方向拓展,普通 CCD 和增强型 CCD 可以直接应用。此外,其光学系统设计与可见光波段相同,但仍然需要考虑系统透过率。

(2)1.1~2.5 μm 为短波红外,主要用于探测地表物体的反射,可以获取土壤类型、水体特性、植被分布及军事装备、军队部署等信息。由于水蒸气在 1.38 μm 和 1.87 μm 附近有较强的吸收,因此该波段通常分为 1.40~1.90 μm 和 2.00 ~ 2.50 μm 两个窗口,其中 1.55~1.75 μm 透过率较高,白天夜间都可应用。在此波段,普通光学材料不能使用,需要使用光学晶体和其他红外材料。另外,专门的接收器,也需要采用提高接收器件信噪比的措施,该波段光学系统的处理,与中波和长波光学系统处理相似,不同于近红外波段。

(3)中波红外覆盖范围为 3~5 μm,包含地物反射及发射光谱,可用于探测森林火灾、飞机尾喷气流、爆炸气体等高温物体的辐射光谱特征。由于二氧化碳在 4.3 μm 附近有较强的吸收,所以该波段通常分为 3~4.2 μm 和 4.3~5.0 μm 两个窗口,其中后一个窗口由于受太阳闪烁的影响较小而得到更多应用。光学系统设计需要专门的红外材料,也需要专门的红外接收器件,并需要采取相关措施提高系统的信噪比。

(4)长波红外覆盖范围为 8~14 μm,属于地物(包括人造物)的发射波谱、常温下地物辐射光谱最大值对应的波长是 $9.7\ \mu m$,可见此窗口是常温条件下地物热辐射能量最集中的波段,所探测的信息主要反映地物的发射率及温度,与中波红外波胆不同,此波段辐射来自常温物体。这是实现电器设备监控、昼夜战场侦察、导弹寻的等任务的主要工作波段,并且也是多种化学物质的特征吸收光谱所在区,可用于生化物体的探测。光学材料和光电探测器件的选取不同,通常以 $8 \sim 11\ \mu m$ 或者 $8 \sim 12\ \mu m$ 作为工作波段。与中波红外波段光学系统设计相同的是,光学系统设计需要专门的红外材料,也需要专门的红外接收器,并需要采取相关措施提高系统的信噪比。

中波红外和长波红外有时也称为第一和第二热成像波段,应用非常广泛。根据黑体辐射曲线,地面上的物体在长波红外波段会辐射出更多的能量,而且对一个确定的目标背景温差,长波红外的辐射度比在中波红外大约高 10 倍,因此长波红外得到了更多的关注。但是,大面阵长波红外凝视光子探测器阵列制作比较困难,而大规格、价格较低的大面阵中波红外凝视光子探测器阵列相对容易制作。因此这两个波段各有其优缺点,在特殊需求光学系统中,有时候也会要求两个波段同时成像。

6.2.2 红外光学材料的选择与使用

红外光学材料是指在红外成像与制导技术中用于制造透镜、棱镜、窗口、滤光片、整流罩等的材料。这些材料具备满足需要的物理及化学性质,即主要指标为良好的红外透明性与较宽的透射波段。一般来说,红外光学材料的透过波段和透过率与材料内部结构,特别是能级结构及化学键有密切关系。了解红外光学材料的性质,对设计和制造红外光学元件乃至红外系统本身都是十分重要的。例如,经常用来制造红外透镜的锗材料却不适宜用来制造导弹的整流罩,因为它的硬度小,软化点低,透过率随温度上升而急剧下降,不符合整流罩的要求。

(1)红外光学材料的主要性能。对红外光学材料,应当考虑其一系列的光学性能和理化性能,光学性能包括:①光谱透过率和随温度的变化;②折射率和色散以及随温度的变化;③自辐射特性。其理化性能包括:①机械强度和硬度;②密度;③热导率和热膨胀系数;④比热;⑤弹性模量;⑥软化温度和熔点;⑦抗腐蚀、防潮解能力。

红外光学材料最重要的性质之一就是它的光谱透过率。任何光学材料都只有在某一个或者几个波段内有较高的透过性能。所选择的光学材料首先要在所使用的光谱区域内具有良好的透过性,同时折射率和色散是红外光学材料的另一重要特性。不同的用途,对折射率有不同的要求。例如:用于制造窗口和整流罩的红外光学材料,为了减少反射损失,要求折射率尽可能低一些;用于制造高放大率、大视场角光学系统中的棱镜、透镜及其他光学部件的材料则要求折射率高一些,例如浸没透镜的光学增益与折射率成正比。有时为实现消色差或者其他像差,需要使用不同折射率和色散的材料做成复合透镜,尽可能校正光学系统中的像差。同时光学材料的机械强度和硬度、抗腐蚀、防潮解能力等化学稳定性对其实际使用也有重要的意义,在光学系统的实际设计中必须兼顾。

(2)红外光学材料的特点。在近红外波段的远波和中波,都使用特定透过率高的光学材料;中波红外和长波红外光学材料稀少,能够同时用在两个波段的光学材料更少。红外光学材料具有如下特点:

1)红外材料不仅种类有限,而且价格昂贵,一般每千克价格为几千到几万元。

2)某些材料的折射率温度系数(dn/dt)较大,导致焦距随温度变化较大。如果工作温度范围较宽,那么必须合理选择红外光学材料或者采取必要措施进行补偿。特别地,某些光学材料易碎,加工装配应该小心。

3)某些光学材料易碎,且化学稳定性差,使加工及安装困难,成品率不高。

4)许多光学材料不透明,根据材料和波段的不同而表现出不同的颜色,这些材料在可见光部分看上去发灰、发黑。

5)红外光学材料受热时都会发生自辐射,形成杂散光。

(3)红外光学材料的种类。随着红外技术的迅速发展,目前已能制造出上百种红外光学材料,但常用的只有十余种,可分为5类:玻璃、晶体、热压多晶、透明陶瓷、塑料。

1)红外光学玻璃。玻璃是由熔体经过冷却而获得的一种无定形物质。它是一种非晶体,称为固熔体或者玻璃体。和其他红外光学材料相比,玻璃的优点是光学均匀性好,易于熔铸成各种尺寸和形状的光学元件,玻璃的表面硬度大,易于加工,研磨和抛光。此外,它对大气作用有较好的化学稳定性,其价格亦较低廉。玻璃的缺点是在红外波段中的透射范围较窄,软化点较低,抗热冲击和机械冲击性能差,因而不能在长波和高温下使用。

2)晶体。晶体是目前使用最多的红外光学材料。晶体的优点是:透射长波限较长(有的可达 $70\mu m$),折射率和色散的变化范围大,物理化学性能多样化,因而能满足各种使用要求。不少晶体的熔点高、热稳定性好、硬度大,能满足特殊要求。晶体的缺点是不容易生长大尺寸的晶体,价格昂贵。晶体适合于制造窗口、透镜、棱镜,但只有蓝宝石、融熔石英、硅等少数几种晶体能用于制造整流罩。

3)热压法制备的多晶红外光学材料。与单晶材料相比、多晶材料具有价格低、制备材料尺寸几乎不受限制、可制备大尺寸及多种复杂形状的器件等优点。且由于制备技术的完善,其性能与单晶相差无几。热压法、物理及化学气相沉积法是目前制备多晶材料常用的技术。

一般的多晶体,决定其透射特性的是吸收和散射。吸收可能起因于多晶体元素本身,包括电子吸收和声子吸收,也可能起因于杂质吸收。散射可能由与多晶体本身折射率不同的杂质引起,也可能由微气孔引起。微气孔可能存在于晶粒交界处,也可能存在于晶粒内部。热压或者烧结制备多晶材料的任务就在于用高温高压消除杂质和微气孔的吸收和散射,使多晶材料的光学特性主要取决于多晶体元素本身。

4)红外透明陶瓷。通常的陶瓷,由于结构松散,体内存在大量的微气孔,散射十分严重,所以都是不适用于可见光和红外辐射的。但是,如果在特殊真空条件下热压或者烧结,并在烧结过程中控制晶粒的生长,那么就有可能排除所有微气孔获得高密度的红外透明陶瓷。和热压技术相比,在烧结工艺的消除微气孔的机理中,除范性形变效应外,更主要的还有固相扩散效应,从而最大限度地降低自由能,形成一个稳定的透明陶瓷体。

5)塑料。塑料是一种无定形态的高分子聚合物。它在近红外和远红外有良好的透过率,可制作在较低温度下使用的窗口和保护膜,少数塑料可制作透镜,但不能制作整流罩。塑料是高分子聚合物,分子的振动和转动吸收带以及晶格振动吸收带正好在中红外波段。因此,在中红外波段,塑料的透过率很低。有机玻璃能透过可见光和近红外光,可用作保护眼和窗口。例如,聚乙烯不透过可见光,但对远红外的透过率很高,是一种常温下使用作用的远红外光学材料。

6.2.3　常见的红外光学材料

（1）0.7～2.5 μm 波段的光学材料：其中 0.7～1.1 μm 波段可以使用大部分光学玻璃、光学塑料和光学晶体,但应注意查证透过率,确认后才能使用,大部分 LD（Laser Diode）光源和 LED（Lighting Emitting Diode）光源的近红外系统波长在该范围；1.1～2.5 μm 波段中常用的光学材料包括 SiO_2、ZnSe、ZnS、Cleartran,晶体材料包括 CaF_2、BaF_2 等,其他中波和长波红外波段在该波段透过率很低。

（2）3～5 μm 波段的光学材料：Ge 和 Si 是常见材料,还可以用 ZnSe、ZnS、Sapphire（蓝宝石）,需要注意的是蓝宝石散热性好,硬度高,不能用金刚石车削法加工。

（3）8～12 μm 波段的光学材料：Ge、ZnSe、ZnS、AMTIR1 为常见材料。需要注意的是,若该波段只能用 Ge,则不会产生色差。

有的材料既可以用于中波波段,也适用于长波波段,但用途有区别,根据材料的折射率、色散和透过率等区别,查找特定材料的透过率曲线。常见的红外光学材料的基本特性见表6.1。

表 6.1　常用红外光学材料的基本特性

原　料	折射率	传输范围/μm	密度/(g · cm^{-3})	热膨胀系数 α/(10^{-6} · K^{-1})
BK7	1.516 4(588 nm)	0.330～2.1	2.51	7.5
SF11	1.784 72(588 nm)	0.370～2.5	4.74	6.8
F2	1.620 04(588 nm)	0.420～2.0	3.61	8.2
Fused Silica	1.485 8(308 nm)	0.185～2.5	2.20	0.55
CaF_2	1.399(5.0 mm)	0.170～7.8	3.18	18.85
BaF_2	1.460(3.0 mm)	0.15～12.0	4.88	18.4
Sapphire	1.755(1.0 mm)	0.180～4.5	3.98	8.4
Silicon	3.417 9(10 mm)	1.200～7.0	2.33	4.15
Ge	4.003(10 mm)	1.900～16	5.33	6.1
ZnSe	2.40(10 mm)	0.630～18	5.27	7.8
ZnS	2.2(10 mm)	0.380～14	4.09	6.5
LiF	1.39(500 mm)	0.150～5.2	2.64	37
KBr	1.526(10 mm)	0.280～22	2.75	43
Quartz	$\begin{cases} n_o = 1.542\ 7 \\ n_e = 1.551\ 8(633\ nm) \end{cases}$	0.200～2.3	2.65	7.07

下面介绍几种能够同时应用于中波和长波波段的红外光学材料及其特性。

（1）锗（Germanium,Ge）：是最常见的材料,在两个波段,阿贝数相差一个数量级,在中波时用作负透镜,在长波时用作正透镜；阿贝数高的为正透镜,阿贝数低的为负透镜。

在 8~12 μm 波段，只用 Ge 透镜时不用校正色差；折射率温度系数很大，为 $3.96 \times 10^{-4}\,℃^{-1}$（温度升高时，折射率会增大）；透镜加工可以抛光，也可以车削加工；对于含 Ge 的系统，温度变化时存在像面漂移，必须采用有效补偿方法；电阻率可接收 5~40 Ω/cm，电阻率低，材料易碎，装配时采用胶黏方法（也是晶体材料的普遍问题）。

在高温时，吸收增强，透过率下降，在 200 ℃ 时透过率降至 0，在 80 ℃ 时开始下降。多晶边界处杂质会导致多晶 Ge 材料不均匀，折射率均匀性差；单晶 Ge 为常用材料，但是较贵。

（2）硅（Silicon，Si）：一种与锗相似的晶体材料，国内硅材料在 9 μm 波段吸收强烈，进口硅在 12 μm 波段吸收强烈，主要适用于微波辐射，而不能应用在长波红外谱段。硅的折射率稍低于锗（3.425 5），它对于像差控制仍有足够的优势，此外硅的色散也是相当低的。硅的加工也可用金刚石车削的方法，但难度大，有损车刀，其较常用的加工方法是抛光。用作正透镜时与 Ge 一起构成消色差镜组。

（3）硫系玻璃：与氧化物玻璃相比，其具有较大的密度和较弱的键强，其禁带宽度较小（一般为 1~3 eV），因此具有较宽的光谱透射范围（＞12 μm），其透过波段可覆盖三个大气窗口。折射率温度系数小，硒基硫系玻璃的 dn/dt 平均值为 50×10^{-6}~90×10^{-6}，可用作红外消热差材料；折射率较低（2.0~3.0），折射率色散特性在长波与硒化锌相当，可用作红外消色散材料；可以采用精密模压技术制备红外光学元件，加工成本低。

硒化锌和硫化锌也属于常用红外光学材料的范畴，它们可以采用化学气相沉积或者热压方法得到。硒化锌比硫化锌昂贵，主要适用于对吸收系数要求不高的光学系统。

目前世界范围内的红外硫系玻璃制造商有美国 Amorphous Materials、德国 Vitron Gmbh 和法国 Umicore 公司等。国内硫系玻璃生产的主要单位有宁波舜宇红外技术有限公司、宁波大学红外材料及器件实验室、北京国晶辉公司等。美国 Amorphous 公司现有 AMTIR-1,2,3,4,5,6 和 C1 七种牌号的硫系玻璃，德国 Vitron 公司现有 IG2,3,4,5,6 五种牌号的硫系玻璃，法国 Umicore 公司有 GASIRO-R1,2,3 三种型号的硫系玻璃。目前用于红外光学元件的硫系玻璃往往含砷成分，但随着世界各国环保意识增强和产品标准提高，无砷环保玻璃是今后发展的趋势。硒化锌和硫化锌也属于常用红外光学材料的范畴，它们可以通过化学气相沉积或者热压方法得到。硒化锌比硫化锌昂贵，主要适用于对吸收系数要求不高的光学系统。

（4）氟化钙：可以用来制作红外光学棱镜、透镜以及大口径透镜、窗口等光学元件。它可以消除二级光谱，对谱段复消色有利，但其价格和加工费用稍贵。2002 年，国外能做的氟化钙的最大口径是 170 mm，现在可以做得更大，但价格偏贵。

（5）氟化镁和蓝宝石：仅用于中波红外波段，由于氟化镁折射率低，所以筒长不要求镀抗反射膜（也叫增透膜）。蓝宝石价格昂贵，且非常坚硬，在高温下热辐射非常低。

在 ZEMAX 光学设计软件中，红外光学材料主要在"Infrared"中，还有一些材料在"MISC. AGF""UMICORE""LIGHTPATH""UMICORE""SCHOTT_IRG"玻璃库中，

采用的调用方法为"数据库"→"材料库"→"分类"→"具体玻璃库",图 6.2 展示了"INFRA-
RED.AGF"的界面,可以看到众多光学材料的名称、色散特性等参数。

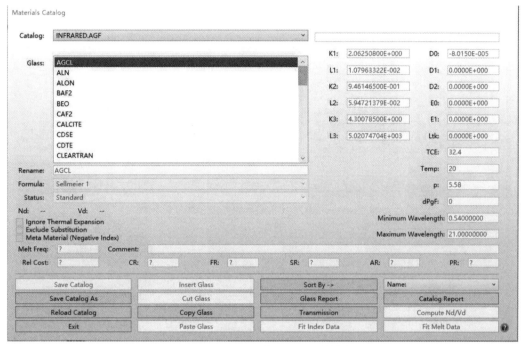

图 6.2　ZEMAX 中 Infrared 材料库

　　一般地,在进行光学系统设计时,考虑到红外材料的特殊性,包括成本、性能稳定性、材
料可获取性等,应尽可能避免选择比较冷门的、少用的光学材料,采用最常见的红外光学材
料设计,可参考 6.2.2 节内容。

6.2.4　红外材料的像差校正优势

　　很多红外透射光学材料都具有较高的折射率,因此,根据光学透镜光焦度计算公式可
知,对于相同光焦度要求,红外光学透镜的曲率半径变小,光线入射角小,因而像差会减小,
如图 6.3 所示,采用不同折射率的光学材料设计了 6 组透镜,孔径均为 25.4 mm,F 数为 2,
且优化目标是每个透镜球差最小。可以看出,随着折射率的增大,透镜变得越来越同心,即
表面曲率越来越小。

　　关于波前像差等设计要求,采用同样的方法能获得同样的结果,在此不赘述。因此,对
于红外光学系统的设计,其结构形式往往要比可见光波段光学系统的设计简单,例如可见光
单透镜很难实现衍射极限的要求,而红外单透镜则很容易实现。图 6.4 为可见光波段下和
红外波段下均采用单个透镜的效果,其设计要求为焦距 100 mm,F 数为 2,为简化设计,均
对轴上物成像,可见光波段采用常见 BK7 光学材料,红外波段采用常用 Ge 材料,采用相同
比例图标,可以看出,红外波段初始结构弥散斑小于可见光波段弥散斑,且光学元件面型更
平坦。

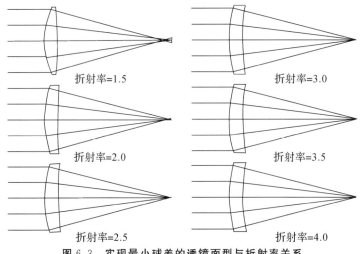

图 6.3　实现最小球差的透镜面型与折射率关系

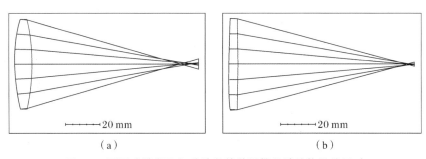

（a）　　　　　　　　　　　　（b）

图 6.4　可见光波段和红外波段的单透镜设计结构及结果对

（a）BK7 材料；（b）Ge 材料

此外，一些红外材料的色散很低，意味着在某些特定情况下不需要进行色差校正，例如，在长波红外波段如果只使用 Ge 材料，则不需要进行色差校正。关于此结论的验证，可以搭建一个简单的实验装置进行，如图 6.5 所示，将一块不同材料制作的色散棱角放置在距离墙面一定距离处，固定光楔角与出射光的关系，然后可以测出不同波段的最终光谱长度，即代表的色散特性。

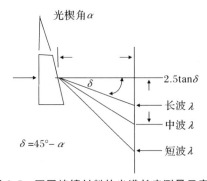

图 6.5　不同棱镜材料的光谱长度测量示意图

综上所述，红外光学材料的使用能够有效降低像差。

6.2.5　红外成像光学系统的特点

红外成像光学系统是指对光波中红外波段进行工作的系统,即接收或者发射红外光波的光学系统。一般来说,红外成像光学系统作为光学系统的一个类别,它和其他光学系统相比,在光能接收、传递、成像等光学概念上没有原则上的区别。但是,由于红外光学系统工作波长在红外区域,又多数以光电探测器作为接收元件,所以有其本身的特点,有别于一般光学系统。

红外辐射的特有性能,使红外成像光学系统具有下列与普通光学系统,特别是目视和照相系统不同的特点。

(1)红外辐射源的辐射波段位于 $1\ \mu m$ 以上的不可见区。普通光学玻璃对 $2.5\ \mu m$ 以上的光波不透明。而在所有可能透过红外波段的材料中,只有几种材料有必需的机械性能,并能够得到一定的尺寸,这就大大限制了红外成像光学系统中所能采用的光学材料的品种,使像差校正特别是色差校正十分困难。因此在红外成像光学系统中多采用非球面或者二元面,以弥补这方面的缺陷。

(2)几乎所有的红外系统都属于光电子系统,它的接收元件不是人眼或者照相底片,而是各种光电器件。因此,相应光学系统的性能、质量,应以它和探测器匹配的灵敏度、信噪比作为主要评定依据,而不是以光学系统的分辨率为主。这是因为分辨率往往受到光电器件本身尺寸的限制,所以相应地对光学系统的要求有所降低。

(3)视场小、孔径大。由于红外探测器的接收面积比较小,所以一般红外成像光学系统的视场不太大,轴外像差通常可以少考虑。同时这类系统对像质要求不太高,而要求具有较高的灵敏度,因此,大多数采用大相对孔径,即小 F 数的光学系统。在一般情况下,由于加工等方面的限制,F 数取 $2\sim3$ 为宜。

(4)常用红外波段的波长为可见光的 $5\sim20$ 倍。这样在系统光孔尺寸比较小时,衍射极限使红外光学系统的分辨率较低。也就是说,要得到高的分辨率的红外光成像学系统,就必须有大的孔径,这使得它的质量重、成本高。

6.3　红外成像光学系统设计

红外成像光学系统的设计,应该考虑辐射特性、光学系统透过率和光学系统自身工作环境等因素,设计过程应该遵循以下原则:

(1)光学系统与目标、大气窗口、探测器之间的光谱匹配。

(2)接收口径、相对孔径尽可能大,以保证系统有高的灵敏度。

(3)系统应对噪声有较强的抑制能力。

(4)系统的形式和组成应有利于发挥探测器的效能。

(5)系统和组成元件力求简单,以减少能量损失。

(6)根据不同要求,选择合适的元件组成所需的系统。

6.3.1 红外探测器

自然界中的任何物体都能产生红外辐射,且不同的物体辐射的红外光谱段也不同,这些光谱段位于特定的波段范围内,属于不可见光波,而红外探测器就是用来接收来自这些特定波段的红外辐射,并且将它们转换为可测量的信号。如何探测红外辐射的强弱是认识红外辐射的重要问题之一。红外辐射照射到某些物体上时,会发生热效应,如温度升高、体积膨胀等。温度和体积的变化可用其他一些办法测得。因此,利用红外辐射的热效应就可以用温度或者体积的变化来度量它的强弱。红外辐射与另一些物体相互作用时,会产生光电效应,即引起物体的电学性质的改变,如电阻降低,产生一个电压信号等。电量是可以测量的,因而利用红外辐射的光电效应就可以根据电量的变化来度量红外辐射的强弱。

红外光学系统的接收器为红外探测器,到目前为止,红外探测器的发展已经历三代:

(1)单元探测器工作在近红外、中波红外及长波红外光谱段的锗掺汞、硫化铅等探测器属于单元探测器,单元探测器是第一代红外探测器,第一代探测器的应用局限性很大,受外界环境的影响,此类探测器的各种性能较差。

(2)扫描焦平面阵列探测器属于扫描焦平面阵列,是第二代红外探测器,相对于单元探测器,第二代探测器的灵敏度及分辨率等特性都较前者高。

(3)凝视焦平面阵列属于第三代红外探测器,相对于前两代,凝视焦平面阵列的空间分辨率、灵敏度等特性参数得到了进一步的提高。

第四代红外探测器所要实现的性能是能同时接收来自两个或者多个红外光谱段的辐射,第四代探测器目前还没有研制出来,正在发展当中。

红外探测技术作为未来的高科技技术,存在以下特点:①通过存在于被测目标与背景间的温度差异,能很好地分辨出伪装目标;②可在阴冷、漆黑等恶劣环境下很好地工作;③相对于雷达探测系统,该系统具有功耗低及质量轻等优点;④红外探测器从必须要在低温条件下才能正常工作,发展为不需要制冷就能正常工作;⑤相对于雷达探测系统,该系统不需要外界条件的辅助就能探测出目标,即隐蔽效果很好。随着红外探测器的不断更新换代,已由刚开始的只能工作于单个光谱段的探测器,向能同时工作于多个光谱段的探测器发展,红外探测器的发展已经历了三代,其各方面的性能也越来越完善。正由于具备上述诸多特点,红外探测技术在各个领域的应用愈加广泛,特别是在军用领域,使用红外探测技术进行昼夜侦察,还能进行红外制导,即通过系统图像识别及跟踪技术,使得导弹越来越靠近被观测的对象,从而在很大程度上提高了系统的命中率。

红外探测器的分类方法很多:比如按照工作波段可以分为近红外探测器、中波红外探测器和长波红外探测器;按照工作环境温度分类可以分为低温探测器、中温探测器和室温探测器;按照探测器单元构成和数量分类可以分为单元探测器、多元探测器和凝视型阵列探测器;按照是否需要制冷,可以分为制冷型和非制冷型探测器。其中制冷型探测器要求放在 $77\ \mathrm{K}(-200\ ℃)$ 的冷环境中,目前高端红外系统常用制冷型探测器,会使光学系统复杂、笨重、成本高,但是探测距离远。非制冷探测器不需要制冷,成本较低,灵敏度高,在进行光学设计时,一般只需要考虑红外光学材料的影响即可,其他可以按照普通光学设计进行。对于光学系统无热化设计要求,常用的是按照是否需要制冷进行选择。

6.3.2　红外光学系统类型

　　根据光线追迹方式,红外光学系统可以分为折射式、反射式和折反式三种类型,随着衍射光学元件的发展和应用,现在红外光学系统设计也常用到衍射光线元件,将其设计在折射表面或者反射表面,构成折衍混合、反衍混合等结构。对于折射式红外光学系统,设计方法按照普通光学系统设计即可,只需要工作波段、光学材料等替换为红外系统参数,但需要注意透过率等的影响;反射式光学系统是只采用反射结构实现系统设计,所有设计的成像工作面均为发射表面,这样能够有效增大系统口径、折叠光路、无色差等,也可以做到更小 F 数,常用结构为卡塞格林望远镜结构、牛顿望远镜结构等。需要注意的是,中心遮拦的处理,会对系统的实现提出一定的技术要求。折反式是将折射式和反射式结构结合,综合二者优势,实现红外成像,一般多在反射结构的基础上,添加施密特校正板或者在像面位置前添加校正组元实现。图 6.6 为 3 种类型的红外镜头结构示意图。将衍射元件应用于传统红外光学系统设计中,在校正系统像差、无热化等方面具有一定优势,此部分不赘述,后文会有实例进行具体介绍。

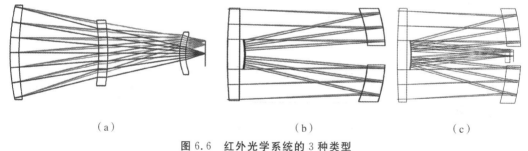

（a）　　　　　　　　　（b）　　　　　　　　（c）

图 6.6　红外光学系统的 3 种类型

(a)折射式结构;(b)反射式结构;(c)折反射式结构

　　另外,根据红外光学系统,按照成像方式可以分为一次成像、二次成像、广角成像、双波段成像、变焦成像等结构。一次成像结构是指光线仅在探测器上成像,不会在光学系统内部成像,这类镜头一般情况下 F 数大于1,视场角小于 $20°$,焦距在 $20\sim200$ mm 之间,结构简单,一般设计不用使用特别复杂的结构或者表面就可以完成。二次成像是指光学系统成像过程存在两个像面,一般由一个成像红外镜头和一个望远镜头组成,能够有效解决系统口径增大、焦距过长的问题。此类系统一般体积较大,可以在实验室等环境应用,不便于外携。若有必要,可以考虑采用折反式结构,这样能够有效解决设计要求和成像性能之间的关系。广角成像,顾名思义,是指红外光学系统的视场角较大的情况。一般地,当视场角大于 $60°$ 时为广角红外镜头,当视场角大于 $90°$ 时为特大广角镜头。此类光学系统一般焦距都较短,且多采用反摄远结构。双波段红外镜头的出现是为了满足光电仪器需要同时对两个波段成像的需求,包括共孔径共光路结构和双光路结构两种,根据成像需求选择,一般使用多重结构完成设计。变焦红外光学系统是指焦距可调的红外镜头,与传统变焦光学系统设计方法类似,只是工作波段、光学材料等选为红外光学系统要求的参数。

6.3.3 红外光学系统设计的信噪比

红外光学系统在传输过程中受到环境介质、光学材料介质、探测器等影响,为满足成像要求,需要特别对信噪比进行计算,信噪比代表最后到达探测器的信号与噪声的比值,可以表示为

$$\frac{S}{N} = (\omega_T \varepsilon_T - \omega_B \varepsilon_B)(\tau)\left(\frac{D^*}{\sqrt{\Delta f}}\right)\left[\frac{\tau d'}{4 (f/\#)^2}\right] \tag{6-1}$$

式中:ω 代表辐射源的辐射出射度,是辐射源在单位表面积向半球 2π 空间发射的辐射功率,是辐射源表面所发射的辐射功率沿表面位置的分布特性;ε 代表辐射系数,相同温度下辐射体的辐射出射度与黑体辐射出射度之比,是波长和温度的函数,还有表面性质有关,$0<\varepsilon<1$;下标 T 和 B 分别代表目标和背景(目标周围环境背景);D^* 代表探测器的比探测率,表示能探测的最小辐射功率值;(τ) 代表大气透过率;Δf 代表探测器的噪声等效带宽,单位为 Hz;τ 代表光学系统透过率;d' 代表探测器单元(cm);$f/\#$ 代表光学系统 F 数。

需要注意的是:式(6-1)的第一个因子与待成像物体有关,表示待成像物体即目标和其周围环境即背景之间的辐射出射度的差值;第二个因子代表光学系统所处的环境如大气、其他介质等的透射比和光学元件的透射比;第三个因子与焦平面阵列相关,等于可探测比与噪声等效带宽的比;第四个因子是探测器尺寸和光学透射比的乘积,分母是 4 倍 F 数的二次方,由于信噪比与其成反比,所以在进行光学系统设计时一定要注意。

对于红外光学系统设计,还需要注意以下问题:①红外光学系统的 F 数不能太大,应该尽可能小;②对于制冷探测器,中波红外波段,F 数可以取到 2;③对于非制冷探测器,F 数必须很小,接近 1,一般要求低于 0.8。

6.4 制冷型红外光学系统设计

6.4.1 光学系统结构

早期的红外热像仪,由于探测器的限制,必须将其放置于盛放有液氮的低温杜瓦瓶中,通过使探测器保持冷却,实现提高探测灵敏度的目的。早期的制冷红外探测器主要以单元、多元器件进行光机串/并行扫描成像。目前虽然已经研制了大面阵凝视型非制冷红外焦平面探测器,不过高性能的红外热像仪,尤其是 $3\sim5~\mu m$ 的红外热成像系统,大部分采用的仍然是制冷探测元件。图 6.7 为红外成像系统使用的典型杜瓦瓶结构,其中红外成像系统和探测器杜瓦瓶结构二者相连。

红外光学系统分为制冷型系统与非制冷型系统两种。与非制冷型光学系统相比,制冷型光学系统采用制冷探测器,探测器一般工作在 80 K 的低温环境中。通过应用挡光环、改变镜筒涂层、对镜筒磨光、探测器局部制冷等方法达到抑制系统自身热辐射的目的。所以制

冷型光学系统具有更高的灵敏度,同时增大了系统的信噪比。因此在对灵敏度与信噪比有严格要求的情况下,制冷型光学系统就越发重要。

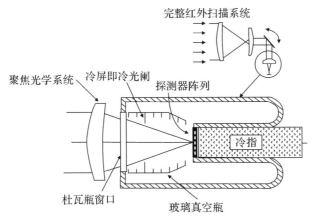

图 6.7　完整红外成像系统(上)和典型探测器杜瓦瓶组件(下)

6.4.2　冷反射及其降低方法

从图 6.7 中可以看出,热成像系统由红外物镜、扫描机构、探测器、电子处理单元和显示器等部分组成。为了使探测器能正常工作,必须将其放在杜瓦瓶内加以冷却。在杜瓦瓶里,制冷探测器处于 $-200\ ℃(77\ K)$ 的液氮环境中,而光学系统和目标温度都在常温环境 $20\ ℃$ $(300\ K)$ 中。低温腔与镜筒其他部分温度的明显差异,导致一种成像缺陷,即冷反射(Narcissus)。当探测器只能探测到待测物的能量时,该红外光学系统具有 100% 的冷光阑效率。对于实际系统,当光学系统具有 100% 冷光阑效率时,该探测器既能探测到待测物的能量,也能探测到来自低温冷光阑的能量(低温冷光阑实际上没有能量辐射,可记为 0。因此,当此时将眼睛放置在探测器位置时,看向系统前方,在红外光学系统中,探测器能够"看到"自己被光学系统中一个或者多个表面反射后的像。此外,从图 6.7 中可以看出,冷光阑范围内有很多小的杂散光挡板,目的是使杂散光不能到达到探测器。

设计红外物镜时,应充分考虑该系统的冷反射现象,使设计出的红外物镜不仅像质好,而且要把冷反射减到最小。为了消除冷反射对像质的影响,必须采用一些技术,主要包括以下内容:

(1)膜层技术。当膜层的透过率为 100% 时,探测器没有冷光被反射回来,即没有冷反射产生,因此要采用波带滤波片或者提高光学膜层的透过率,尽可能提高有冷反射产生的折射面的膜层透过率,改善多层增透膜的反射率,使平均反射率达到 $0.2\%\sim0.3\%$。

(2)电平补偿法。电路中用平均电平来补偿冷反射电平,即在系统的中间像面上安装一个均匀、光滑的温度参考源,当红外探测器探测到有冷反射电平时,就用该温度参考源的"热平均电平"来补偿,显示为平均电平,达到对冷反射的校正。

(3)光学设计法。使用遮光罩,拦掉有用光束立体角以外的冷光信号;光学设计中控制产生冷反射的表面形状和位置,例如采用非球面,系统前端平板玻璃保护窗口是冷反射源,可将其倾斜放置。

6.5 红外光学系统热效应与补偿

6.5.1 红外光学系统热效应

随着红外技术的发展,对红外光学系统的质量要求也越来越高。军用热像仪以及其他的红外仪器都要求在变化很大的温度环境中工作,其典型值为$-40 \sim +60$ ℃。在不同的温度条件下,透镜的性能和系统结构参数(包括光学结构和机械结构)随着温度而变化,它使系统的最佳像面发生偏离,并且破坏原有的像差校正状态,导致光学系统性能和像质下降。这种由温度引起的性能衰减统称为透镜的热效应或者温度效应。

典型光学系统包括望远镜、显微镜、照相机等结构,望远镜和照相机能够实现自动调焦功能,显微镜一般常用于实验室,受环境温度影响很小因此一般不考虑热效应影响。对于塑料光学系统、红外光学系统、长焦距和高分辨光学系统,应该重点考虑热效应对成像质量的影响,并应重点考虑热效应补偿。

环境温度的变化是连续的,平衡是指到达某一恒定温度时的成像性能,温度梯度对光学系统的影响复杂,会导致成像质量变差,影响过程难以预料和分析。一般地,只能分析简单的和理想情况下的,例如简单的径向温度梯度和轴向温度梯度。温度分析是指一种简化的情形,即光学元件和系统经历了一个温度变化过程到了一个新的温度平衡环境,讨论的是均匀温度变化过程。环境温度变化对成像光学系统产生的温度效应是指焦点或者像面位置随着温度变化(轴上像点),进而分析元件的工作表面形状随温度变化的情况,如一个球面变化成复杂的非球面,不仅影响像面位置,也会影响成像质量。

由于环境温度的变化情况比较复杂,是难以准确预计的,因此,只考虑在均匀、稳定的温度变化条件下,环境温度对光学元件结构参数的影响,主要包括半径、厚度、空气间隔、介质折射率等,其均为线性变化关系。下面以环境温度变化对单透镜的焦距的影响为例分析。根据理想单透镜的焦距公式,对环境参数 t 取微分,可得

$$df = -f\left(\frac{1}{n-1}\frac{dn}{dt} - \alpha_g\right)dt \qquad (6-2)$$

式中:dn/dt 代表折射率温度系数;α_g 代表线膨胀系数。

对红外透镜来说,主要表现为:①透镜材料的折射率温度因数会引起透镜的折射率变化;②透镜材料的热膨胀因数会引起透镜的曲率半径、中心厚度变化;③透镜框材料的热膨胀因数会引起透镜框架或者空气间隔变化。可以看出,在温度对透镜的影响中,折射率的贡献最大,曲率半径贡献次之,而中心厚度和间隔的影响最小。

6.5.2 红外光学系统热稳定方法

许多红外系统(例如,弹载、机载红外系统)要求在很大的温度范围内工作。在不同的温度条件下,由于光学材料和机械材料的热效应,所以光学系统的一些参数将会发生相应的变

化,使系统的最佳像面发生偏离,降低成像质量。在设计这类光学系统时,应该采用一定的技术消除温度效应的影响,使红外光学系统能够在一个较大的温度范围内保持良好的成像质量,这种影响光学系统成像质量的技术被称为无热化技术。

温度对光学系统性能的影响主要来自三个方面:光学元件的折射率随温度变化,光学元件曲率半径和中心厚度随温度变化,镜筒材料的热效应。其中,光学元件折射率的影响最大,其次是光学元件的曲率半径,而光学元件的厚度以及元件之间的间隔的影响最小。为了消除或者减少温度效应对成像质量的影响,在设计过程中需要通过一定的补偿技术,使光学系统在一个比较大的温度范围内保持焦距不交或者变化很小,从而保持良好的成像质量。

(1)光学系统自身热稳定。光学系统自身热稳定是指不需要动光学系统任何元件,仅靠光学和机械零件的热效应相互抵消热离焦,常采用"铝反射镜+铝镜筒"组合。此结构不存在光学材料线膨胀系数的问题,在温度均匀变化的情况下,只有热膨胀系数起作用,当全部光学和机械零件为同种材料时,可实现热离焦。典型的包括采用非球面等设计、选择可明显减小热离焦的光学材料和镜筒材料,例如采用殷钢做镜筒材料,其线膨胀系数为 $1.3 \times 10^{-6}/℃$。

(2)机械方法实现热稳定。机械方法实现热稳定是指采用机械的办法补偿环境温度的影响,进而实现热稳定,主要包括手动热稳定法和自动热稳定法,其中,手动热稳定是指手动调整光学系统一个或者多个零件位置,对应的光学零件为调焦镜;自动热稳定是由于光学材料因素,在红外系统中需要采用主动热稳定方式,即采用手动调焦补偿热离焦。在自动方法中,采用电子和机械组合的方法,用温度传感器测出温度,或者计算出透镜需要移动的距离,再进行反馈,用马达或者电机实现这种移动。

(3)光学热稳定法。对于单组透镜,包括由多个透镜组成的透镜组,可以通过选择有不同热常数的材料,使光学元件间的热效应相互补偿,同时满足其他方面的要求。例如,光焦度要求、消色差要求等,实现思路是根据所有光学设计要求,列出一组方程,然后求解,得到各个透镜的光焦度解。

对于多组元光学系统的热稳定,假设光学系统由前、后两个组元组成,热离焦校正类似色差的校正,消除镜筒材料热离焦的影响。需要注意的是:光学设计中多组元情况,每组都能消色差(位置色差和倍率色差),从而实现系统的总体消色差;对于热补偿,保证每个组元的热稳定,从而保证系统的热稳定。若光学系统中使用衍射光学元件进行系统优化设计,应该在设计中首先保证热稳定,这样会产生严重色差,再加入衍射表面实现色差校正。

目前,常用的无热化设计方法主要包括光学被动式无热化、机械被动式无热化和机电主动式无热化三种。光学被动式无热化通过选用不同的光学和结构材料,合理分配光焦度实现消热差,其结构复杂,设计难度大,成本高且很难实现全焦段的无热化;机械被动式无热化通常是利用不同膨胀系数的结构材料使透镜移动来补偿热离焦,该方法成本较低,但是要利用多层镜筒结构,体积和质量偏大,无热化效果也难以保证。机电主动式无热化通过使用温度传感器测试环境温度的变化,在轴向上移动光学系统的透镜组来补偿像面的位移,能够比较精确地控制透镜的移动。该方法的消热差效果明显、针对性强,可有效达到消热差的目的。每种方法都有其优点和缺点,可以根据设计的需求来选择相应的方法。

无热化设计的流程大致可以分成三个步骤:①在常温条件下设计出一个像质较好的系统;②设置温度发生变化的情况,一般是在要求的温度范围内取几个温度控制点,建立多重结构,分析系统像质变化情况;③采用一定的无热技术,优化设计光学系统,使其成像质量在各个控制温度条件下都能满足要求,即可认为该系统在要求范围内能保持良好的成像质量。

6.4.3 红外光学系统图形特点及特征对比

图 6.8 是针对同一成像目标的中波、长波和中长波双波段红外成像结果,从其图像特征对比可以看出,长波段整体图像亮度要高于中波段图像亮度,长波段图像中的细节信息要比中波段的丰富。中波段的目标背景对比度要高于长波段的目标背景对比度,更便于目标的识别。

（a）　　　　　　　　（b）　　　　　　　　（c）

图 6.8　中波、长波和双波段融合波段红外图像

(a)中波;(b)长波;(c)双波段

6.6　红外光学系统应用举例

6.6.1　非制冷长波红外连续变焦光学系统无热化设计

为满足长波红外热像仪在宽温度范围下可连续变焦的需求,基于 LWIR320 pixel×320 pixel 红外探测器,设计了一款可在宽温度范围内实现无热化的非制冷长波红外连续变焦光学系统。该系统采用常见的硫系玻璃,工作波段为 $8\sim12\ \mu m$,总长 200 mm,仅由 7 片透镜组成,通过引入偶次非球面即可使系统色差和轴外像差得到有效的校正,同时选用后固定组的最后一片透镜充当温度补偿组来调节焦距实现无热化。分析结果表明,该系统结构紧凑,可在 $-40\sim+60$ ℃温度范围和 $60\sim180$ mm 焦距范围内连续平滑变焦,并且全程成像质量良好(MTF 在 20 lp/mm 处均大于 0.3),变焦和公差也具有良好的可实现性。下面为具体设计实例及其过程分析,以下结果分析采用 ZEMAX 软件英文设置完成。表 6.2 列出了该光学系统设计指标和红外探测器的参数。

表 6.2 该光学系统设计指标和红外探测器的参数

系 统	参 数	指 标
变焦光学系统	工作波段/μm	8~12
	视场/(°)	3.5~10.8
	有效焦距（EFFL）/mm	60~180
	F 数	2
	MTF@20 lp/mm	>0.3
	畸变/（%）	<1.5
红外探测器	像素数	320×320
	像素大小/μm	25×25

设计一个长波红外连续变焦光学系统,要求在宽温度范围内并且在全焦段内成像质量良好。本节选用机电主动式无热化方法即选择一个不参与变焦的透镜沿着轴向移动来补偿热离焦,来减小温度变化对成像质量的影响,和增强系统的温度适应性。本设计实例中选用机械补偿变焦设计方法。

对于机械补偿变焦光学系统,为实现连续变焦,系统需满足以下要求:①焦距在一定范围内连续变化;②变焦过程中像面必须稳定;③系统相对孔径不变;④任意焦距位置的像质均符合要求。设计变焦红外无热化系统可分成 3 个过程:①从现有光学系统中找到常温下接近本设计参数的长波红外光学系统作为初始结构;②选用机械正组补偿作为该系统的补偿方式,选择合适的红外光学材料组合,合理分配光焦度,控制筒长,尽可能减小系统尺寸,利用光学设计软件实现红外变焦光学系统的优化设计;③加入热分析,设置高温与低温态为热拾取,合理选择温度补偿镜组来实现无热化,优化设计,根据热离焦量和调制传递函数等指标,评价宽温度范围内的无热化效果,如果不满足要求可回到步骤②,进一步优化设计,重复步骤②③。优化设计流程如图 6.9 所示,最终实现长波红外连续变焦光学系统无热化设计。

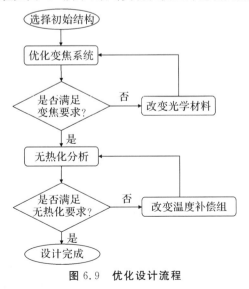

图 6.9 优化设计流程

设计的长波红外连续变焦光学系统二维结构如图 6.10 所示,系统使用 7 片透镜,第 1、2 片为前固定组,光焦度为正,使用 ZnSe 和 ZnS 材料组合来减小球差和色差;第 3、4 片为变倍组,光焦度为负,使用 Ge 和 IRG24 材料组合消色差;第 5 片为补偿组,第 6、7 片为后固定组,材料都为 Ge,用来校正前组剩余的像差,并引入 5 个偶次非球面,校正系统剩余像差和热差,提高系统常温下的成像质量,减小高低温下热差的影响。系统总长 200 mm,后工作距 41 mm。机械件镜筒材料选择铝合金材料,其热膨胀系数为 $23.6 \times 10^{-6} \text{℃}^{-1}$。

为了解决在实际应用中,较宽范围的温度变化引起像质变差的问题,经过分析,选用后固定组的最后一片透镜充当温度补偿组来调节焦距,实现无热化的目的,具有成本低、易操作等优点。变焦系统镜头数据见表 6.3,非球面参数见表 6.4。

表 6.3　变焦系统镜头数据

表面序列	类型	曲率半径	厚度	材料
0	球面	无穷	无穷	—
1	球面	107.933	10.276	ZnSe
2	球面	289.649	1.000	—
3	球面	283.193	10.992	ZnS
4	球面	143.846	4.662	—
5	偶次非球面	34.665	4.430	Ge
6	球面	30.647	11.297	—
7	球面	184.574	3.003	IRG24
8	偶次非球面	62.939	68.180	—
9	偶次非球面	94.595	3.361	Ge
10	球面	−2584.285	3.699	—
11	球面	Infinity	1.790	—
12	偶次非球面	−189.861	3.997	Ge
13	球面	523.850	32.531	—
14	偶次非球面	211.333	3.000	Ge
15	球面	546.132	38.831	—
16	球面	无穷	—	—

表 6.4　非球面参数

表面序列	常数	4 阶非球面系数	6 阶非球面系数	8 阶非球面系数	10 阶非球面系数
5	−0.286	4.178E−07	−1.711E−10	1.479E−12	−2.902E−15
8	−0.029	−2.249E−06	−1.540E−09	3.986E−12	−1.594E−14
9	1.797	−9.198E−08	−4.067E−10	3.150E−14	7.792E−17
12	−9.827	−4.380E−07	1.732E−10	3.776E−12	−6.915E−15
14	0	5.821E−07	−1.049E−08	5.962E−11	−1.293E−13

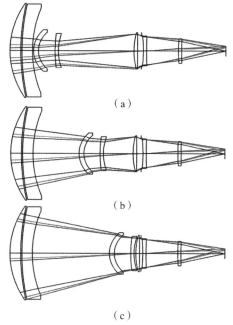

图 6.10　变焦光学系统二维结构

(a)短焦($f'=60$ mm);(b)中焦($f'=120$ mm);(c)长焦($f'=180$ mm)

图 6.11 所示为变焦光学系统的传递函数曲线。该长波红外变焦光学系统的短焦、中焦和长焦在常温 20 ℃、低温 −40 ℃ 和高温 60 ℃ 下,均具有良好的成像质量,在奈奎斯特频率为 20 lp/mm 处,短焦时 MTF 均大于 0.35,中焦时 MTF 均大于 0.32,长焦时 MTF 均大于 0.33,满足光学系统设计指标要求,表明该系统能够实现宽温度范围下全焦段的温度自适应,实现了无热化的目标。

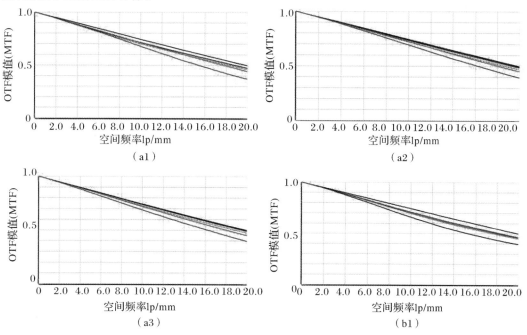

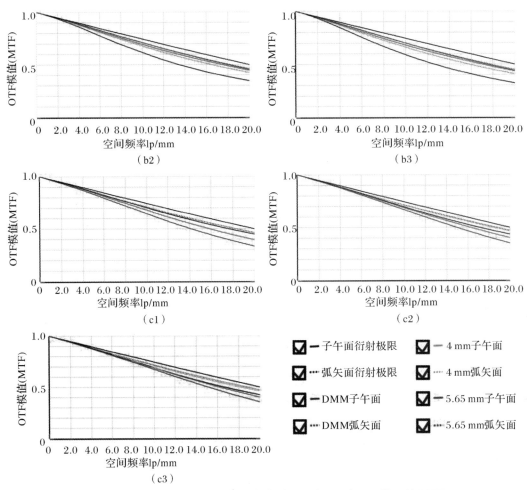

（b2）

（b3）

（c1）

（c2）

（c3）

☑ —子午面衍射极限		☑ —4 mm子午面	
☑ ···弧矢面衍射极限		☑ ···4 mm弧矢面	
☑ —DMM子午面		☑ —5.65 mm子午面	
☑ ···DMM弧矢面		☑ ···5.65 mm弧矢面	

图 6.11　光学系统在短焦、中焦、长焦时－40 ℃、20 ℃、60 ℃下的 MTF

（a1）～（a3）短焦 60 mm 处低温－40 ℃、常温 20 ℃、高温＋60 ℃；（b1）～（b3）中焦 120 mm 处低温－40 ℃、
常温 20 ℃、高温 60 ℃；（c1）～（c3）长焦 180 mm 低温－40 ℃、常温 20 ℃、高温 60 ℃

图 6.12 为光学系统在短焦 60 mm、中焦 120 mm、长焦 180 mm 时的场曲及畸变，可以看出，该系统在短焦时的畸变值小于 1.5%，在中焦时和长焦时的畸变值小于 0.5%，满足红外变焦系统设计的参数要求。

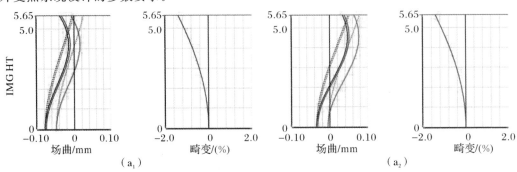

（a₁）　　　　　　　　　　　　　　　（a₂）

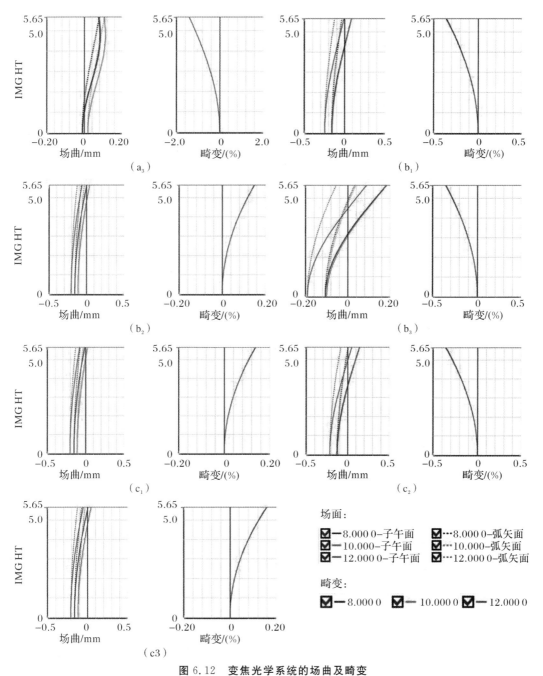

图 6.12　变焦光学系统的场曲及畸变

(a1)～(a3)短焦 60 mm;(b1)～(b3)中焦 120 mm;(c1)～(c3)长焦 180 mm

根据瑞利判断要求,全视场下的消热差误差 ΔL_T 应控制在小于 1/4 波长,要求该误差在系统的焦深范围内,即:$\Delta L_T \leqslant 2\lambda(F/\#)^2 = 80\ \mu m$。表 6.5 为变焦光学系统短焦、中焦和长焦时在常温 20 ℃、低温－40 ℃和高温 60 ℃下的像面热离焦量。结果表明,在各温度点下,像面的离焦范围均在焦深 80 μm 范围内,说明该长波红外变焦镜头具有良好的无热化效果。

表 6.5　像面热离焦量

位 置	@−40 ℃	@20 ℃	@60 ℃
短焦/μm	13.1	3	6
中焦/μm	0	9	11
长焦/μm	3	5	0

设计中引入了5个偶次非球面,非球面的截面曲线如图6.13所示,本设计中的非球面口径适中,易于加工,采用计算机数控单点金刚石车削技术可以实现高精度的制造,不仅能够减轻系统质量还可以降低成本,具有很强的可实现性。

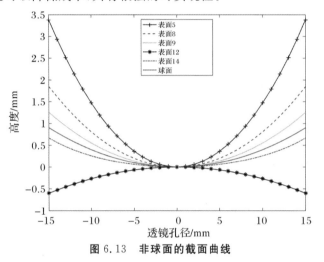

图 6.13　非球面的截面曲线

就光学设计而言,只提供满足系统图像质量的设计是不够的,因为它与加工后的透镜之间存在着很大的差异,而这种差异主要来自实际生产中的误差,包括光学元件材料自身性能误差以及光学元件的加工和装配过程中的误差。上述误差会同时产生并作用于光学系统,从而影响成像质量,所以在像质评估完成后,应该对系统进行公差分析。

采用灵敏度法对系统的公差进行分析,根据光学器件的加工及系统安装技术要求,选择加工等级为Q4,设置几何调制传递函数为评价标准值,频率设置为20,经300次蒙特卡洛采样计算分析后公差的结果见表6.6,各个焦距下的分析结果都满足$90\% > 0.33$,可见该系统在规定的公差范围内能达到预期的成像质量,易于加工和装调,可实现性好。

表 6.6　公差分析结果

百分比/(%)	短焦 MTF>	中焦 MTF>	长焦 MTF>
90	0.339	0.333	0.336
80	0.351	0.345	0.350
50	0.374	0.369	0.371
20	0.392	0.392	0.394
10	0.403	0.404	0.405

在确定了变焦结构之后,就可以确定每一组分的系统参数了。透镜的材料、曲率和间隔都是固定的。此时,就必须考虑到系统中各部件的运动状况,即变倍组和补偿组的运动轨迹。由于变焦镜头的运动部分是通过凸轮实现的,凸轮的设计将直接影响图像的稳定性和成像质量,因此,变焦凸轮的设计是实现变焦的重要环节。如今,高精度的凸轮可以确保各个运动部件都按严格的运动方程进行运动。

在最初的变焦系统优化过程中,通常只采用长焦、中焦和短焦三种组态来保证系统的最优,逐渐加入次长焦与次短焦两个组,进一步进行优化。该方法可以使得每个组态的成像质量都能满足需要,在组态数量足够多的情况下,得到相应的凸轮曲线。变倍组和补偿组的运动曲线如图 6.14 所示,横坐标表示系统焦距,纵坐标表示变倍组和补偿组相对前固定组的距离。由图中曲线可知变倍组做线性运动,补偿组做线性运动,来补偿变倍组运动引起的像面漂移,变焦过程中变倍组和补偿组运动轨迹短而平滑,有利于凸轮机构的加工。

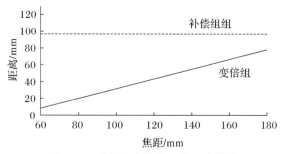

图 6.14　变倍组和补偿组的运动曲线

6.6.2　制冷型折衍混合双波段红外光学系统无热化设计

基于衍射光学元件的特殊成像性质,使用双层衍射元件进行双波段红外光学系统设计已成为研究热点。使用双层衍射元件能够有效提升宽波段的衍射效率,在简化系统结构的基础上提高像质。将红外成像系统设计为制冷型结构,能够消除背景噪声干扰,保证 100% 冷光阑效率。基于带宽积分平均衍射效率最大化方法,设计了一款含有双层衍射元件的制冷型双波段红外光学成像系统,实现了在双波段红外和宽温度范围内的无热化设计。光学系统含有 3 片透镜,仅由两种材料组成,入瞳直径为 80 mm,焦距为 100 mm,F 数为 1.25,有效视场为 $6°$,工作波段为 $3.7\sim4.8\ \mu m$ 和 $8.0\sim12.0\ \mu m$,工作环境温度为 $-40\sim60\ ℃$。分析结果表明,在整个温度范围内,在 17 lp/mm 截止频率处,双波段红外光学系统所有视场的调制传递函数分别高于 0.78 和 0.59,同时双层衍射元件在红外双波段的带宽积分平均衍射效率分别为 99.35% 和 98.73%,综合带宽积分平均衍射效率为 99.04%。下面为具体设计实例及其过程分析。

选取 IRG24 和 ZnS 作为双层衍射光学元件的两层基底材料,设计 3 片镜结构的制冷型双波段红外光学系统,其中第 3 片折射透镜材料为 IRG24。红外光学系统具体指标见表6.7,其中针对制冷型红外探测器给出调制传递函数的截止频率要求,红外探测器参数见表 6.8。

表 6.7　红外光学系统设计指标

参　数	指　标
工作波段/μm	3.7～4.8,8～12
视场角/(°)	6
焦距/mm	100
F 数	1.25
入瞳孔径/mm	80
工作温度/℃	−40～60
MTF@17 lp/mm	≥0.7@3.7～4.8 μm,≥0.5@8～12 μm

表 6.8　红外探测器参数

参　数	指　标
像素数/个	320×256
像素大小/μm	30

按照表 6.7 的指标要求,运用 ZEMAX OpticStudio 光学设计软件设计了含有双层衍射光学元件的双波段红外光学系统。设计步骤为:

(1)输入初始结构和参数,在常温条件下优化光学系统,得到成像质量较好的镜片结构。

(2)除常温外,另选取几个典型温度(−40 ℃、−20 ℃、0 ℃、40 ℃、60 ℃)作为控制点,建立多重温度结构(5 个典型温度和常温 20℃,在中、长波条件下一共 12 重结构)。

(3)在多重温度结构条件下优化光学系统,使其成像质量满足设计要求。

设计中以铝为镜筒材料,其热膨胀系数为 23.6×10^{-6} ℃$^{-1}$。最终在−40～60 ℃范围内实现了无热化。红外光学系统实体模型如图 6.15 所示。

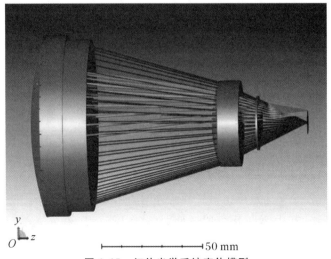

图 6.15　红外光学系统实体模型

　　该光学系统由 3 片透镜及 1 片平板玻璃组成,从左至右第 1 片、第 3 片透镜的材料是 IRG24,第 2 片透镜的材料是 ZnS。双层衍射光学元件的衍射面分别在第 1 片透镜的后表面和第 2 片透镜的前表面,除此之外还设计了 4 个非球面。平板玻璃为杜瓦瓶的保护玻璃,材料为锗(Ge)。将冷光阑作为系统的孔径光阑,置于成像面和光学系统之间,出瞳位置在冷光阑处,出瞳大小与冷光阑相符合,使系统具有 100% 冷光阑效率。双波段红外光学系统的结构参数列于表 6.9 中。表 6.10 中列出非球面参数,表 6.11 中列出衍射光学元件衍射表面参数。

表 6.9　光学系统结构参数

表面序号	表面类型	曲率半径/mm	厚度/mm	材　料
0	标准面	无限	无限	—
1	非球面	113.679 2	15.000 0	IRG24
2	二元面 2	194.816 6	0.01	
3	二元面 2	194.816 6	12.000 0	ZnS
4	非球面	179.331 5	63.024 9	
5	非球面	55.800 1	12.000 0	IRG24
6	非球面	60.754 9	10.343 4	
7	标准面	无限	1.000 0	Ge
8	标准面	无限	1.000 0	
9	光阑	标准面	无限	23.036 6
10	标准面	—	—	

表 6.10　非球面参数

表　面	圆锥系数	四阶项	六阶项	八阶项
1	$-1.125\ 4$	$3.968\ 6E-09$	$9.705\ 6E-12$	$-2.424\ 5E-15$
4	$-3.950\ 1$	$-3.637\ 7E-08$	$3.832\ 2E-11$	$-7.969\ 3E-15$
5	$2.772\ 0$	$1.522\ 1E-06$	$1.312\ 7E-09$	$1.470\ 7E-12$
6	$6.970\ 8$	$3.470\ 9E-06$	$2.595\ 8E-09$	$1.822\ 5E-11$

表 6.11　衍射光学元件表面参数

表　面	衍射级次	归一化半径	p^2 的系数	p^4 的系数
2	41 和 17	100	$-362.519\ 2$	$-328.376\ 9$
3	-40 和 -16	100	$-362.519\ 2$	$-328.376\ 9$

　　基于以上结果,红外光学系统在 $-40\ ℃$、$20\ ℃$ 和 $60\ ℃$ 时的调制传递函数如图 6.16 所示。在探测器截止频率 17 lp/mm 处,中波红外和长波红外调制传递函数分别大于 0.78 和 0.59,在 $-40 \sim 60\ ℃$ 范围内成像质量良好。

红外光学系统在 $-40\ ℃$、$20\ ℃$ 和 $60\ ℃$ 时的场曲和畸变如图 6.17 所示,在各温度和波段内场曲小于 $0.1\ mm$,畸变小于 0.12%。红外光学系统在 $-40\ ℃$、$20\ ℃$ 和 $60\ ℃$ 时的包围圈能量如图 6.18 所示,在一个像元尺寸($30\ \mu m \times 30\ \mu m$)内,中波红外和长波红外在各视场的方形包围圈能量分别大于 90.7% 和 81.1%,满足系统使用需求。表 6.12 列出了不同温度下所有视场中点列图几何(GEO)半径和均方根(RMS)半径的最大值,其中光线密度为默认值 6,中波红外和长波红外的最大 GEO 半径为 $14.619\ \mu m$ 和 $14.776\ \mu m$,最大 RMS 半径为 $8.043\ \mu m$ 和 $7.844\ \mu m$,均小于红外探测器的像元尺寸。

对于成像光学系统,需要分析制造和装配公差对成像质量的影响。对于折射光学系统,通常可使用 ZEMAX OpticStudio 的公差分析功能,采用蒙特卡洛分析法评估公差对像质的影响,用 MTF 的变化作为评估指标。对于折衍混合成像光学系统,调制传递函数还会受到衍射效率的影响,因此其制造和装配公差的影响是折射元件和衍射面综合作用的结果。在衍射光学元件的制造中,周期宽度误差和微结构高度误差对衍射效率有重要影响;在衍射光学元件的装配上,偏心误差会引起衍射效率降低。因此,对折衍混合光学系统进行公差分析,需要在软件分析的基础上加上衍射效率的影响,这里不做过多分析。

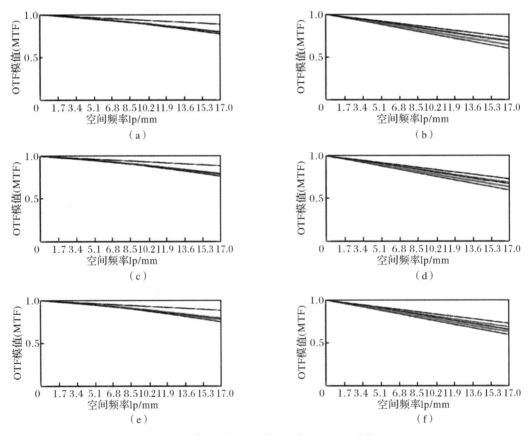

图 6.16 光学系统在 $-40\ ℃$、$20\ ℃$ 和 $60\ ℃$ 时的 MTF

(a)中波 $-40\ ℃$;(b)长波 $-40\ ℃$;(c)中波 $20\ ℃$;(d)长波 $20\ ℃$;(e)中波 $60\ ℃$;(f)长波 $60\ ℃$

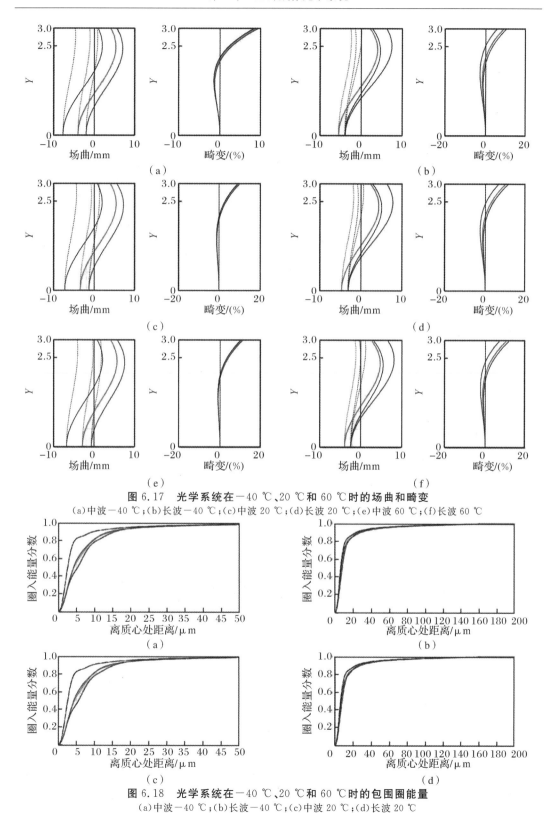

图 6.17　光学系统在 −40 ℃、20 ℃和 60 ℃时的场曲和畸变
(a)中波 −40 ℃;(b)长波 −40 ℃;(c)中波 20 ℃;(d)长波 20 ℃;(e)中波 60 ℃;(f)长波 60 ℃

图 6.18　光学系统在 −40 ℃、20 ℃和 60 ℃时的包围圈能量
(a)中波 −40 ℃;(b)长波 −40 ℃;(c)中波 20 ℃;(d)长波 20 ℃

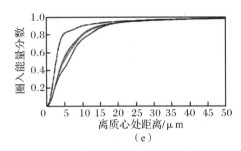 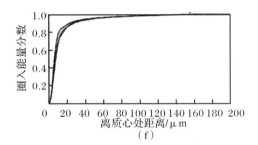

续图 6.18　光学系统在－40 ℃、20 ℃和 60 ℃时的包围圈能量

(e)中波 60 ℃；(f)长波 60 ℃

表 6.12　不同温度下所有视场中点列图 GEO 和 RMS 半径最大值

温度/℃	中波半径/μm		长波半径/μm	
	GEO	RMS	GEO	RMS
－40	14.619	7.112	14.585	5.924
－20	14.246	7.111	14.736	6.017
0	14.021	7.189	14.776	6.202
20	12.913	7.664	14.727	7.553
40	13.900	7.841	14.608	7.684
60	13.966	8.043	14.430	7.844

第7章 光学超构透镜及其成像应用

7.1 光学超构透镜概述

7.1.1 光学超构表面

光学超构表面(Metasurface)是一种由特征尺寸接近或者小于波长的亚波长纳米天线阵列组成的人造材料或者器件,其能够在二维平面上调控入射光的振幅、相位、偏振等参量,从而实现强大的近场和远场光场调控。借助于超构表面,光不需要传播很远的距离便可以获得足够的调制。超构表面不仅具有强大的光场调控能力,而且具有平坦、超薄、轻巧和紧凑等优点,在光学功能器件的小型化和集成化方面具有巨大潜力和优势。近年来,得益于微纳米加工技术的快速发展,光学超构表面迅速崛起,众多基于光学超构表面的新器件和新应用被陆续开发,如光束控制、全息成像、结构光产生等。

2011 年,哈佛大学 F. Capasso 教授团队基于 V 型金属谐振天线组成的超构表面,利用界面相位梯度实现了光波的异常反射和异常折射,提出了广义斯涅耳定律。如图 7.1 所示,相对于传统的连续界面,折反射光服从斯涅耳定律,当利用非连续的亚波长纳米天线阵列将界面设计为具有一定相位梯度($d\varphi/dx$)时,除了常规的折反射光以外,还出现了异常折射和异常反射光(见图 7.1)。研究表明,通过利用亚波长纳米天线阵列控制界面的相位梯度,可实现光传播方向的任意调控。该项工作为光场调控开辟了新的途径,引领了光学超构表面的发展。

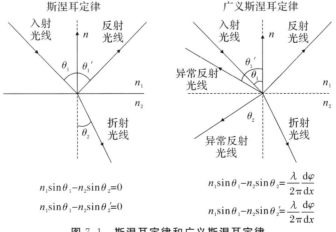

$$n_1\sin\theta_1 - n_2\sin\theta_2 = 0$$
$$n_1\sin\theta_1 - n_2\sin\theta_2' = 0$$

$$n_1\sin\theta_1 - n_2\sin\theta_2 = \frac{\lambda}{2\pi}\frac{d\varphi}{dx}$$
$$n_1\sin\theta_1 - n_2\sin\theta_2' = \frac{\lambda}{2\pi}\frac{d\varphi}{dx}$$

图 7.1 斯涅耳定律和广义斯涅耳定律

7.1.2　光学超构透镜

光学超构透镜(Metalens)是光学超构表面的典型应用之一。类似于传统体光学透镜，光学超构透镜可用于光束聚焦和成像等，而且具有平面化和集成化优势，有望在部分领域替代传统体光学透镜。光学超构透镜主要通过局部相位调控实现光波的波前操控，按照透镜的相位剖面曲线设计亚波长天线阵列分布，即可构造出具有衍射极限分辨的平面透镜。

对于正入射光波，为确保获得一个衍射极限的聚焦光斑，要求超构透镜的相位分布为双曲线形式，表示为

$$\varphi(r,\lambda)=-\frac{2\pi}{\lambda}\left(\sqrt{r^2+f^2}-f\right) \tag{7-1}$$

式中：λ 是入射光的波长；f 是超构透镜的焦距；r 是超构透镜平面上任意一点的径向位置。利用亚波长纳米天线的相位调控特性，通过合理设计纳米天线在二维平面上的排布，即可获得式(7-1)要求的相位分布，从而使得通过该超构透镜的所有光线都能汇聚于焦点。具体研究中，首先需要确定组成超构透镜的基本单元，即超构原子的设计。超构原子的光学特性主要由其几何结构和材料参数决定。常用 CST、FDTD Solutions、COMSOL Multiphysics 等商用软件对超构原子的透射和反射特性进行仿真计算，从而获得与几何结构相关的相位调控参数空间。随后，根据目标相位分布曲线，确定超构原子的选择及其排布规律，从而获得所需相位分布的超构透镜。最后，使用微纳加工技术完成超构透镜的制备。

2016 年，F. Capasso 教授团队首次实现了可见光波段成像性能可与商用体光学物镜相媲美的超构透镜。如图 7.2 所示，该超构透镜的基本单元为 TiO$_2$ 纳米片，数值孔径 NA=0.8，能够提供 170 倍的物放大倍数。在光波长分别为 405 nm、532 nm 和 660 nm 时，其衍射极限聚焦效率可达 86%、73% 和 66%。与 Nikon CFI 60 物镜相比较，该超构透镜的聚焦光斑尺寸更小，约为其 0.67 倍。该研究成果被 *Science* 评为"2016 世界十大科技突破"之一。

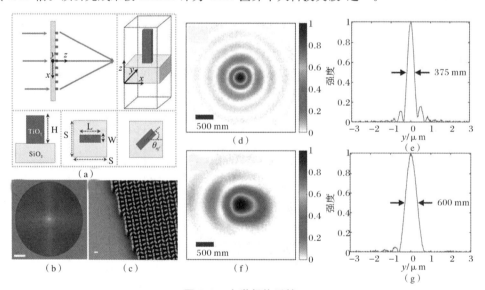

图 7.2　光学超构透镜

(a)结构示意图；(b)光学显微镜图像；(c)扫描电子显微镜图像；(d)超构透镜的二维焦斑强度分布；
(e)超构透镜的一维焦斑强度分布曲线；(f)物镜的二维焦斑强度分布；
(g)物镜的一维焦斑强度分布曲线(入射光波长均为 532 nm)

7.1.3　光学超构透镜在先进光学成像中的意义

传统的体光学透镜依靠光在介质中传播所累积的相位差来调控波前,因此一般需要做成曲面结构,这类玻璃曲面透镜已经存在了数百年。在使用这类透镜时,为消除成像过程中的像差、色差等因素,往往需要多个透镜组合才能接近理想效果,这导致光学系统具有体积庞大且复杂等缺点。基于超构透镜技术,可以将传统的大型体光学组件缩小至轻薄的平面,创建完全平坦的超构透镜来调控光波,而不需要传统的曲面透镜,从而显著减小光学成像系统的尺寸,降低其复杂性。当前,超构透镜在小型化和集成化成像应用需求方面已体现出了巨大优势,如便携式显微镜、内窥镜等。

此外,相比传统的体光学透镜,光学超构透镜在成像性能方面亦具备突出优势,如单片消色差、更高的分辨率、偏振相关成像等。通过精巧的相位设计,可以利用单片超构透镜实现宽带消色差;通过超构透镜光场成像,可以捕获光场中物体的位置、速度和光谱等信息;利用超构透镜的偏振特性,可以在成像的同时获取物体的结构和材料特性,如表面形貌、折射率、吸收率、膜厚度和应变等;在显微成像中,超构透镜可以对细小、微小或者细微结构进行成像,包括光学显微镜、医用内窥镜等。总之,作为一种颠覆性技术,超构透镜正在以革命性的方式改变着光学成像,是极具潜力的先进光学成像手段之一。

7.2　光学超构透镜的相位调控方式

光学超构透镜的核心是对入射光波进行相位调控,目前已报道的相位调控方式主要包括共振相位、传输相位、几何相位。在实际应用中,除了利用单一方式调控光波相位,还可以将两种或者多种相位调控方式融合在一起,对光波前进行调控,从而获得更复杂、更高性能的超构透镜及成像。

7.2.1　共振相位调控

共振相位是超构表面研究初期普遍采用的相位调控方式,主要体现在金属超构表面研究中。当光波入射到金属与介质界面,金属表面自由电子的振动频率与入射光波的频率相匹配时会发生共振,金属纳米天线将光集中到比波长小得多的区域,并激发表面等离激元电磁模式振荡。通过设计金属纳米天线的尺寸、形状和方向,可实现不同频率的共振,进而改变某个频点的相位,从而产生相位突变。例如,F. Capasso 教授团队提出的广义斯涅耳定律即是利用了 V 型金纳米天线共振器。基于金、银、铝等金属共振天线的超构表面,可以在长波长处高效工作,但金属纳米天线不可避免地具有较高的欧姆损耗,导致传输效率低,难以实现高效率的光场调控。针对上述问题,基于米氏共振的介质纳米天线受到了广泛关注。通过调控介质纳米天线的几何尺寸,电偶极子和磁偶极子共振可以被激发,从而可实现 2π 相移和近 100% 透射率。

目前,常见的共振型超构表面是惠更斯型超构表面,惠更斯型超构表面通过在结构单元内部激发电和磁响应,形成等效电流与磁流,构建惠更斯波源,从而使波前在经过超构表面时受到调制。其调制基本原理主要是电偶极子共振和磁偶极子共振 λ 都可以带来 $0\sim\pi$ 的相移，通过合理调整单元结构的参数，使两种方式叠加起来即可实现 $0\sim2\pi$ 的任意相位调制。

7.2.2　传输相位调控

传输相位调控的实现机理类似于传统透镜依靠光在介质中传输积累的相位来控制光波的波前的机理。在超构透镜中，纳米天线可以被看作具有一定高度的截断波导。因此，当光在该波导中传输时，其相位积累量与波导的高度 d、有效模式折射率 n_{eff} 和波长 λ 有关，可表示为

$$\varphi=\frac{2\pi d}{\lambda}n_{eff} \tag{7-2}$$

考虑微纳加工工艺限制，在整个超构透镜平面，纳米天线波导的高度 d 一般是相同的，因此为了获得所需的相位分布，只有通过改变纳米天线波导的有效模式折射率 n_{eff}。而光波导的有效模式折射率由其几何形状和结构参数决定。因此，一般通过改变纳米天线波导的形状和宽度，使有效模式折射率 n_{eff} 随空间位置而变化，从而实现基于传输相位调控的光束波前整形。由于传输相位调控属于非共振的相位调控机制，因此相较于共振相位超构透镜，传输相位超构透镜一般具有更宽的工作波段。传输相位的偏振依赖性由纳米天线波导的几何结构对称性决定。目前，常用的构建传输相位超构透镜的方法可分为两类：基于表面等离激元波导理论，基于介质等效折射率理论。两种方法的区别在于有效模式折射率的调控方式不同。

需要指出的是，普通介质材料的折射率较低，要实现足够的相位积累，需依靠增加纳米天线波导的高度，这对加工工艺提出了挑战。因此，传输相位调控方式在高折射率介质材料体系中运用更多。例如，2014 年加州理工学院 A. Faraon 教授团队首次将传输相位调控运用于超构透镜中，利用高折射率的硅纳米天线波导阵列获得了高数值孔径和高效的超构透镜。如图 7.3 所示，其基本单元为圆形硅纳米柱，呈六角点阵排布，通过改变不同空间位置处纳米柱的直径来实现有效模式折射率的调控，从而实现传输相位调控。

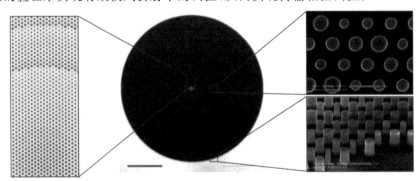

图 7.3　基于传输相位调控的超构透镜

7.2.3　几何相位调控

几何相位又称 Pancharatnam-Berry 相位，简称 PB 相位。1984 年，英国物理学家 M. Berry 发现：当一个量子系统的某些参量经历一个绝热演化过程并且回到参量起点时，会产

生一个与系统演化几何路径相关的相位。基于此,M. Berry 首次提出了几何相位的概念。事实上,几何相位广泛存在于物理系统中,早在 1956 年印度科学家 S. Pancharatnam 就发现电磁波在偏振态转化过程中会产生一个与偏振态空间路径相关的相位。后来,为了这纪念两位科学家的贡献,几何相位也被称为 PB 相位。

关于几何相位的理解,可以借助于庞加莱球。如图 7.4 所示,利用庞加莱球表示光波的偏振态空间,球面上的每一点都对应一种偏振态,其中北极点表示右旋圆偏振态|R>,南极点表示左旋圆偏振态|L>,赤道上各点表示不同取向的线偏振态,其他位置则表示椭圆偏振态。当光波的偏振态从庞加莱球的北极经赤道和南极重新返回北极后,产生的相位变化等于闭合路径对应立体角的一半。

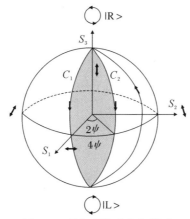

图 7.4　几何相位的庞加莱球

对于平面各向异性的亚波长纳米天线,当入射圆偏振光$|\sigma>$与其相互作用后,其透射电场可表示为

$$E_t = \hat{t}(\varphi)|\sigma\rangle = \frac{t_o + t_e}{2}|\sigma\rangle + \frac{t_o - t_e}{2}e^{\mp i2\theta}|-\sigma\rangle \tag{7-3}$$

式中:θ 表示纳米天线的旋向角;t_o 和 t_e 表示纳米天线两个主轴的复透射系数。式(7-3)中,右边第一项表示与入射光同偏振态的成分,第二项表示交叉极化成分。可见,透射光的交叉极化成分会携带一个与纳米天线旋向角 θ 相关的相位延迟,即 $\pm 2\theta$。因此,在超构透镜设计中,可通过改变基本结构单元的旋转角($0 \sim \pi$)即可产生反射波或者透射波的相位突变($0 \sim 2\pi$),从而实现对相位分布的自由控制。这种相位突变仅与纳米天线的旋向角有关,且突变符号仅与入射光偏振态有关,与波长无关。几何相位调控具有以下特点:调控方式简单,具有宽带无色散特性,入射光为圆偏振态。因此,几何相位调控被广泛应用于各种宽带、偏振相关的超构表面研究中,尤其是宽带消色差超构透镜。

7.3　宽带消色差光学超构透镜设计理论

在基于传统体光学元件的成像系统中,一般需要使用复合透镜组来补偿色散,这导致系统体积庞大且复杂。超构透镜技术为新型消色差透镜提供了一种有效的解决方案。下面简单介绍一种宽带消色差超构透镜的设计原理和方法。

从超构透镜的构造公式[见式(7-1)]可以发现,最小波长($\lambda_{\min}$)和最大波长($\lambda_{\max}$)之间所需的相位补偿不同,如图7.5所示。因此,需要引入以下微分相位方程:

$$\varphi_{\text{Lens}}(r,\lambda) = \varphi(r,\lambda_{\max}) + \Delta\varphi(r,\lambda) \tag{7-4}$$

式(7-4)将式(7-1)相位分为两部分:第一项是主要相位,仅与$\lambda_{\max}$有关,不随波长的变化而变化,因此可以利用几何相位实现补偿;第二项为相位差,可表示为

$$\Delta\varphi(r,\lambda) = -2\pi\left(\sqrt{r^2+f^2}-f\right)\left(\frac{1}{\lambda}-\frac{1}{\lambda_{\max}}\right) \tag{7-5}$$

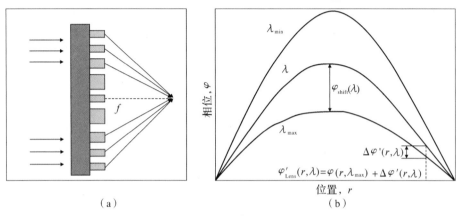

（a）

（b）

图7.5 消色差超构透镜

（a）示意图；（b）相位剖面图

为优化相位补偿带来的影响,实现边缘对齐,需要为式(7-5)添加额外的相位补偿量$\varphi_{\text{shift}}(\lambda)$:

$$\varphi_{\text{shift}}(\lambda) = \delta\frac{\lambda_{\min}}{\lambda_{\max}-\lambda_{\min}}\left(\frac{\lambda_{\max}}{\lambda}-1\right) \tag{7-6}$$

式中:δ表示在超构透镜中心处的最大相位补偿差。该相位的引入不会影响超构透镜的聚焦特性。从式(7-6)中可以发现,该相位与$1/\lambda$呈线性关系,故需要基本结构单元能够提供随波数线性变化的相位补偿。因此,式(7-4)和式(7-5)分别变为

$$\varphi'_{\text{Lens}}(r,\lambda) = \varphi(r,\lambda_{\max}) + \Delta\varphi'(r,\lambda) \tag{7-7}$$

和

$$\Delta\varphi'(r,\lambda) = \Delta\varphi(r,\lambda) + \varphi_{\text{shift}}(\lambda) \tag{7-8}$$

这里,给出一种满足式(7-7)需求的超构原子设计方案,即集成共振单元。通常情况下,利用结构单元谐振可产生相位调控,但在谐振模式处的相位变化通常很剧烈,无法实现宽带连续的相位补偿。集成共振单元通过在单元结构中引入多个谐振模式,利用模式间的平滑区域获得连续平稳的相位变化。通过引入更多的谐振模式,可以获得更大范围的相位补偿。通过集成共振单元设计,可以准确地补偿各波长聚焦所需的相位差。2018年,南京大学祝世宁院士团队提出上述设计原理,并设计制备了工作在1 200~1 680 nm波段的宽带消色差超构透镜,如图7.6所示。

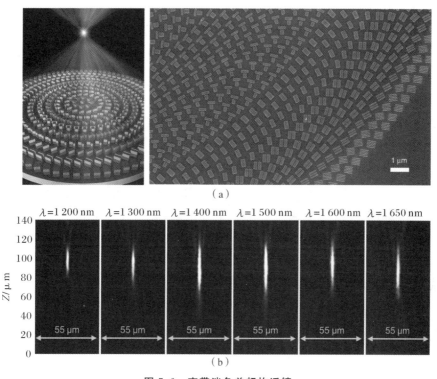

（a）

图 7.6　宽带消色差超构透镜

（a）超构透镜模型与局部扫描电子显微镜；（b）消色差实验结果

7.4　光学超构透镜的制备技术

光学超构透镜的发展依赖于微纳加工技术。目前,较为成熟的光学超构表面制备技术包括光刻、电子束光刻、聚焦离子束刻蚀、纳米压印等,这些技术各有优势,适用于不同类型的超构表面器件制备。

7.4.1　光刻

光刻（Photolithography）是当前大规模应用于半导体集成电路制造的成熟纳米加工技术,具有大尺寸制造、高效和大批量生产等优势。光刻技术结合了光学曝光工艺和刻蚀工艺,其工作原理是将带有超构表面设计图案的光掩模放在涂有光刻胶的基板上,再由紫外光照射光掩模,光刻胶被照射的区域会发生化学改性,后通过显影技术除去光刻胶的曝光区域（正胶）或者未曝光区域（负胶）,再经过刻蚀就会在基板上形成所设计的超构表面图案。光刻系统的本质是光学投影,因此为了提高加工精度,往往需要使用更短波长的光源,如紫外、深紫外、极紫外光源。光刻机成了光刻工艺的关键,荷兰 ASML 的光刻机处于世界领先地位。目前,光刻机已发展到了第五代,采用波长为 13.5 nm 的极紫外光源,最小制程可达 7 nm。光刻技术适合大面积超构表面的加工,分辨率高,对需要加工图案的参数可以精确控制,但其缺点是加工步骤多、成本高等,因此目前在超构表面制备方面应用较少。但在未来,光刻技术是超构表面大规模商业化生产最具潜力的途径之一。

7.4.2 电子束光刻

电子束光刻(Electron-Beam Lithography,EBL)起源于扫描电镜,是基于聚焦电子束扫描原理的图形转印技术,是一种无掩模光刻技术。其工作原理是利用波长极短的聚焦电子束直接对电子束光刻胶进行扫描曝光,从而将所设计的超构表面图形转印至光刻胶,再利用显影、刻蚀等工艺获得超构表面。电子束光刻是光刻技术的延伸。光刻技术的精度与光子在波长尺度的散射有关,波长越短,精度越高。电子本质上是带电粒子,根据波粒二象性理论,电子波长 $\lambda = 1.226/\sqrt{V}$。由此可知,电子束加速电压 V 越高,电子束的波长越小。因此,在高加速电压下,电子是波长极短的波,电子束光刻能达到纳米量级,通常电子束光刻可以制备 10 nm 精度的二维微结构阵列。电子束光刻的优点在于加工精度最高、不需要掩膜即可直接书写超构表面图案,但扫描直写方式又使得其效率比较低、加工成本高,大规模图案制备耗时严重。目前,电子束光刻是超构表面基础研究领域最常用的技术。图 7.7(a)为金属超构表面常用的剥离工艺,图 7.7(b)为电介质超构表面常用的硬掩模刻蚀工艺。

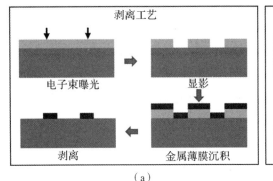
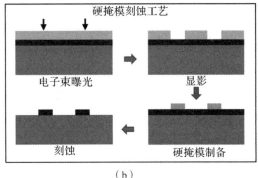

图 7.7 基于电子束光刻的工艺流程

(a)剥离工艺流程;(b)硬掩模刻蚀工艺流程

7.4.3 聚焦离子束刻蚀

聚焦离子束刻蚀(Focused-Ion Beam,FIB)是利用高能离子束撞击材料表面,通过物理刻蚀来去除材料表面的原子而实现微纳米级加工的一种一步式刻蚀技术。如图 7.8(a)所示,当前普遍采用的聚焦离子束-电子束双束系统可在利用粒子束加工样品时,利用扫描电镜进行实时观测,使得聚焦离子束刻蚀实现直接可视化。聚焦离子束刻蚀技术具有高精度、高速度、高质量等优点,能够实现纳米级的加工精度,并且可以进行三维立体加工、深孔加工等操作。因为该刻蚀技术的成本高、产量低,故不适用于大面积生产。此外,其在制造过程中也面临诸多挑战,例如微结构的横纵比有限、离子掺杂浓度高、长时间制备导致的样品漂移等。目前,聚焦离子束刻蚀技术被广泛应用于非平面基底超构表面的制备,如光纤端面超构透镜,如图 7.8(b)所示。

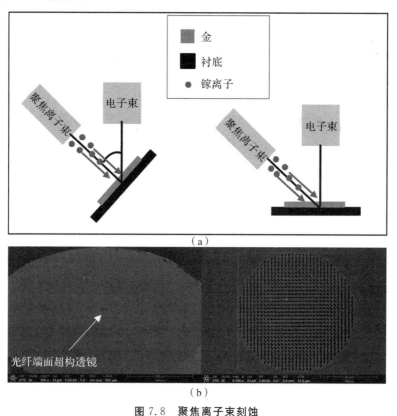

（a）

（b）

图 7.8　聚焦离子束刻蚀

(a)聚焦离子束-电子束双束系统;(b)所制备的光纤端面超构透镜 SEM 图像

7.4.4　纳米压印

纳米压印刻蚀(Nanoimprint Lithography,NIL)是一种利用机械形变来复制纳米结构的技术。传统的纳米压印技术分为热固化和紫外光固化。热固化是利用表面材料在高温下黏度低的特性,纳米结构母模压在基板上,将聚合物涂层先加热后冷却使其固化后分离模板,纳米压印图案就转移到了聚合物层。紫外光固化是将液态聚合物旋涂在基板上,压印时使用紫外光辐射来固化聚合物,因此要求选择的模具需要对紫外光透明。相比于热固化,紫外光固化不需要加热和冷却,因此生产效率较高且可在室温条件下进行。纳米压印技术具有分辨率高、可大面积加工、成本低等优点,不足之处是需要用刻蚀方法去除压印后的残胶,且对胶层有一定的破坏,此外还需要高分辨率的设备制造模板。目前,纳米压印已被用于制备钙钛矿超构表面(见图 7.9)、金属等离激元超构表面、全介质超构表面。

除了上述主流的超构表面制备技术,科研人员陆续开发出了探针扫描刻蚀、激光直写光刻、激光干涉光刻、等离激元刻蚀、自组装刻蚀等先进技术。此外,将上述不同刻蚀方法相结合,科研人员也开发出了多种混合刻蚀技术,开发了具有更复杂纳米结构的超构表面制备工艺。

图 7.9　纳米压印制备超构表面的示意图及 SEM 图像

7.5　光学超构透镜的成像应用举例

7.5.1　偏振成像

物质偏振特性的不同会导致探测信息的差异性,利用该特征进行物质分类和识别变得尤为重要。然而,由于这种特性表现得并不明显,因此必须通过一些光学器件才能够观察和探测到它。传统光学系统实现偏振成像,还需要借助棱镜、波片等光学元件,不仅设计复杂,而且偏振对比度较低。相较于传统体光学透镜,超构透镜在偏振成像应用上有巨大的优势,因为组成超构透镜的纳米天线自身即具有偏振相关的特性,保证了高偏振对比度的偏振成像。F. Capasso 团队基于几何相位设计了一个多光谱手性超构透镜。如图 7.10(a)所示,所设计的超构透镜不仅可以获得物体在整个可见区域的多光谱信息,而且可以在不需要额外光学器件的情况下识别物体的手性。在相机芯片上,可以捕捉到在绿色波长周围表现出强烈圆二色性的手性物体图像,而其他没有手性的物体也可以清晰地成像。其原理在于几何相位是手性敏感的,因此仅使用单个超构透镜与相机组成的成像系统,实现在整个可见光谱中探测生物标本的圆形二色性。A. Faraon 团队设计了一种由 3 个不同的 TiO_2 纳米柱超构透镜组成的小型超构器件,该器件可将光束分割并聚焦在图像传感器的 6 个不同像素点上,对应 3 种不同的偏振态,其衍射效率在 50% 以上,足以实现成像应用。该设备可用来捕获复杂偏振物体的图像,因此可用作近红外域的紧凑型全斯托克斯偏振相机,如图 7.10(b)所示。在人们越来越渴望获取物体的偏振信息的情况下,超构透镜为实现单片偏振光学元件成像提供了有效的解决方案。

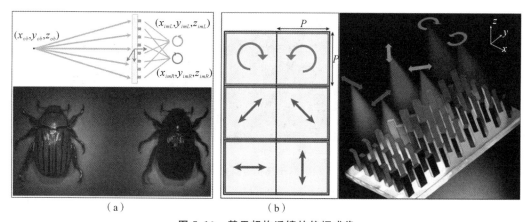

（a）　　　　　　　　　　　　　（b）

图 7.10　基于超构透镜的偏振成像

（a）多光谱手性成像；（b）全斯托克斯偏振相机

7.5.2　显微成像

　　光学超构透镜也用于光学显微成像，并为照明、采集和光学处理提供了新的改进方法和额外的功能。蔡定平教授团队将 GaN 超构透镜集成到光片荧光显微镜中进行显微成像。如图 7.11(a)所示，该超构透镜能将入射光聚焦为光片形式，在物镜光轴方向上提供约 $5~\mu m$分辨率的荧光图像。当利用该超构透镜照射被荧光标记的秀丽隐杆线虫时，能得到图 7.11(a)所示的荧光图像。由于光片的轴向分辨率较高，所以拍摄的图像不会受非目标切面细胞的干扰，具有较低的背景噪声，有利于清晰地分辨不同细胞的细胞核。在细胞生物学研究、临床治疗等场景中，超构透镜有望替代由传统透镜组成的生物组织成像系统和手术设备，实现上述设备的小型化。例如，F. Capasso 教授团队将硅基超构透镜集成到内窥镜光学相干断层扫描导管中，实现了近衍射极限的内窥镜成像，如图 7.11(b)所示。从该内窥镜拍摄果肉的放大图像中可以很容易地分辨不同细胞，细胞壁结构清晰可见。

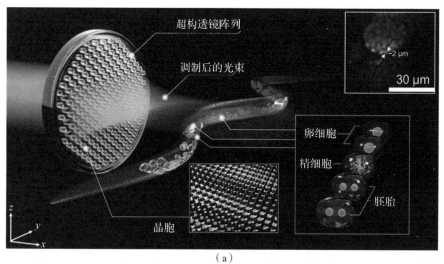

（a）

图 7.11　基于超构透镜的显微成像

（a）光片荧光显微镜

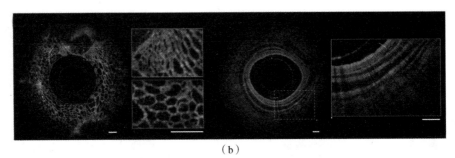

（b）

续图 7.11　基于超构透镜的显微成像

（b）内窥镜

7.5.3　光场成像

在光学成像的过程中,除了清晰的二维彩色图像外,有时还需要知道图像的深度信息。光场成像可以获取光场的高维辐射信息。在理想情况下,光场图像可以提供包括物体的位置、速度和光谱信息在内的空间坐标。通过光学超构透镜的光场成像理论,可以实现不同深度场景的再聚焦成像。2019 年,蔡定平教授团队与祝世宁院士团队联合报道了基于消色差超构透镜阵列的全彩色光场成像,其中多维光场信息可通过 GaN 消色差超构透镜阵列获取。如图 7.12 所示,传感平面上的中间图像需要以不同的聚焦深度进行渲染,然后从渲染后的不同聚焦深度的图像中逐层重建场景。在一定时间范围内获得的深度信息也可以用来计算物体在该范围内的速度,实现物体相对速度的测量。在非相干白光的照射下,利用该阵列系统能对分辨率板进行成像,所成图像能达到约 1.95 μm 的衍射极限分辨率。此外,超构透镜阵列还可以用于光场边缘成像,单个超构透镜也可用于辅助确定高度。将超构透镜与图像传感器集成,拍摄特定的图案,即可根据图案大小确定深度。由于超构透镜的质量很轻,能显著降低功耗,故很适合用作微纳机器人和微型飞行器的成像组件。

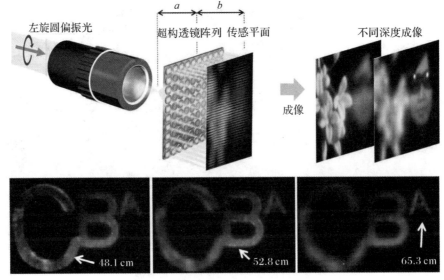

图 7.12　基于超构透镜的光场成像

7.6　光学超构透镜的挑战与机遇

自 2011 年至今,光学超构表面经历了爆炸式发展的十几年。十几年来,超构透镜受到很多的关注,也走在了应用前列,但仍然有许多实质性问题尚未解决。例如:高效、大视场的单片超构透镜仍有待开发;超构透镜的新型应用场景有待进一步发掘;低成本、高产量、大面积、高重复性及高分辨率的制造技术需要进一步完善。针对上述挑战,科研人员正在不断探索,寻求超构透镜发展的新技术与新方向。例如:多层超构透镜之间的层间耦合可提供新的自由度;偏振复用、大色散等特征亦可被用于开发新的应用;新兴技术,如计算成像、拓扑优化、反向设计、深度学习等,均为超构透镜的设计和应用提供了无限可能。

随着微纳加工技术的进步,高深宽比($>$100∶1)亚波长纳米天线阵列的成功制备必将为大尺寸超构透镜的综合成像性能带来巨大突破。低损耗、高折射率、易加工的新型材料以及超构透镜的主动调控也是未来需要探索的重要方向。就推广应用而言,利用现有应用于半导体集成电路制造的光刻技术,直接大规模生产光学超构透镜,可能是光学超构透镜大规模商业化应用的首选路线。相信在不久的将来,光学超构透镜将开启光学成像的新时代。

第8章 计算光学系统设计理论和方法

8.1 计算成像概述

现代光学成像系统在朝着高分辨率、大视场、宽波段、小体积等方向发展,传统光学设计往往通过将光学系统结构复杂化、使用特殊光学面型和光学材料、增大系统口径等方法达到高分辨、大视场、宽波段等设计和使用要求。然而,这种设计方法会增大系统体积,提高研制成本,与现代光学系统小型化发展趋势相悖。随着光学技术和信息技术的发展,除了使用衍射光学元件、非球面光学元件、超构光学透镜外,计算成像技术也推动着现代光学系统的快速发展。

本质上,光学成像是对于光场信息的获取,根据成像目标要求,主要包括强度成像、光谱成像、偏振成像、相位成像等。传统光学成像过程和成像光学系统设计是基于应用光学和像差理论的。区别于传统光学成像,计算光学成像是在传统光学成像的基础上,融入物理光学信息,包括偏振、相位等物理量,以信息传递为准则,多维度获取光场信息,并结合数字和信号处理等内容,对光学目标进行更高维度信息获取的技术,被誉为"下一代光电成像技术"。

计算光学成像技术有望突破传统光学成像技术的物理极限,目前,计算光学成像已与显微计算成像、多波段成像、光谱成像、三维光场成像、微纳成像、仿生光学、光电集成成像等光学工程领域融合,在车辆自动驾驶、工业生产与检测、生命科学与医疗、国防安全等领域有广泛的应用需求与发展潜力。

在计算光学成像方面,20 世纪 80 年代,Cathey 等便提出了光学-图像联合设计的思想,使用光学和后期图像处理共同设计的光学设计方案,系统分辨率有了一定的提升。20 世纪 90 年代开始,计算成像开始从提高系统分辨率进入其他领域,计算成像开始得到快速发展,并得到了全世界范围学者的高度关注。美国杜克大学的 D. Brady 教授多次主办计算光学相关研讨会,将计算光学成像总结为"一种融合了光学、光电子学和信号处理的新成像模式。计算光学成像用联合优化的方法得到好的成像结果,与'光学信号处理'的优化过程是相反的"。该技术的出现打破了传统的分立式的成像模式,将照明光源、传输介质、光学系统、成像探测器以及计算机处理算法等内容统一全局考虑,整个成像链路要兼顾硬件与软件,其链路示意图如图 8.1 所示。本章仅对计算成像技术中的计算光学设计部分进行阐述。

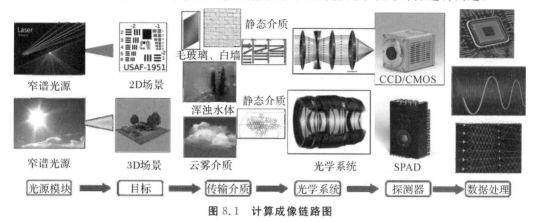

图 8.1　计算成像链路图

SPAD：Single Photon Avalanche Diode 单光子雪崩二极管

8.2　计算成像理论

8.2.1　计算成像光学设计的理论模型

　　传统光学成像是为了获得可满足人眼或者机器视觉要求的图像,因此在进行图像采集时就需要保证获取高质量的图像数据。而实际操作中由于种种原因,成像效果往往达不到预期,所以通常还需要借助于数字图像处理技术对采集的图像进行进一步加工,在此过程中,光学成像过程与数字图像处理是独立且串行的关系,算法被认为是后处理过程,并不纳入成像系统设计的考虑之中,具体过程如图 8.2 所示。对于传统成像技术,如果成像前端所获取的图像数据缺失或者质量不理想,例如严重离焦、噪声污染等,后端仅依靠图像处理技术很难加以弥补。

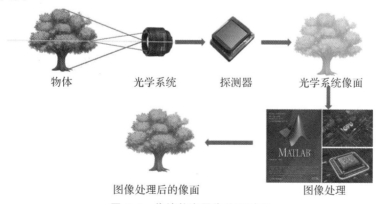

图 8.2　传统数字图像处理过程

　　传统光学设计是基于像差理论,依靠光学设计提高像质的,或者不考虑前端光学系统设计,仅进行成像后的后期图像处理,是在图像端进行处理的,即"成像→处理"的成像方式。与传统光学中仅依靠光学设计提高像质的思路和方法不同,计算成像光学设计是将总体链路中前端的光学部分与后期的信息处理部分相结合进行联合设计的,这种关联特性是计算成像的一个特点,即计算光学成像采用"调制→拍摄→解调"的成像方式,将照明光源、光学系统、探测器与数字图像处理算法作为一个整体考虑,并在设计时统一综合优化。计算成像是间接成像的,第一次得到的图像往往不能直接提供有用信息,需要进行后期处理才可以直接使用,区别于传统光学设计(以直接成像质量为目标去优化整个光学系统),前端成像元件与后端数据处理二者相辅相成,构成一种"光学-数字混合计算成像系统",计算光学成像系统的成像过程如图 8.3 所示。

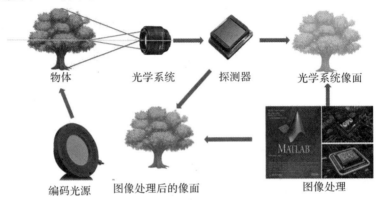

图 8.3　计算光学成像系统的成像过程

　　对于计算成像过程,通过对照明与成像系统人为引入可控的编码,例如结构照明、孔径编码、附加光学传递函数、子孔径分割、探测器可控位移等并作为先验知识,目的是将物体或者场景更多的本质信息调制到传感器所能拍摄到的原始图像信号中;然后,在解调阶段,基于应用光学、波动光学等理论,对场景目标经光学系统成像,再到探测器这一完整图像生成过程,建立精确的正向数学模型,经求解该正向成像模型的"逆问题",以计算重构的方式来获得场景目标的高质量的图像,或者所感兴趣的其他物理信息。

　　计算成像光学设计前端光学系统是以最终信息处理后的图像质量为目标去优化光学系统的,所以前端光学部分的设计会根据后期的处理方式选择适合的简单光学系统实现。与传统成像技术相比,计算成像技术有很多优势,但并不适用于所有的情况,计算成像技术通常适用于解决常规手段解决不了的问题、维度问题和系统复杂、研制成本高的问题。

　　总之,计算光学成像系统的设计需要根据具体的成像任务在光学和算法两方面进行联合优化。而数字图像处理技术仅对传统光学成像系统获取到的图像进行后处理,例如去噪、像素超分、背景虚化等,以获得更好的视觉效果。

8.2.2　图像退化模型和复原方法

　　如图 8.1 所示,现有的传统成像模型为原始目标经过传输介质、光学系统、探测器等的退化作用后成像,再经图像处理得到重构图像,它利用的是光的强度信息对目标进行观察与测量,成像链路按照线性卷积模型构建,并采取光线旁轴线性近似,存在较大的近似误差,无法准确反映复杂多变的成像过程。其成像过程是基于实数变换的,存在信息维度的丢失,无法表征真实成像目标的全部物理信息,成像过程与图像处理之间是割裂的,无法实现有机结合,因此成像的对比度与分辨率较低、对细节的成像能力较差。图像的退化过程可以表示为原始的清晰图像 $f(x,y)$ 与退化函数 $h(x,y)$ 进行卷积后,再和噪声 $n(x,y)$ 进行叠加,最终得到退化后的图像 $g(x,y)$,其过程如图 8.4 所示,可描述为

$$g(x,y)=f(x,y)\otimes h(x,y)+n(x,y) \tag{8-1}$$

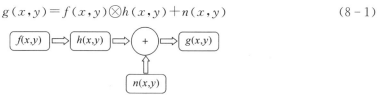

图 8.4　图像退化模型

通常光学系统的点扩散函数可作为退化函数。点扩散函数为一点光源输入光学系统后输出像的光场分布。如果能够得到系统的点扩散函数,就可以采用反卷积的方式求出 $f(x,y)$,但通常该问题的求解是一个病态问题。通常在点扩散函数的求取中,只能求取到近似值;当 $g(x,y)$ 产生很小的波动时,其求解结果 $f(x,y)$ 可能发生很大的变化;$g(x,y)$ 受到噪声 $n(x,y)$ 的影响,在反卷积的过程中会被放大,使得求解结果产生偏离;采用不同的复原算法也会得到不同的复原结果。导致光学成像系统所得到的图像变模糊的因素有很多,比如相机的抖动、被拍摄物体的运动、外界环境条件的影响、相机聚焦不准、光学成像系统自身的像差、外界噪声等。另外,图像在编码解码以及传输过程中都可能变得更加模糊。本部分仅对光学系统自身的像差问题进行论述。

8.2.3　图像复原模型

1. 维纳滤波法

维纳滤波法是一种最为经典的逆卷积方法,适用于图像和噪声没有规律的情况,其目标是求解得到清晰图像的一个近似值,使该值与清晰图像间的偏差最小,这种偏差可以表示为均方误差:

$$e^2=E\{[f(x,y)-\hat{f}(x,y)]^2\} \tag{8-2}$$

式中:E 表示求期望。

为了进一步得到 $f(x,y)$ 的具体求解方法,需要进行一些假设,假设图像的噪声 $n(x,y)$ 和图像 $f(x,y)$ 没有关系,它们之中存在 0 均值的情况,所求得的 $f(x,y)$ 中灰度等级与 $g(x,y)$ 中的灰度等级存在线性关系。在以上的假设条件下,式(8-2)中误差函数最小时的 $f(x,y)$ 在频域的求解式可以表示为

$$\hat{F}(u,v)=\left[\frac{H^*(u,v)S_f(u,v)}{S_f(u,v)|H(u,v)|^2+S_n(u,v)}\right]G(u,v)$$

$$=\left[\frac{H^*(u,v)}{|H(u,v)|^2+S_n(u,v)/S_f(u,v)}\right]G(u,v)$$

$$=\left[\frac{1}{H(u,v)}\frac{|H(u,v)|^2}{|H(u,v)|^2+S_n(u,v)/S_f(u,v)}\right]G(u,v) \tag{8-3}$$

式中:$H(u,v)$ 是退化函数 $h(x,y)$ 的频域变换式,对于复共轭 $H^*(u,v)$ 的转换基于一个

定理,即复数与其共轭变换的乘积等于复数幅度的二次方。$S_n(u,v)$ 和 $S_f(u,v)$ 可分别表示为

$$S_n(u,v)=|N(u,v)|^2 \tag{8-4}$$

和

$$S_f(u,v)=|F(u,v)|^2 \tag{8-5}$$

式中:$N(u,v)$ 为噪声 $n(x,y)$ 的频域变换式;$F(u,v)$ 为未退化图像 $f(x,y)$ 的频域变换式。

为了便于理解以及计算,将 $f(x,y)$ 的求解形式用其傅里叶变换的形式 $F(x,y)$ 给出,最终的空域图像需要由频域的估计 $F(x,y)$ 的傅里叶反变换给出。

2. Richardson-Lucy 逆卷积算法

Richardson-Lucy 是目前应用很广泛的一种图像复原算法,它是一种迭代算法,是基于最大似然理论的逆卷积求解方法。Richardson-Lucy 逆卷积算法假设图像满足泊松分布,这明显不同于维纳滤波当中的"图像是随机分布的"前提,在该假设下通过最大化似然函数可以求出 $f(x,y)$ 的表达式,即表示为

$$\hat{f}=\mathrm{argmax}[P(f\backslash g)] \tag{8-6}$$

Richardson-Lucy 算法通过最大化找到 $f(x,y)$ 的最佳估计值,这是一个求取极大值的优化问题,为了便于求解,可以将该求极大值的问题转化为求 $-\ln P[g(x,y)/f(x,y)]$ 最小值的问题,进一步可以转化,等价于最小化:

$$J_{x,y}[f(x,y)]=\sum_{x,y}\{\ln[f(x,y)\otimes h(x,y)]+f(x,y)\otimes h(x,y)\}$$
$$\ln[f(x,y)\otimes h(x,y)]+f(x,y)\otimes h(x,y)$$
$$\sum_{x,y}\{-g(x,y)\ln[f(x,y)\otimes h(x,y)]+f(x,y)\otimes h(x,y)\} \tag{8-7}$$

由于是关于 $f(x,y)$ 的凸函数,所以要解 $f(x,y)$ 只要将 $J_{x,y}[f(x,y)]$ 对 $f(x,y)$ 求导,并求解其倒数为零时的情况,即

$$\frac{g(x,y)}{\hat{f}_k(x,y)\otimes h(x,y)}\otimes h(-x,-y)=1 \tag{8-8}$$

式中:$\hat{f}(x,y)$ 的递推关系可由下式给出,即

$$\hat{f}_{k+1}(x,y)=\left[\frac{g(x,y)}{\hat{f}_k(x,y)\otimes h(x,y)}\otimes h(-x,-y)\right]\hat{f}_k(x,y) \tag{8-9}$$

3. 盲去卷积复原算法

在点扩散函数未知的情况下,盲去卷积是实现图像恢复的有效方法。盲去卷积的方法有多种,本书主要介绍由 Fish 提出的基于 Richardson-Lucy 的盲去卷积算法。盲去卷积需要两步进行复原,因为既不知道原始图像 $f(x,y)$,也不知道退化函数 $h(x,y)$。Richardson-Lucy 算法是一种迭代算法,在第 k 轮迭代中,假设原始图像 $f(x,y)$ 已知,即 $k-1$ 轮得到的 f^{k-1},再通过 R-L 公式求解 h^k,随后再用 h^k 求解 f^k,反复迭代,最后求得最终 f 和 g。因此,在求解最初,需要同时假设一个复原图像 f^0 和一个退化函数 h^0。迭代公式为

$$\left.\begin{array}{l} h_{i+1}{}^{k}(x,y)=\left[\dfrac{g(x,y)}{h_i{}^{k}(x,y)\otimes f^{k-1}(x,y)}\otimes f^{k-1}(-x,-y)\right]h_i{}^{k}(x,y) \\[4mm] f_{i+1}{}^{k}(x,y)=\left[\dfrac{g(x,y)}{f_i{}^{k}(x,y)\otimes h^{k}(x,y)}\otimes h^{k}(-x,-y)\right]f_i{}^{k}(x,y) \end{array}\right\} \quad (8-10)$$

在盲去卷积中,最优化问题在约束条件下并假定收敛时通过迭代来求解,得到最大 $f(x,y)$ 和 $h(x,y)$ 就是还原的图像和点扩散函数。

8.3　计算光学设计方法

8.3.1　设计思路和模型

传统光学成像系统设计采用"光学—图像"的顺序式设计方法,设计过程通过优化透镜材料、曲率半径、厚度等参数,实现光学像差校正。光学联合设计方法则基于图像复原算法与光学系统设计对于光学像差的互补校正思路,将光学设计和图像复原同步优化,以图像复原算法的复杂度代替光学系统结构的硬件复杂度,从而降低光学系统设计难度,使得极简光学系统可实现复杂光学系统的成像效果,计算光学设计目标可表示为

$$E(\Omega_{\mathrm{O}},\Omega_{\mathrm{D}})=\mathrm{argmin}(S_{\mathrm{I}},S_{\mathrm{II}},S_{\mathrm{III}},S_{\mathrm{IV}},S_{\mathrm{V}},S_{\mathrm{I}C},S_{\mathrm{II}C}) \quad (8-11)$$

式中:Ω_{O} 和 Ω_{D} 分别代表光学系统和图像复原算法的设计变量;S_{I}、S_{II}、S_{III}、S_{IV}、S_{V}、$S_{\mathrm{I}C}$ 和 $S_{\mathrm{II}C}$ 分别代表光学系统自身的球差、彗差、像散、场曲、畸变、位置色差(横向色差)和倍率色差(垂轴色差)。

传统设计是基于像差理论对光学系统进行设计的,从而在探测器像面上获取清晰成像效果,导致光学结构复杂;而图像复原处理则作为非必要的补充部分,当光学系统存在明显畸变或者成像因运动模糊等外因发生图像退化时,图像复原才成为必要部分。光学联合设计方法由于考虑了后续图像复原算法对于光学像差的校正能力,采用简单透镜光学结构成像,在探测器像面上不需获取清晰图像,只需获得用于后续复原的图像信息即可,通过图像复原处理后获得与传统设计复杂镜头相媲美的图像。传统设计方法和联合设计方法对比如图 8.5 所示。

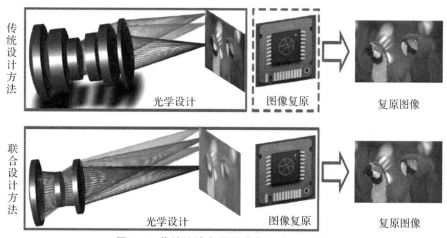

图 8.5　传统设计方法和联合设计方法对比

计算光学设计方法的思路就是把复杂的成像过程简化成"端对端"成像模型,并采用"端对端"的评价指标作为整体设计的优化判据,通过同时调整成像链路中各个环节的参数使"端对端"评价指标达到最优。计算光学设计方法并不追求光学成像系统达到最优性能或者图像处理系统达到最优性能,而是追求光学成像系统和图像处理系统的完美匹配,从而使整个系统达到最优性能。结合计算成像的建模分析过程可得计算光学设计方法的整体设计思路,具体为:

首先,成像目标先验模型中的先验信息作为求解过程中的约束条件。这包括:根据目标场景的特殊成像要求得到光学系统设计的初始结构,即成像目标先验模型为光学成像模型的建立提供了初始条件;根据目标场景的先验知识可以快速求解算法的滤波函数,减少图像处理算法的迭代次数,即成像目标先验模型为图像处理模型的建立增加了约束条件。

其次,光学成像系统和图像处理系统联合优化的过程,就是两个子系统对像差选择性校正的过程。由于光学镜头成像的同时会引入像差,因此光学设计的过程就是对像差的平衡校正过程。但是由于残留像差的存在,光学系统的输出图像会产生模糊,需要利用图像处理算法进行去模糊,来进一步提高图像的视觉效果,光学成像系统和图像处理系统的作用归根到底都是对像差进行校正,只是两个系统对不同的像差校正的难易程度不同。因此,可以把易于用数字处理补偿的像差用图像处理算法校正,把不易用数字处理补偿的其他像差留给光学设计校正,通过像差的选择性校正,使光学成像系统和图像处理系统的优势互补、互相约束,从而使整体图像效果达到最佳。

最后,整体评价指标模型为整个系统的优化迭代提供了有效的判据。在满足像差平衡和像差选择性校正的约束条件下,调整光学系统的设计参数,进行光学系统优化设计;将光学系统的输出图像传递给图像处理系统,通过调整图像处理系统的设计参数对图像进行处理;判断是否满足整体评价指标的要求,如果不满足,那么将该结果反馈到光学系统设计环节,再次优化光学系统的设计参数,将光学系统的输出图像再次传递给图像处理系统。不断进行迭代,直到满足整体评价指标的要求。

基于采用图像复原算法对光学像差校正的难度分析的结果,建立光学系统设计、图像复原处理优化链路,将两者视作整体进行全局性优化,以复原后图像与原始图像的端对端图像质量评价指标作为全局性优化评价标准,推动光学系统结构参数和图像复原算法参量优化,从而在自动优化迭代过程中,使得易于图像复原校正的像差由图像复原校正,其余像差则由光学系统设计过程校正。

8.3.2 光学-数字联合设计实现过程

要实现光学设计与图像处理的联合优化,需要将光学系统输出模糊图像传递给图像复原部分进行处理,并将处理后的复原图像与原始图像进行"端对端"评价,再将评价指标返还光学设计,进一步进行光学结构参数优化,直到在现有图像复原算法下获得满意的光学设计结果,这个过程需实现非人工干预的自动迭代。

光学设计软件,例如常用商用光学设计软件 ZEMAX,具有二次开发功能,具有的外部扩展功能能够实现光学－数字联合设计,例如可以使用 Microsoft Visual Studio 等与 ZEMAX 建立动态数据交换(Dynamic Data Exchange,DDE),从而获取含有像差的光学系统的模糊图像,将复原图像和原始图像的"端对端"评价指标返回给 ZEMAX。此外,ZEMAX 也可以优化其他应用程序计算的数据,即可以以此数据作为优化评价函数对光学系统设计进行像差选择性校正,这个过程也叫做用户自定义操作数(User Defined Operand,UDO),这样能够使得以"端对端"指标为评价标准,采用 ZEMAX 的阻尼最小二乘法优化光学结构参数成为可实现的目标。另外,ZEMAX 的外部扩展部分程序编写包括建立与 ZEMAX 相连的信息传递链、图像复原算法、端对端评价指标以及指标参数返回部分。

光学联合设计与传统设计实现方法的区别在于:传统设计方法将光学系统设计过程和图像复原过程割裂为两个独立部分,在 ZEMAX 等光学设计软件中进行光学系统设计和优化;根据探测器获得图像的退化模型,在 MATLAB 或者 C 语言等编程软件中,进行图像复原与评价,图像复原是传统光学成像系统设计的非必要部分。其中:ZEMAX 中的光学系统设计过程包括复杂镜头初始结构选型,以点列图、调制传递函数曲线等光学像质评价函数为标准,进行像差校正和优化,最终获得最优光学结构;C 语言等编程软件中的图像复原过程不关注光学设计像差校正的剩余像差情况,仅根据运动模糊等图像退化表征,采用图像复原算法对退化图像进行处理,以图像评价指标均方误差(Mean Squared Error,MSE)等为标准,进行复原算法参数优化调整,获取其最终图像复原结果。

光学联合设计方法将光学系统设计过程和图像复原过程作为一个整体:在 ZEMAX 中进行光学镜头初始结构设计;再将 ZEMAX 光学输出模糊图像经动态数据交换 DDE 导入外部扩展程序 C 编程软件中,进行图像复原与像质评价;将端对端图像质量评价指标,比如均方误差 MSE,通过 DDE 返还给 ZEMAX;利用 ZEMAX 本身的阻尼最小二乘优化方法,以 MSE 为标准对光学系统结构参数和图像复原算法进行优化,在优化过程中,易于采用图像复原算法校正的像差由图像复原校正,其余由光学设计校正,以减轻光学设计压力,最终获得用图像复原算法校正的光学结构参数和对应图像复原算法,通过对所优化光学系统输出模糊图像,进行图像算法复原可获得高像质图像。

8.3.3　光学-数字联合设计成像质量评价

根据计算成像的特点,由前端光学系统直接成像的图像往往是不能直接使用的,使用传统的光学评价方法是不能够反映计算成像系统的成像质量的,所以下面讨论几种适合计算成像的图像质量评价方法,用来评价此类光学系统成像复原后的图像质量。

1.主观评价法

该评价方法是由人直接对图像作出评价,主要是针对图像的对比度、清晰度进行评价,不需要进行复杂的运算。但这个评价结果会受多个方面的影响,如图像的色彩、灰度等,会影响观测者对于图像清晰度的判断,可能会出现视觉错觉,产生错误的判断;评价结果还会受评价者本人在评价时的主观因素的影响,例如观测者的评价标准、心情、爱好等,所以主观评价不能做到绝对一致。

2. 客观评价法

客观评价是对图像采用计算方法,计算出一个评价值,通过对比评价值的大小来判断每个图像的优劣。可以采用图像调制传递函数来进行客观评价。

(1)调制传递函数。对于成像光学系统来说,输出信号相比于输入信号,对比度、相位都会发生变化。光学系统输入的正弦分布的光强信号 $I(x)$ 可以表示为

$$I(x) = I_0 + I_a \cos 2\pi\nu x \tag{8-12}$$

式中: I_0 是均匀低亮度的光强; I_a 是输入光强信号的振幅; ν 是频率; x 是坐标。

输出信号 $I'(x)$ 可表示为

$$I'(x) = I_0 + I'_a \cos[2\pi\nu x - \theta(\nu)] \tag{8-13}$$

式中: I'_a 是输出光强信号的振幅; $\theta(\nu)$ 是相位因子。

设输入图像的对比度为 MOD,输出图像的对比度为 MOD',两者可以分别表示为

$$\text{MOD}(\nu) = \frac{I_{\max} - I_{\min}}{I_{\max} + I_{\min}} \tag{8-14}$$

和

$$\text{MOD}'(\nu) = \frac{I'_{\max} - I'_{\min}}{I'_{\max} + I'_{\min}} \tag{8-15}$$

式(8-14)和式(8-15)中: $I_{\max}$ 和 $I_{\min}$ 分别是输入图像光强的极大值与极小值; $I'_{\max}$ 和 $I'_{\min}$ 分别是输出图像光强的极大值与极小值。将式(8-12)、式(8-13)结合式(8-14)、式(8-15)可得

$$\text{MOD}(\nu) = \frac{I_a}{I_0} \tag{8-16}$$

和

$$\text{MOD}'(\nu) = \frac{I'_a}{I'_0} \tag{8-17}$$

调制传递函数 MTF 是光学系统像质评价的主要方法之一。调制传递函数与图像对比度关系为

$$\text{MTF}(\nu) = \frac{\text{MOD}'(\nu)}{\text{MOD}(\nu)} \tag{8-18}$$

由于输入图像经过光学系统后会产生一定的退化,所以输出图像的对比度会产生一定程度的下降,调制传递函数的数值总是在 0~1 之间,越接近 1 表明成像质量越好。

(2)图像质量评价函数。图像质量评价函数以某种函数关系去计算图像的函数值,函数值反映了图像的质量。在有原始清晰图像的基础上,将复原后的图像与原始清晰图像进行某种函数操作,将该函数值作为评价标准来评价复原图像的质量,主要包括峰值信噪比和结构相似性两类评判准则。

峰值信噪比(Peak Signal-to-Noise Ratio,PSNR)是基于均方误差 MSE 定义的,对给定一个大小为 $m \times n$ 的原始图像 I 和对其添加噪声后的噪声图像 K,其 MSE 可定义为

$$\text{MSE} = \frac{1}{mn} \sum_{i=0}^{m-1} \sum_{j=0}^{n-1} [I(i,j) - K(i,j)]^2 \tag{8-19}$$

则 PSNR 可定义为

$$\mathrm{PSNR} = 10 \cdot \lg \frac{\mathrm{MAX}_I^2}{\mathrm{MSE}} = 20 \cdot \lg \frac{\mathrm{MAX}_I}{\sqrt{\mathrm{MSE}}} \tag{8-20}$$

式中：MAX_I 为图像的最大像素值；PSNR 的单位为 dB。若每个像素由 8 位二进制表示，则其值为 $2^8 - 1 = 255$。但注意这是针对灰度图像的计算方法，若是彩色图像，通常可以由以下方法进行计算：计算 RGB 图像 3 个通道中每个通道的 MSE 值再求平均值，进而求 PSNR；PSNR 值越大，表示图像的质量越好。

结构相似性（Structural Similarity，SSIM）通过 3 个方面来对两幅图像的相似性进行评估，即亮度（luminance）、对比度（contrast）和结构（structure）。

$$l(x,y) = \frac{2\mu_x\mu_y + c_1}{\mu_x^2 + \mu_y^2 + c_1} \quad c(x,y) = \frac{2\sigma_x\sigma_y + c_2}{\sigma_x^2 + \sigma_y^2 + c_2} \quad s(x,y) = \frac{\sigma_{xy} + c_3}{\sigma_x\sigma_y + c_3} \tag{8-21}$$

一般取 $c_3 = c_2/2$；μ_x 为 x 的均值；μ_y 为 y 的均值；σ_x^2 为 x 的方差；σ_y^2 为 y 的方差；$\sigma_x\sigma_y$ 为 x 和 y 的协方差；$c_1 = (k_1 L)^2$ 和 $c_2 = (k_2 L)^2$ 为两个常数，避免除零；L 为像素值的范围；$k_1 = 0.01$，$k_2 = 0.03$ 为默认值。

$$\mathrm{SSIM}(x,y) = \frac{(2\mu_x\mu_y + c_1)(2\sigma_x\sigma_y + c_2)}{(\mu_x^2 + \mu_y^2 + c_1)(\sigma_x^2 + \sigma_y^2 + c_2)} \tag{8-22}$$

SSIM 取值范围 $[0,1]$，值越大，表示图像失真越小。

8.4　计算光学设计的挑战与机遇

计算光学设计基于全局优化思想实现光学系统像差校正，可广泛应用于光电设备的镜头设计中，达到简化光学结构的目的。该方法还可用于红外光学系统无热化设计，使光学系统点扩散函数对环境温度变化产生的离焦不敏感，从而获得高分辨率图像。也可用于变焦光学系统设计，使得光学系统点扩散函数对焦距变化产生的离焦不敏感，使用同一点扩散函数复原不同焦距下的光学成像结果，从而简化变焦系统补偿组的设计。同理，该方法可应用于其他有扩展焦深的光学系统设计中。

计算光学设计可以在一定程度上简化传统光学系统结构，但尚不能完全替代，特别是对实时性要求很高的光学系统，还存在一定问题。计算光学设计可以作为传统光学设计的补充，在实现高性能的光学系统成像时，结合计算光学设计和传统光学设计优势，使较简单的光学系统达到与复杂光学系统相媲美的系统性能和成像质量。此外，传统光学系统加工、装配、检测是以分辨率最优或者弥散斑最小为标准进行的，计算光学设计中的光学系统硬件并不是像质最优状态，因此，对于特定的光学系统，需要针对性测试系统点扩散函数，进而完成光学系统研制。

参考文献

[1] 李景镇. 光学手册[M]. 西安:陕西科学技术出版社,2010.

[2] MAX B,EMIL W. Principles of optics[M]. Cambridge:Cambridge University Press,1997.

[3] GOODMAN D S. General principles of geometric optics[M]. New York:McGraw-Hill,1995.

[4] SMITH W J. Practical optical system layout[M]. New York:McGraw-Hill,1997.

[5] 张以谟. 现代应用光学[M]. 北京:电子工业出版社,2018.

[6] 马东林. 现代应用光学[M]. 武汉:华中科技大学出版社,2020.

[7] 王文生,刘冬梅. 应用光学[M]. 武汉:华中科技大学出版社,2019.

[8] WOOD R W. Diffraction gratings with controlled groove form and abnormal distribution of intensity[J]. The London,Edinburgh,and Dublin Philosophical Magazine and Journal of Science,1912,23(134):310 − 317.

[9] BROWN B R,LOHMAN A W. Complex spatial filtering with binary masks[J]. Applied Optics,1966,5(6):967 − 969.

[10] LESEM L B,HIRSCH P M,JORDAN J A. The kinoform:a new wavefront reconstruction device[J]. IBM Journal of Research and Development,1969,13(2):150 − 155.

[11] JORDAN J A,HIRSCH P M,LESEM L B,et al. Kinoform lenses[J]. Applied Optics,1970,9(8):1883 − 1887.

[12] SWANSON G J,VELDKAMP W B. Binary lenses for use at 10.6 micrometers[J]. Optical Engineering,1985,24(5):791 − 795.

[13] SWANSON G J. Binary optics technology:the theory and design of multi-level diffractive optical elements[M]. Massachusetts:Massachusetts Institute of Technology,Lincoln Laboratory,1989.

[14] SWANSON G J,VELDKAMP W B. Diffractive optical elements for use in infrared systems[J]. Optical Engineering,1989,28(6):605 − 608.

[15] 杨国光. 微光学与系统[M]. 杭州:浙江大学出版社,2008.

［16］颜树华.衍射微光学设计［M］.北京:国防工业出版社,2011.

［17］SWEET W C. Describing holographic optical elements as lenses［J］. Journal of the Optical Society of America,1977,67(6):803 − 808.

［18］KLEINHANS W A. Aberrations of curved zone plates and Fresnel lenses［J］. Applied Optics,1977,16(6):1701 − 1704.

［19］ZHANG B,PIAO M,CUI Q. Achromatic annular folded lens with reflective-diffractive optics［J］. Optics Express,2019,27(22):32337 − 32348.

［20］张以谟.应用光学［M］.北京:机械工业出版社,1987.

［21］FORBES G W. Characterizing the shape of freeform optics［J］. Optics Express,2012, 20(3):2483 − 2499.

［22］MIÑANO J C,BENÍTEZ P,LIN W,et al. An application of the SMS method for imaging designs［J］. Optics Express,2009,17(26):24036 − 24044.

［23］NIE Y,THIENPONT H,DUERR F. Multi-fields direct design approach in 3D:calculating a two-surface freeform lens with an entrance pupil for line imaging systems［J］. Optics Express,2015,23(26):34042 − 34054.

［24］CHRISP M P,PRIMEAU B,ECHTER M A. Imaging freeform optical systems designed with NURBS surfaces［J］. Optical Engineering,2016,55(7):71208.

［25］BAUER A,SCHIESSER E M,ROLLAND J P. Starting geometry creation and design method for freeform optics［J］. Nature Communications,2018,9(1):1756.

［26］FUERSCHBACH K,ROLLAND J P,THOMPSON K P. Theory of aberration fields for general optical systems with freeform surfaces［J］. Optics Express,2014,22(22): 26585 − 26606.

［27］CHUNG J,MARTINEZ G W,LENCIONI K C,et al. Computational aberration compensation by coded aperture-based correction of aberration obtained from optical Fourier coding and blur estimation［J］. Optica,2019,6(5):647 − 661.

［28］GANNON C. LIANG R. Ray mapping with surface information for freeform illumination design［J］. Optics Express,2017,25(8):9426 − 9434.

［29］YANG T,ZHU J,WU X,et al. Direct design of freeform surfaces and freeform imaging systems with a point-by-point three − dimensional construction − iteration method［J］. Optics Express,2015,23(8):10233 − 10246.

［30］YANG T,CHENG D W,WANG Y T. Aberration analysis for freeform surface terms overlay on general decentered and tilted optical surfaces［J］. Optics Express,2018,26(6):7751 − 7770.

［31］HAN J,LIU J,YAO X C,et al. Portable waveguide display system with a large field of view by integrating freeform elements and volume holograms［J］. Optics Express,

2015,23(3):3534 - 3549.

[32] DUAN Y Z,YANG T,CHENG D W,et al. Design method for nonsymmetric imaging optics consisting of freeform-surface-substrate phase elements[J]. Optics Express,2020,28 (2):1603 - 1620.

[33] MENG Q Y,WANG H Y,LIANG W J,et al. Design of off-axis three-mirror systems with ultrawide field of view based on an expansion process of surface freeform and field of view[J]. Applied Optics,2019,58(3):609 - 615.

[34] YANG T, ZHU J, HOU W, et al. Design method of freeform off-axis reflective imaging systems with a direct construction process[J]. Optics Express,2014,22(8):9193 - 9205.

[35] LIU X Y,GONG T T,JIN G F,et al. Design method for assembly-insensitive freeform reflective optical systems[J]. Optics Express,2018,26(21):27798 - 27811.

[36] WU R M,XU L,LIU P,et al. Freeform illumination design:a nonlinear boundary problem for the elliptic Monge-Ampère equation[J]. Optics Letters,2013,38(2):229 - 231.

[37] WU R M,YANG L,DING Z H,et al. Precise light control in highly tilted geometry by freeform illumination optics[J]. Optics Letters,2019,44(11):2887 - 2890.

[38] BEIER M,HARTUNG J,PESCHEL T,et al. Development,fabrication,and testing of an anamorphic imaging snap-together freeform telescope[J]. Applied Optics,2015,54 (12):3530 - 3542.

[39] NIE Y,MOHEDANO R,BENITEZ P,et al. Multifield direct design method for ultrashort throw ratio projection optics with two tailored mirrors[J]. Applied Optics,2016,55 (14):3794 - 3800.

[40] JAHN W,FERRARI M,HUGOT E. Innovative focal plane design for large space telescope using freeform mirrors[J]. Optica,2017,4(10):1188 - 1195.

[41] HUANG H K,HUA H. High-performance integral-imaging-based light field augmented reality display using freeform optics[J]. Optics Express,2018,26(13):17578 - 17590.

[42] NIE Y,GROSS H,ZHONG Y,et al. Freeform optical design for a nonscanning corneal imaging system with a convexly curved image[J]. Applied Optics,2017,56(20):5630 - 5638.

[43] LIU C,STRAIF C,FLÜGEL P T,et al. Comparison of hyperspectral imaging spectrometer designs and the improvement of system performance with freeform surfaces[J]. Applied Optics,2017,56(24):6894 - 6901.

[44] ROBERT E F,BILJANA T G,PAUL R Y. Optical System Design[M]. New York: McGraw - Hill,2000.

[45] LIU W Y,XU Y Y,YAO Y,et al. Relationship analysis between transient thermal control mode and image quality for an aerial camera[J]. Applied Optics,2017,56(4):1028 -

1036.

[46] FRIEDMAN I. Thermo-optical analysis of two long-focal-length aerial reconnaissance lenses[J]. Optical Engineering,1981,20(2):161 – 165.

[47] YU N,GENEVET P,KATS M A,et al. Light propagation with phase discontinuities: generalized laws of reflection and refraction[J]. Science,2011,334(6054):333 – 337.

[48] KHORASANINEJAD M,CHEN W T,DEVLIN R C,et al. Metalenses at visible wavelengths:diffraction-limited focusing and subwavelength resolution imaging[J]. Science,2016,352(6290):1190 – 1194.

[49] LI T,CHEN C,XIAO X J,et al. Revolutionary meta-imaging:from superlens to metalens [J]. Photonics Insights,2023,2:R01.

[50] ARBABI A,HORIE Y,BALL A J,et al. Subwavelength-thick lenses with high numerical apertures and large efficiency based on high – contrast transmitarrays[J]. Nature Communications,2015,6(1):7069.

[51] 冷柏锐,陈沐谷,蔡定平. 超构器件的设计、制造与成像应用[J]. 光学学报,2023,43 (8):3 – 21.

[52] WANG S,WU P C,SU V C,et al. Broadband achromatic optical metasurface devices [J]. Nature Communications,2017,8(1):187.

[53] MAKAROV S V,MILICHKO V,USHAKOVA E V,et al. Multifold emission enhancement in nanoimprinted hybrid perovskite metasurfaces[J]. ACS Photonics, 2017,4(4):728 – 735.

[54] KHORASANINEJAD M,CHEN W T,ZHU A Y,et al. Multispectral chiral imaging with a metalens[J]. Nano Letters,2016,16(7):4595 – 4600.

[55] ARBABI E,KAMALI S M,ARBABI A,et al. Full-Stokes imaging polarimetry using dielectric metasurfaces[J]. ACS Photonics,2018,5(8):3132 – 3140.

[56] LUO Y,TSENG M L,VYAS S,et al. Meta-lens light-sheet fluorescence microscopy for in vivo imaging[J]. Nanophotonics,2022,11(9):1949 – 1959.

[57] PAHLEVANINEZHAD H,KHORASANINEJAD M,HUANG Y W,et al. Nano-optic endoscope for high-resolution optical coherence tomography in vivo[J]. Nature Photonics, 2018,12(9):540 – 547.

[58] LIN R J,SU V C,WANG S,et al. Achromatic metalens array for full-colour light-field imaging[J]. Nature Nanotechnology,2019,14(3):227 – 231.

[59] CATHEY W T,FRIEDEN B R,RHODES W T,et al. Image gathering and processing for enhanced resolution[J]. Journal of the Optical Society of America A,1984,1(3):

241－250.

［60］ 邵晓鹏,苏云,刘金鹏,等.计算成像内涵与体系[J].光子学报,2021,50(5):1－23.

［61］ 李江勇,吴晓琴,刘飞,等.基于全局性优化的极简光学系统设计[J].光学学报,2021,41(24):237－246.

［62］ 邵晓鹏.计算光学带来的成像革命[M].北京:化学工业出版社,2023.

附录 A 应用光学虚拟仿真实验

实验 1 用自准法测薄凸透镜焦距实验

1.1 实验目的

(1)掌握光的可逆原理的光路调节方法。
(2)掌握薄透镜焦距的常用测定方法。
(3)理解透镜的成像规律。

1.2 实验仪器

(1)带有毛玻璃的白炽灯光源	1 个
(2)品字形物屏	1 个
(3)被测凸透镜($f=50$ mm、150 mm、225 mm)	3 个
(4)平面反射镜	1 个
(5)二维调整架	2 个
(6)光学导轨	1 支
(7)滑座	4 个

1.3 实验原理

如图实 1.1 所示,若发光点(物 P)正好处在透镜的前焦平面处,那么物体上各点发出的光经过透镜后,变成一束平行光,经透镜后方的反射镜把平行光反射回来,反射光再次经过透镜后,在透镜焦平面上成一倒立的与原物大小相同的实像 Q,物 P 与像 Q 处于相对于光轴对称的位置上。物与透镜之间的距离就是透镜的焦距,它的大小可直接量出来。

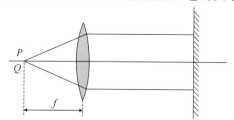

图实 1.1 用自准法测薄凸透镜焦距实验原理

1.4 实验步骤

(1)按图实 1.2 的实验装置,从左向右依次摆放白炽灯光源、物屏、被测凸透镜、平面反射镜,并将整个光路调至共轴。然后拉开一定的距离,可调成图实 1.2 所示的距离。

(2)前后移动被测凸透镜,直到物屏上成一清晰的镂空图像的倒立实像;调节平面反射镜的倾角,使物屏上的像与物重合。

(3)再前后微动透镜,使物屏上的像最清晰且与物等大,即像与物充满同一圆;分别记下物屏和被测凸透镜的位置 a_1、a_2,填入表实 1.1 中。

(4)将被测凸透镜取下,换面,重复步骤(1)~(3);再分别记下物屏和被测凸透镜的新位置 b_1、b_2,填入表实 1.1 中。

注:所有读数以滑座左边缘为准,以毫米为单位,a_1 = 读数值 + 11,a_2 = 读数值 + 22;b_1 = 读数值 + 11,b_2 = 读数值 + 22。观察透镜与滑座左边缘的相对位置来判断是否对 a_2、b_2 量值进行修正。

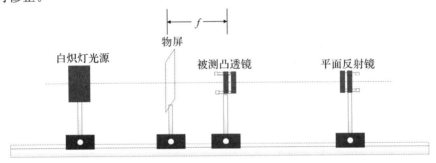

图实 1.2 实验装置

表实 1.1 自准法测量薄透镜焦距参数

被测焦距	数据						
	f	a_1	a_2	f_a	b_1	b_2	f_b
f = 50 mm							
f = 150 mm							
f = 225 mm							

数据处理:$f_a = a_2 - a_1$,$f_b = b_2 - b_1$。

被测凸透镜焦距:$f = (f_a + f_b)/2$。

(5)更换凸透镜重复以上步骤测量其焦距,比较实验值和真实值的差异,并分析其原因。

4.5 注意事项

(1)所有实验仪器的光学抛光表面,不得用手触摸或者随意擦抹,要轻拿轻放,安装光学元件如反射镜时不可拧得过紧,以免应力集中而破裂。

(2)必须在事先了解仪器性能、熟悉仪器的调节和使用方法后才能使用仪器。

(3)搬动或者调整光电仪器时必须加倍小心(去掉各仪器的连线,将电源接线整理好),

轻拿轻放,缓慢调节,严防跌落,严禁私自拆卸仪器。

(4)实验完毕,应将仪器放置于防尘、防潮、防震的地方。

(5)实验过程中避免眼睛直视光源。

实验 2　用位移法测薄凸透镜焦距实验

2.1　实验目的

(1)学会调节光学系统共轴。

(2)掌握薄透镜焦距的常用测定方法。

(3)理解透镜成像的规律。

2.2 实验仪器

(1)带有毛玻璃的白炽灯光源	1个
(2)品字形物屏	1个
(3)被测凸透镜($f=50$ mm、150 mm、225 mm)	3个
(4)二维调整架	1个
(5)像屏	1个
(6)滑座	4个
(7)光学导轨	1支

2.3　实验原理

如图实 2.1 所示,设薄透镜的物方焦距为 f,像方焦距为 f',物距为 p,对应的像距为 p',在近轴光线的条件下,有

$$\frac{f'}{f}=-\frac{n'}{n} \tag{实 2-1}$$

则透镜成像的高斯公式为

$$\frac{1}{p'}-\frac{1}{p}=\frac{1}{f'} \tag{实 2-2}$$

故

$$f'=\frac{pp'}{p-p'} \tag{实 2-3}$$

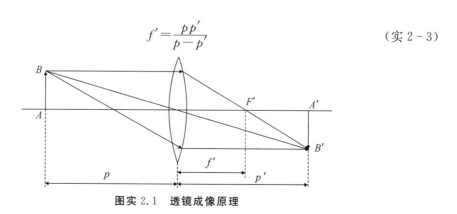

图实 2.1　透镜成像原理

在应用式(实 2-3)时必须注意各物理量所适用的符号法则。在本实验中规定,从参考点(薄透镜光心)量起,与光线行进方向一致时为正,反之为负,运算时,已知物理量须添加符号,未知量则根据结果中的符号判断其物理意义。

测量会聚透镜焦距的一般方法是按测量物距与像距求得。具体方法是:用反射光照明后的实物作为光源,其发出的光线经会聚透镜后,在一定条件下成实像,可用白屏接收实像加以观察,通过测定物距和像距,利用式(实 2-2)即可算出。

当物体与白屏的距离 $l > 4f'$ 时,保持其相对位置不变,则会聚透镜置于物体与白屏之间,可以找到两个位置,在白屏上都能看到清晰的像,即第一次成像时,物距 p 小于像距 p'。第二次成像物距等于第一次成像像距,像距等于第一次物距。如图实 2.2 所示,透镜两位置之间的距离的绝对值为 d,运用物像的共扼对称性质,有

$$\left.\begin{array}{l} p=\dfrac{l-d}{2} \\[2mm] p'=d+p=\dfrac{l+d}{2} \end{array}\right\} \tag{实 2-4}$$

而

$$f'=\frac{pp'}{p-p'}$$

则

$$f'=\frac{l^2-d^2}{4l} \tag{实 2-5}$$

式(实 2-5)表明:只要测出 d 和 l,就可以算出 f'。由于是通过透镜两次成像而求得的 f',因此这种方法称为二次成像法或贝赛尔法。利用这种方法,不需考虑透镜本身的厚度,因此用这种方法测出的焦距一般较为准确。

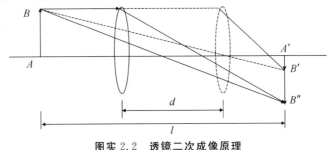

图实 2.2　透镜二次成像原理

2.4　实验步骤

(1)按图实 2.3 所示依次摆好光源、物屏、被测凸透镜、像屏,目测调至共轴,再使物屏和像屏之间的距离 l 大于 4 倍焦距,测量像屏和物屏之间的距离 l,并记录在表实 2.1 中。

(2)沿光学导轨前后移动被测凸透镜,使品字形物屏在像屏上成一清晰的放大实像,测量被测透镜与物屏间的距离 d_1,填入表实 2.1 中。

(3)再沿光学导轨向后移动被测凸透镜,使物在像屏上成一缩小的实像,测量被测透镜与物屏间的距离 d_2,填入表实 2.1 中。

(4)将被测凸透镜取下,换面,重复步骤(1)~(3),将被测透镜与物屏间的距离 d_3、d_4,

填入表实 2.1 中。

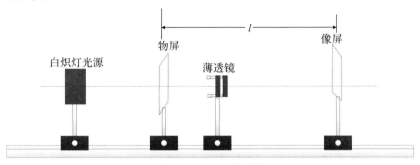

图实 2.3 实验装置图

表实 2.1 位移法测量薄透镜焦距数据

被测焦距	数 据									
	l	d_1	d_2	D_1	f_1	d_3	d_4	D_2	f_2	f
$f = 50$ mm										
$f = 150$ mm										
$f = 225$ mm										

注:所有读数以 mm 为单位。

(5)数据处理:$D_1(D_2)$为共轭成像时透镜两个位置之间的间距,即为 d:

$$D_1 = d_1 - d_2, D_2 = d_3 - d_4$$

$$f_1 = \frac{l^2 - D_1^2}{4l}, f_2 = \frac{l^2 - D_2^2}{4l}$$

被测凸透镜焦距为

$$f = \frac{f_1 + f_2}{2}$$

(6)再用其他焦距的凸透镜做以上实验,比较实验值和真实值的差异并分析其原因。

2.5 注意事项

(1)所有实验仪器的光学抛光表面,不得用手触摸或者随意擦抹,要轻拿轻放,安装光学元件如反射镜时不可拧得过紧,以免应力集中而破裂。

(2)必须在事先了解仪器性能、熟悉仪器的调节和使用方法后才能使用仪器。

(3)实验过程中避免眼睛直视光源。

实验 3 目镜和物镜焦距的测量实验

3.1 实验目的

(1)了解透镜成像的规律。

(2)掌握测量目镜焦距的原理及方法。

(3)掌握测量物镜焦距的原理及方法。

3.2　实验仪器

(1)带有毛玻璃的白炽灯光源	1 个
(2)毫米尺	1 个
(3)二维调整架	1 个
(4)被测目镜($f'=30$ mm)	1 个
(5)被测物镜($f'=17.3$ mm)	1 个
(6)可变口径二维架	1 个
(7)白屏	1 个
(8)光学导轨	1 支
(9)滑座	4 个

3.3　实验原理

测量焦距时,常用到牛顿公式:$x \cdot x' = f \cdot f'$。

若物空间和像空间的光学介质相同,则$\dfrac{f'}{f} = -\dfrac{n'}{n} = -1$,即 $x \cdot x' = f^2$。

根据透镜成像规律以及三角形相似特性:$\dfrac{y'}{y} = \dfrac{d}{l-d} = \dfrac{d-f'}{f'}$。

可得:$f' = \dfrac{(l-d)d}{l}$。

焦距测量原理如图实 3.1 所示。

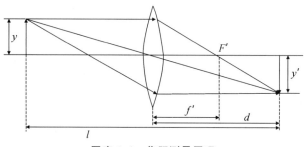

图实 3.1　焦距测量原理

3.4　实验步骤

3.4.1　目镜焦距的测量

(1)按图实 3.2 的实验装置,依次摆好白炽灯光源、毫米尺、待测目镜(目镜方向见图实 3.2)、白屏,目测调至共轴。

(2)当毫米尺、待测目镜之间的距离较小时,前后移动白屏,直至在白屏上看到清晰的毫米尺刻线。

(3)测量毫米尺与白屏的距离 l_1、待测目镜(蓝线位置,实物为凹形环)与白屏的距离 d_1,填入表实 3.1。

（4）更改待测目镜与毫米尺的距离，重复以上步骤，测量毫米尺和待测目镜与白屏的距离 l_2、d_2。

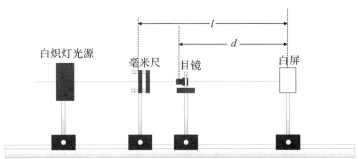

图实 3.2　实验装置图

表实 3.1　目镜焦距测量数据

相关量	l_1	d_1	l_2	d_2
数　据				

注：所有读数以 mm 为单位。

（5）数据处理。

待测目镜焦距：$f'_e = \dfrac{f'_1 + f'_2}{2} = \dfrac{1}{2}\left[\dfrac{(l_1-d_1)d_1}{l_1} + \dfrac{(l_2-d_2)d_2}{l_2}\right]$

3.4.2　物镜焦距的测量

（1）按图实 3.3 的实验装置，依次摆好白炽灯光源、毫米尺、待测物镜（物镜方向见图实 3.3）、白屏，目测调至共轴。

（2）当毫米尺、待测物镜之间的距离较小时，前后移动白屏，直至在白屏上看到清晰的毫米尺刻线。

（3）测量毫米尺与白屏的距离 l_1、待测物镜（黄线位置）与白屏的距离 d_1，填入表实 3.1。

（4）更改待测物镜与毫米尺的距离，重复以上步骤，测量毫米尺和待测物镜与白屏的距离 l_2、d_2。

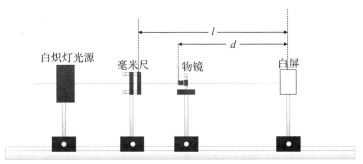

图实 3.3　实验装置图

表实 3.1　物镜焦距测量数据

相关量	l_1	d_1	l_2	d_2
数　据				

注:所有读数以 mm 为单位。

(5)数据处理。

待测物镜焦距:$f'_e = \dfrac{f'_1 + f'_2}{2} = \dfrac{1}{2}\left[\dfrac{(l_1 - d_1)d_1}{l_1} + \dfrac{(l_2 - d_2)d_2}{l_2}\right]$

3.5 注意事项

(1)所有实验仪器的光学抛光表面,不得用手触摸或者随意擦抹,要轻拿轻放,安装光学元件如反射镜时不可拧得过紧,以免应力集中而破裂。

(2)测微目镜、物镜要轻拿轻放,缓慢调节,严防跌落,严禁私自拆卸仪器。

(3)实验过程中避免眼睛直视光源。

实验 4 自组望远镜

4.1 实验目的

(1)了解望远镜的原理,掌握使用望远镜测量距离的方法。

(2)掌握测定望远镜放大倍数的方法。

4.2 实验仪器

(1)带有毛玻璃的白炽灯光源	1 个
(2)毫米尺	1 个
(3)凸透镜($f = 225$ mm)	1 个
(4)二维调整架	2 个
(5)测微目镜	1 个
(6)读数显微镜架	1 个
(7)滑座	4 个
(8)光学导轨	1 支
(9)像屏	1 个

4.3 实验原理

最简单的望远镜是由一片长焦距的凸透镜作为物镜,用一短焦距的凸透镜作为目镜组合而成的。远处的物经过物镜在其后焦面附近成一缩小的倒立实像,物镜的像方焦平面与目镜的物方焦平面重合。而目镜起到放大镜的作用,把这个倒立的实像放大成一个正立的像。望远镜光路示意图如图实 4.1 所示。

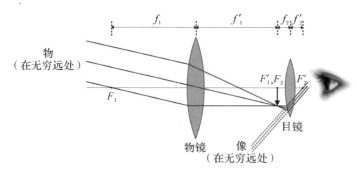

图实 4.1　望远镜光路示意图

4.4　实验步骤

（1）按图实 4.2 所示的实验装置，依次摆放好光源、毫米尺、物镜（$f' = 225\ \text{mm}$ 透镜）、测微目镜，靠拢后目测调至共轴。

（2）把毫米尺和测微目镜的间距调至最大，沿导轨前后移动物镜，使一只眼睛通过测微目镜看到清晰的毫米尺上的刻线。

（3）分别读出物镜、测微目镜与毫米尺的距离 d_1、d_2，填入表实 4.1 中。

（4）去掉测微目镜，用白屏找到毫米尺通过物镜所成的清晰像，测量白屏与毫米尺的距离 l，填入表实 4.1 中。

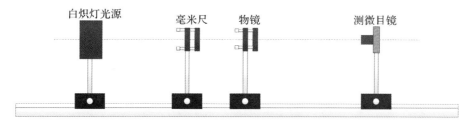

图实 4.2　实验装置

表实 4.1　自组望远镜数据记录

相关量	d_1	d_2	l	U_1	U_2	V_1	M
数　据							

注：所有读数以 mm 为单位。

（5）数据处理。

$$\because \qquad M = \frac{\omega'}{\omega}$$

$$\frac{\omega'}{\omega} = \frac{A'B'/U_2}{AB/(U_1 + V_1 + U_2)} = \frac{A'B'}{AB}\frac{U_1 + V_1 + U_2}{U_2}$$

$$又\because \qquad \frac{A'B'}{AB} = \frac{V_1}{U_1}$$

$$\therefore \qquad M = V_1(U_1 + V_1 + U_2)/(U_1 \times U_2)$$

望远镜的计算放大率：$M = V_1(U_1 + V_1 + U_2)/(U_1 \times U_2)$

式中：U_1 为毫米尺与物镜之间的距离；V_1 为物镜目镜之间的距离，U_2 为目镜到白屏的距离。$U_1 = d_1，V_1 = l - d_1，U_2 = l - d_2$。$\omega$ 是物方视场角，ω' 是像方视场角。

实验原理如图实 4.3 所示。

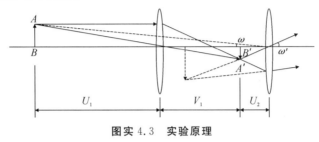

图实 4.3　实验原理

4.5　注意事项

（1）所有实验仪器的光学抛光表面，不得用手触摸或者随意擦抹，要轻拿轻放，安装光学元件如反射镜时不可拧得过紧，以免应力集中而破裂。

（2）测微目镜要轻拿轻放，缓慢调节，严防跌落，严禁私自拆卸仪器。

（3）实验完毕，应将仪器放置到防尘、防潮、防震的地方。

（4）实验过程中避免眼睛直视光源。

实验 5　自组显微镜

5.1　实验目的

（1）了解显微镜的原理，掌握使用显微镜观察微小物体的方法。

（2）掌握测定显微镜放大倍数的方法。

5.2　实验仪器

（1）带有毛玻璃的白炽灯光源	1 个
（2）1/10 mm 分划板	1 个
（3）二维调整架	2 个
（4）物镜（$f = 15$ mm）	1 个
（5）测微目镜	1 个
（6）读数显微镜架	1 个
（7）滑座	4 个
（8）光学导轨	1 支

5.3　实验原理

最简单的显微镜是由两组透镜（物镜、目镜）构成的，如图实 5.1 所示。

最低簡簡 簡簡簡簡簡簡簡簡簡簡簡簡

物体(图实 5.1 中 1/10 mm 分划板)位于物镜前方,和物镜的距离大于物镜的焦距,但小于两倍物镜焦距。经过物镜后,物体形成一倒立的放大实像Ⅰ。Ⅰ靠近目镜焦点 F_e 的位置,再经目镜放大为虚像Ⅱ后供眼睛观察。

5.4　实验步骤

(1)按照图实 5.1 所示的显微镜实验装置,依次将光源、分划板、物镜、测微目镜在光学导轨上摆好,靠拢后目测调至共轴。

(2)将物镜和测微目镜所对应滑块的间距调节为 100 mm 左右,并固定测微目镜。

(3)沿光学导轨调节分划板与物镜,直至在测微目镜中出现 1/10 mm 分划板的刻线,测量物镜和测微目镜眼睛观察端的距离 L,填入表实 5.1 中。计算出显微镜的光学筒长 $\Delta = L-(f_o{}' + f_e)$,并记录在表实 5.1 中。

(4)数据处理。

物镜放大倍数:$M_物 = \Delta / f_o{}'$

式中:Δ 为显微镜的光学筒长度;f_o 为物镜焦距。物镜成的像再经目镜放大后的放大倍数 $M_目 = D/ f_e$。D 为人眼明视距离(250 mm);f_e 为目镜焦距。

显微镜放大率应为物镜与目镜放大倍数的乘积,即

$$M = |(250 \times \Delta)| / (f'_o \times f'_e)$$

式中:250 为明视距离,单位为 mm。

本实验中的测微目镜焦距 $f'_e = 250/10$ mm。

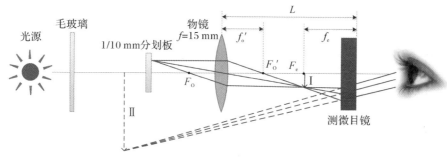

图实 5.1　显微镜的实验装置

表实 5.1　自组显微镜数值记录表

相关量	f'_o	f'_e	L	Δ	M
数　据	15	250/10			

5.5　注意事项

(1)所有实验仪器的光学抛光表面,不得用手触摸或者随意擦抹,要轻拿轻放,安装光学元件如反射镜时不可拧得过紧,以免应力集中而破裂。

(2)测微目镜要轻拿轻放,缓慢调节,严防跌落,严禁私自拆卸仪器。

(3)实验完毕,应将仪器放置到防尘、防潮、防震的地方。

(4)实验过程中避免眼睛直视光源。

实验 6 自组透射式幻灯机

6.1 实验目的

(1)了解幻灯机的原理和聚光镜的作用。
(2)掌握对透射式投影光路系统的调节。

6.2 实验仪器

(1)带有毛玻璃的白炽灯光源	1 个
(2)聚光镜($f=50$ mm)	1 个
(3)二维调整架	2 个
(4)幻灯底片	1 个
(5)干板架	1 个
(6)放映物镜($f=225$ mm)	1 个
(7)像屏	1 个
(8)滑座	5 个
(9)光学导轨	1 支

6.3 实验原理

幻灯机能将图片的像放映在远处的屏幕上,但由于图片本身并不发光,所以要用强光照亮图片,因此幻灯机的构造总是包括聚光和成像两个主要部分,在透射式的幻灯机中,图片是透明的。成像部分主要包括物镜 L、幻灯片 P 和远处的屏幕。为了使这个物镜能在屏上产生高倍放大的实像。幻灯片 P 必须放在物镜 L 的物方焦平面外很近的地方,使物距稍大于 L 的物方焦距。

聚光部分主要包括很强的光源和透镜 L_1、L_2 构成的聚光镜。聚光镜的作用是:一方面,在未插入幻灯片时,能使屏幕上有强烈而均匀的照度,并且不出现光源本身结构的像,一旦插入幻灯片后,就能够在屏幕上单独出现幻灯图片的清晰的像;另一方面,聚光镜要有助于增强屏幕上的照度。因此,应使从光源发出并通过聚光镜的光束能够全部到达像面。为了达到这一目的,必须使这束光全部通过物镜 L,这可用所谓"中间像"的方法来实现。即聚光器使光源成实像,成实像后的那些光束继续前进时,不超过透镜 L 边缘的范围。光源的大小以能够使光束完全充满 L 的整个面积为限。聚光镜焦距的长短是无关紧要的。通常将幻灯片放在聚光器前面靠近 L_2 的地方,而光源置于聚光器后 2 倍于聚光器焦距之处。聚光器焦距等于物镜焦距的一半,这样从光源发出的光束在通过聚光器前后是对称的,而在物镜平面上光源的像和光源本身的大小相等。此实验过程中,聚光镜 $f'_1=50$ mm,物镜 $f'_2=225$ mm,聚光镜 L_1 的作用是使光源均匀地打在物镜 L_2 上。$U_1=100$ mm,$V_1+U_2=100$ mm,白炽灯光源位于聚光镜 2 倍焦距处,通过聚光镜 L_1 所成的像,刚好在物镜 L_2 上,使光源的光均匀照亮物镜 L_2,使得幻灯片能更清晰地成像在白屏上。

6.4　实验步骤

（1）按图实 6.1 所示的实验装置，依次在光学导轨上摆好光源、聚光镜、幻灯底片、放映物镜、像屏，靠拢后目测调至共轴。

（2）将放映物镜与像屏的间隔固定在间隔所能达到的最大位置，前后移动幻灯底片，使其经放映物镜在像屏上成一最清晰的像。

（3）将聚光镜紧挨幻灯片的位置固定，拿去幻灯片，沿导轨前后移动光源，使其经聚光镜刚好成像于白屏上。

（4）再把底片放在原位上，观察像面上的亮度和照度的均匀性。并记录下所有仪器的位置，并算 U_1、U_2、V_1、V_2 的大小，填入表实 6.1 中。

（5）把聚光镜拿走，再观察像面上的亮度和照度的均匀性。

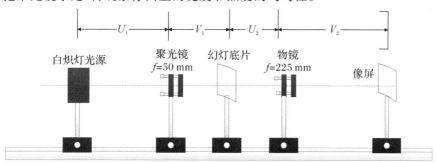

图实 6.1　透射式幻灯机实验装置

表实 6.1　记录数据

相关量	U_1	V_1	U_2	V_2	M_1	M_2	D_1	D_2	$f_1{}'$	$f_2{}'$
数　据										

（6）数据处理。

放映物镜的焦距：$f_2 = \dfrac{M_2}{(M_2+1)^2} \times D_2$。

聚光镜的焦距：$f_1 = \dfrac{D_1}{(M_1+1)} - \dfrac{D_1}{(M_1+1)^2}$。

其中：$D_2 = U_2 + V_2$，$D_1 = U_1 + V_1$。$M_i = \dfrac{V_i}{U_i}(i=1,2)$ 为像的放大率。

也可以采用公式 $f_i = \dfrac{U_i V_i}{U_i + V_i}(i=1,2)$ 进行计算。

6.5　注意事项

（1）所有实验仪器的光学抛光表面，不得用手触摸或者随意擦抹，要轻拿轻放，安装光学元件如反射镜时不可拧得过紧，以免应力集中而破裂。

（2）测微目镜要轻拿轻放，缓慢调节，严防跌落，严禁私自拆卸仪器。

（3）实验完毕，应将仪器放置到防尘、防潮、防震的地方。

（4）实验过程中避免眼睛直视光源。

实验 7 自组加双保罗棱镜的正像望远镜

7.1 实验目的

(1)了解双保罗棱镜的正像原理及其作用。
(2)进一步掌握望远镜系统的调节。

7.2 实验仪器

(1)带有毛玻璃的白炽灯光源	1 个
(2)物屏	1 个
(3)二维调整架	1 个
(4)物镜($f=150\ \text{mm}$)	1 个
(5)正像保罗棱镜	1 个
(6)白屏	1 个
(7)滑座	5 个
(8)光学导轨	1 支
(9)平移台	1 个

7.3 实验原理

望远镜的形式根据目镜形式不同而分成两类：
(1)目镜为正透镜组的望远镜,称之为开普勒望远镜。因其视觉放大率为负值,故像为倒像。
(2)目镜为负透镜组的望远镜,称之伽利略望远镜。因其视觉放大率为正值,故像为正像。
(3)利用开普勒望远镜需加一转像系统,使像成为正像。常用的转像系统有透镜转像系统和棱镜转像系统。

<1>倒威棱镜;<2>屋脊棱镜;<3>复合棱镜

由两个或两个以上的普通棱镜组成的棱镜转像系统称之为复合棱镜。保罗棱镜就是其中的一种,它在双筒望远镜中起倒像作用。

7.4 实验步骤

(1)按图实 7.1 所示的实验装置,依次将光源、物屏、物镜、保罗棱镜组、测微目镜摆放在光学导轨上,靠拢后目测调至共轴。
(2)用物镜、测微目镜组成倒像望远镜,对准物屏上字样进行调焦,记清所成倒像的正方向。
(3)在物镜的像前方,放置双保罗棱镜,使光从俯视方向为三角形的方向入射,经过多次反射后,由另一片镜子射出。
(4)调节测微目镜的高度和位置,使实验者能清楚地看到物屏上字样成正立的像。

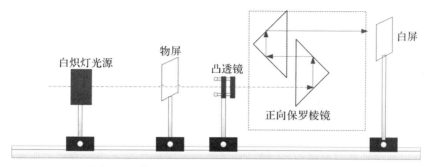

图实 7.1 自组加双保罗棱镜的正像望远镜实验装置

7.5 注意事项

(1)所有实验仪器的光学抛光表面,不得用手触摸或者随意擦抹,要轻拿轻放,安装光学元件如反射镜时不可拧得过紧,以免应力集中而破裂。

(2)测微目镜要轻拿轻放,缓慢调节,严防跌落,严禁私自拆卸仪器。

(3)实验完毕,应将仪器放置到防尘、防潮、防震地方。

(4)实验过程中避免眼睛直视光源。

实验 8   光学系统基点测量实验

8.1 实验目的

(1)了解透镜组基点的一般特性。

(2)学习测定光具组基点和焦距的方法。

8.2 实验仪器

(1)带有毛玻璃的白炽灯光源	1个
(2)1/10 mm 分划板	1个
(3)二维调整架	2个
(4)物镜($f'=150$ mm)	1个
(5)节点架($f'=220$ mm、$f'=300$ mm)	1个
(6)测微目镜	1个
(7)读数显微镜架	1个
(8)滑座	5个
(9)像屏	1个
(10)光学导轨	1支

8.3 实验原理

对于光电仪器中的共轴球面系统、厚透镜、透镜组,常把它们作为一个整体来研究。这时可以用三对特殊的点和三对面来表征系统在成像上的性质。若已知这三对点和三对面的位置,则可用简单的高斯公式和牛顿公式来研究其成像规律。共轴球面系统的这三对基点和基面是:主焦点(F,F')和主焦面、主点(H,H')和主平面、节点(N,N')和节平面。

实际使用的共轴球面系统——透镜组,多数情况下透镜组两边的介质都是空气,根据应用光学的理论,当物空间和像空间介质折射率相同时,透镜组的两个节点分别与两个主点重合。在这种情况下,主点兼有节点的性质,透镜组的成像规律只用两对基点(焦点,主点)和基面(焦面,主面)就完全可以确定了。

根据节点定义,一束平行光从透镜组左方射入,如图实 8.1 所示,光束中的光线经透镜组后的出射方向,一般和入射方向不平行,但其中有一根特殊的光线,即经过第一节点 N 的光线 PN,折射后必须通过第二节点 N' 且出射光线 $N'Q$ 平行于原入射光线 PN。

设 $N'Q$ 与透镜组的第二焦平面相交于 F'' 点。由焦平面的定义可知,PN 方向的平行光束经透镜组会聚于 F'' 点。

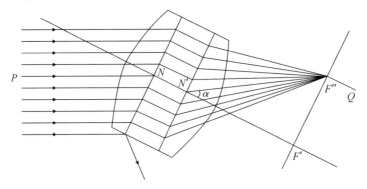

图实 8.1　入射光与透镜组光轴不平行时

若入射的平行光的方向 PN 与透镜组光轴平行时,F'' 点将与透镜组的主焦点 F' 重合,如图实 8.2 所示。

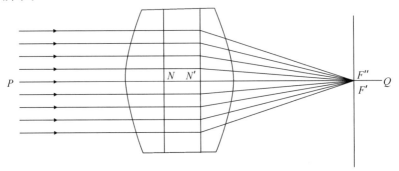

图实 8.2　入射的平行光与透镜组光轴平行时

综上所述,节点应具有下列性质:当平行光入射到透镜组时,如果绕透镜组的第二节点 N' 微微转过一个小角 α,则平行光经透镜组后的会聚点 F' 在屏上的位置将不横移,只是变得稍模糊。这是因为转动透镜组后入射于节点 N 的光线并没有改变原来入射的平行光的方向,因而 $N'Q$ 的方向也不改变。又因为透镜组是绕 N' 点转动,N 点不动,所以 $N'Q$ 线也不移动,而像点始终在 $N'Q$ 线上,故 F'' 点不会有横向移动,至于 NF'' 的长度,当然会随着透镜组的转动有很小的变化,所以 F'' 点前后稍有移动,屏上的像会稍模糊。反之,如果透镜组绕 N' 点以外的点转动,则 F'' 点会有横向移动,利用节点的这一特性,得到下面的测量方法。

使用一个能够转动的导轨,导轨侧面装有刻度尺,这个装置就是节点架。把透镜组装在可以旋转的节点架的导轨上,节点架前是一束平行光,平行光射向透镜组。接着将透镜组在节点架上前后移动,同时使架做微小的转动。两个动作配合进行,直到能得到清晰的像,且不发生横移为止。这时转动轴必通过透镜组的像方节点 N',它的位置就被确定了。当 N' 与 H' 重合时,从转动轴到屏的距离为 $N'F'$,即为透镜组的像方焦距 f'。把透镜组转 $180°$,使光线由 L_2 进入,由 L_1 射出。利用同样的方法可测出物方节点 N 的位置。

8.4 实验步骤

(1)按图实 8.3 实验装置,依次在光学导轨上摆好白炽灯光源、分划板、物镜、透镜组、测微目镜,目测调至共轴。

(2)调节由白炽灯光源、分划板和物镜组成的"平行光管",使其发出平行光。

(3)前后移动测微目镜,使之能看清分划板上刻线的像。

(4)沿节点调节架导轨前后移动透镜组,(同时也要相应地移动测微目镜),直至转动平台时,F 处分划板刻线的像无横向移动为止,此时像方节点 N 落在节点调节架的转轴上。

(5)用像屏 H 代替测微目镜,使分划板刻线的像清晰地成于像屏上,分别记下像屏和节点架在标尺导轨上的位置 a、b,再在节点架的导轨上记下透镜组的中心位置(用一条刻线标记)到调节架转轴中心(0 刻线的位置)的偏移量 L,填入表实 8.1 中。

(6)把节点调节架旋转 $180°$,使入射方向和出射方向相互颠倒,重复步骤(3)~(5),从而得到另一组数据 a'、b'、d',填入表实 8.1 中。

(7)测量出透镜组两透镜厚度中心的间距 d,填入表实 8.1 中。

注:所有读数以滑座左边缘为准,以 mm 为单位,$a=$ 读数值$+11$,$b=$ 读数值-30;$d=$ 读数值,$a'=$ 读数值,$b'=$ 读数值-30,$d'=$ 读数值。

表实 8.1　数据记录

相关量	a	b	L	a'	b'	L'	f'	f	d
数　据									

(8)数据处理。

1)像方节点 N 偏离透镜组中心的距离为 L。

透镜组的像方焦距 $f'=a-b$。

物方节点 N 偏离透镜组中心的距离为 L'。

透镜组的物方焦距 $f=a'-b'$。

2)用 1:1 的比例画出该透镜组及它的各个节点的相对位置。

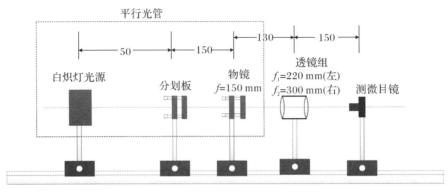

图实 8.3　实验装置

8.5　注意事项

(1)所有实验仪器的光学抛光表面,不得用手触摸或者随意擦抹,要轻拿轻放,安装光学元件如反射镜时不可拧得过紧,以免应力集中而破裂。

(2)测微目镜要轻拿轻放,缓慢调节,严防跌落,严禁私自拆卸仪器。

(3)实验完毕,应将仪器放置到防尘、防潮、防震的地方。

(4)实验过程中避免眼睛直视光源。

实验 9　平行光管使用及透镜焦距测量实验

9.1　实验目的

(1)了解平行光管的结构及工作原理。

(2)掌握平行光管的调整方法。

(3)学会用平行光管测量薄透镜的焦距。

9.2　实验仪器

(1)平行光管	1 套
(2)二维调整架	1 个
(3)凸透镜($f=150$ mm)	1 个
(4)测微目镜	1 个
(5)读数显微镜架	1 个
(6)光学导轨	1 支
(7)滑座	4 个

9.3　实验原理

平行光管是一种长焦距、大口径,并具有良好像值的仪器,与前置镜或测量显微镜组合使用,既可用于观察、瞄准无穷远目标,又可用作光学部件,进行光学系统的光学常数测定以及成像质量的评定和检测。

根据应用光学原理,无限远处的物体经过透镜后将成像在焦平面上;反之,从透镜焦平面上发出的光线经透镜后将成为一束平行光。如果将一个物体放在透镜的焦平面上,那么它将成像在无限远处。

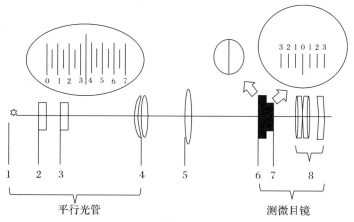

图实 9.1 焦距仪的光学系统

1—光源;2—毛玻璃;3—毫米尺;4—物镜;5—待测透镜;6—可动分划板;7—固定分划板;8—目镜

图实 9.1 为焦距仪的光学系统,在图中画出了各分划板的图形。测微目镜安装在滑动座上,在测微目镜的目镜焦面上装有固定的分划板,共分 8 格,每格值为 1 mm,用于测量焦距时读取整数部分,小数部分从目镜测微鼓轮上读取。转动测微鼓轮时,可动分划板上的十字线及二垂直平行线同时移动,测微鼓轮每转 1 周,十字线在固定分划板上移过 1 格,测微鼓轮斜面上刻有 100 格,分度值为 0.01 mm。

正透镜焦距测量原理如图实 9.2 所示:被测透镜位于平行光管物镜前,平行光管物镜焦面上毫米尺的刻线就成像在被测透镜的焦面上。在此焦面上直接用测微目镜测量刻线像的线距 y_o' 时,计算焦距。

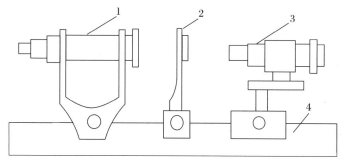

图实 9.2 焦距仪示意图

1—平行光管;2—二维调整架;3—测量显微镜;4—光学导轨

通过测量显微镜测得刻线像的距离 y' 时,按下式计算被测透镜的焦距 f':

$$f' = f_C' \frac{y'}{y_o \beta}$$

$$(实 9-1)$$

式中：f_c'为平行光管物镜焦距；y_0为毫米尺上所选用线对的间距即物距；β为测量显微镜物镜的垂轴放大率。

f_c'和y_0是可以预先精确测出的已知值。这样，只要测定刻线像的间距y'和显微物镜的垂轴放大率β，由式（实9-1）就可以计算出被测透镜的焦距f'。

本方法还可以测量负透镜的焦距，其光路如图实9.3所示。焦距的计算公式为

$$f' = -f_c'\frac{y'}{y_0\beta} \qquad (实9-2)$$

必须指出，由于负透镜成虚像，用测量显微镜观测这个像时，显微镜的工作距离必须大于负透镜的焦距，否则看不到毫米尺上的刻线像。

基于上述原理测量透镜焦距的放大率法是目前最常用的方法。该方法所用设备简单，测量范围较大，测量精度较高而且操作简便。这种方法主要用于测量望远物镜、照相物镜和目镜的焦距，也可以用于在生产中检验正、负透镜的焦距和系统焦距。

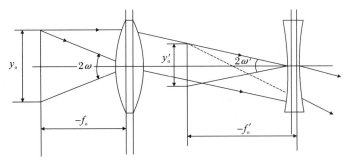

图实 9.3　测量负透镜焦距的原理

9.4 实验步骤

（1）平行光管如图实9.4所示，按图实9.5的实验装置，依次在光学导轨上摆放好平行光管、待测透镜、测微目镜。

（2）调整平行光管后，将被测凸透镜组置于平行光管的前方，在凸透镜的前方放上测微目镜，调节平行光管、被测凸透镜和测微目镜，使它们共轴，尽量将测微目镜拉近到实验人员方便观察的位置。

（3）前后移动凸透镜，使被测凸透镜在平行光管中的毫米尺成像于测微目镜的标尺和叉丝上，表明凸透镜的焦平面与测微目镜的焦平面重合。

（4）用测微目镜测出毫米尺中两条任意对称刻度线之间的距离y'，再根据图实9.6中的毫米尺，读出刻度线的实际大小y和平行光管的焦距实测值f_0'，重复5次，将各数据填入表实9.1中。

（5）计算透镜的焦距，取平均值。

$$f_x = \frac{y'}{y} \cdot f_0' \qquad (实9-3)$$

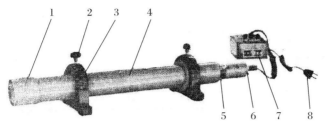

图实 9.4 平行光管外貌

1—物镜座;2—十字头螺钉;3—底座;4—镜管以;5—分划板调节螺钉;6—照明灯座;7—变压器;8—插头

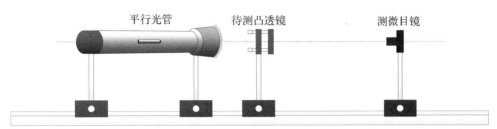

图实 9.5 透镜焦距测量实验系统装配

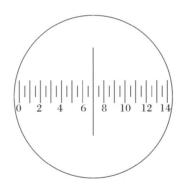

图实 9.6 毫米尺

表实 9.1 透镜焦距测量数据记录和处理

平行光管焦距	$f_o' = $ _____ mm	
选用毫米尺间距	$y = $ _____ mm	
测量次数	左刻线读数/mm	右刻线读数/mm
1		
2		
3		
4		
5		
平 均		
刻线像间距的测得值 $y' = $ _____ mm。		
被测透镜焦距值 $f_x = \dfrac{y'}{y} f_o' = $ _____ mm。		

注:本实验中所用测微目镜的放大倍数为 10,没有用显微镜物镜,故 $\beta=1$;平行光管实测焦距为 400 mm。

9.5 注意事项

(1)在安装平行光管的过程中,需要调节光源强度,即在保证眼睛舒适度的前提下尽可能保证视场照明。

(2)在实验过程中如果背景光过强,可在被测透镜与平行光管之间加入可变光阑调整光强,此外加入可变光阑还可减少杂散光以提高成像质量,方便读取像的大小。

实验 10　用星点检验法观测光学系统单色像差实验

10.1 实验目的

(1)了解星点检验法的测量原理。
(2)用星点法观测各种像差。

10.2 实验仪器

(1)平行光管　　　　　　　　　　　　　　　　　　　1 套
(2)镜头(球差镜头、彗差镜头、像散镜头、场曲镜头)　1 组
(3)可变口径二维架　　　　　　　　　　　　　　　　1 个
(4)CMOS 相机　　　　　　　　　　　　　　　　　　1 个
(5)平移台　　　　　　　　　　　　　　　　　　　　1 个
(6)光学导轨　　　　　　　　　　　　　　　　　　　1 支
(7)滑座　　　　　　　　　　　　　　　　　　　　　4 个

10.3 实验原理

根据应用光学的观点,光学系统的理想状况是点物成点像,即物空间一点发出的光能量在像空间也集中在一点上,但由于像差的存在,因此实际是不可能的。评价一个光学系统像质的根据是物空间一点发出的光能量在像空间的分布情况。在传统的像质评价中,人们先后提出了许多像质评价的方法,其中应用最广泛的有分辨率法、星点法和阴影法(刀口法)。

光学系统对相干照明物体或自发光物体成像时,可将物光强分布看成是无数个具有不同强度的独立发光点的集合。每一发光点经过光学系统后,由于衍射和像差以及其他工艺瑕疵的影响,在像面处得到的星点像光强分布是一个弥散光斑,即点扩散函数。在等晕区内,每个光斑都具有完全相似的分布规律,像面光强分布是所有星点像光强的叠加结果。因此,星点像光强分布规律决定了光学系统成像的清晰程度,也在一定程度上反映了光学系统对任意物分布的成像质量。上述的点基元观点是进行星点检验的基本依据。

星点检验法是通过考察一个点光源经光学系统后,在像面及像面前、后不同截面上所成衍射像(通常称为星点像)的形状及光强分布,来定性评价光学系统成像质量的一种方法。

由光的衍射理论得知,一个光学系统对一个无限远的点光源成像,其实质就是光波在其光瞳面上的衍射结果,焦面上的衍射像的振幅分布就是光瞳面上振幅分布函数,亦称光瞳函

数的傅里叶变换,光强分布则是振幅模的二次方。对于一个理想的光学系统,光瞳函数是一个实函数,而且是一个常数,代表一个理想的平面波或球面波,因此星点像的光强分布仅仅取决于光瞳的形状。在圆形光瞳的情况下,理想光学系统焦面内星点像的光强分布就是圆函数的傅里叶变换的二次方,即爱里斑光强分布:

$$\left.\begin{array}{l}\dfrac{I(r)}{I_0}=\left[\dfrac{2J_1(\psi)}{\psi}\right]^2 \\[3mm] \psi=kr=\dfrac{\pi\cdot D}{\lambda\cdot f'}r=\dfrac{\pi}{\lambda\cdot F}r\end{array}\right\} \quad\text{(实 10-1)}$$

式中:$I(r)/I_0$ 为相对强度(在星点衍射像的中间规定为 1.0);r 为在像平面上离开星点衍射像中心的径向距离;$J_1(\psi)$ 为一阶贝塞尔函数。

通常,光学系统也可能在有限共轭距内是无像差的,在此情况下 $k=(2\pi/\lambda)\sin u'$,其中 u' 为成像光束的像方半孔径角。

无像差星点衍射像如图实 10.1 所示,在焦点上,中心圆斑最亮,外面围绕着一系列亮度迅速减弱的同心圆环。衍射光斑的中央集中了全部能量的 80% 以上,其中第一亮环的最大强度不到中央亮斑最大强度 2% 的。在焦点前、后对称的截面上,衍射图形完全相同。光学系统的像差或缺陷会引起光瞳函数的变化,从而使对应的星点像产生变形或改变其光能分布。待检系统的缺陷不同,星点像的变化情况也不同。故通过将实际星点衍射像与理想星点衍射像进行比较,可得出待检系统的缺陷,并可由此评价像质。

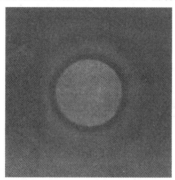

图实 10.1　无像差星点衍射像

10.4　实验步骤

(1)按图实 10.2 所示的装置依次在光学导轨上安装好平行光管、待测镜头(除球差镜头外,用可变口径二维架支撑镜头),CMOS 相机,并调至共轴。

(2)沿光轴方向前后移动 CMOS 相机,找到通过球差镜头后星点像中心光最强的位置。

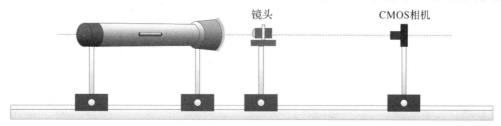

图实 10.2　轴上光线星点法观测示意图

（3）前后轻微移动 CMOS 相机，观测星点像的变化，可看到球差的现象。效果图可参考图实 10.3。

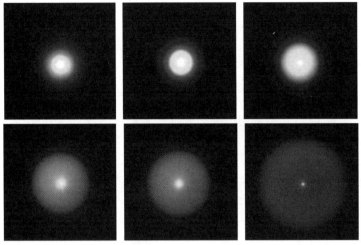

图实 10.3　球差效果示意图

（4）先按照图实 10.2，调节各个光学元件与 CMOS 相机靶面同轴，沿光轴方向前后移动 CMOS 相机，找到通过像差镜头后星点像中心光最强的位置。

（5）轻微调节像差镜头，使像差透镜与光轴成一定夹角，观测 CMOS 相机中星点像的变化。轴外像差的效果可依次参考图实 10.4～图实 10.6。

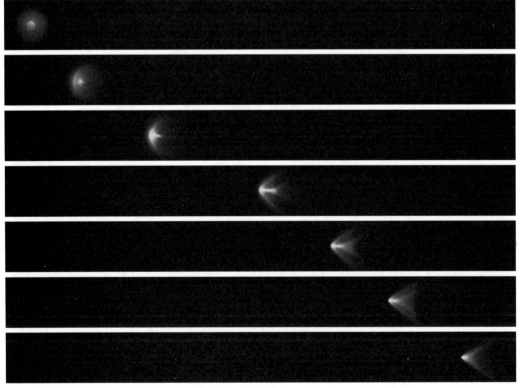

图实 10.4　彗差效果示意图

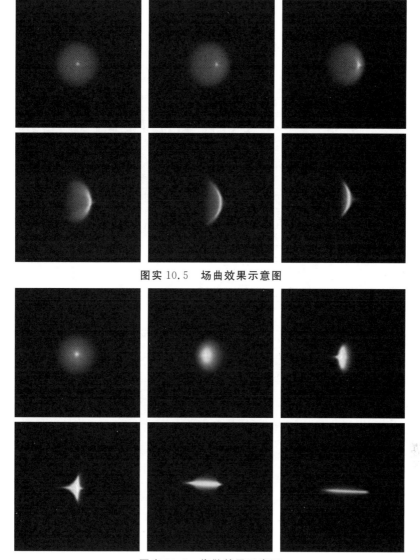

图实 10.5　场曲效果示意图

图实 10.6　像散效果示意图

10.5　注意事项

（1）所有实验仪器的光学抛光表面，不得用手触摸或者随意擦抹，要轻拿轻放，安装光学元件如反射镜时不可拧得过紧，以免应力集中而破裂。

（2）CMOS 相机要轻拿轻放，缓慢调节，严防跌落，严禁私自拆卸仪器。

（3）实验完毕，应将仪器放置到防尘、防潮、防震的地方。

附录 B ZEMAX 软件中常用的优化操作数

表附.1 一阶光学性能

像差操作符	全 称	意 义
EFFL	Effective focal length	有效焦距
PIMH	Paraxial image height	近轴像高
PMAG	Paraxial magnification	近轴放大率
AMAG	Angular magnification	角放大率
ENPP	Entrance pupil position	入瞳位置
EXPP	Exit pupil position	出瞳位置
PETZ	Petzval radius	匹兹瓦半径
PETC	Petzval curvature	匹兹瓦曲率
LINV	Lagrange invariant	拉格朗日不变量
WFNO	Working F/#	像空间 F/#
POWR	Power	透镜表面权重
EPDI	Entrance pupil diameter	入瞳直径
ISFN	Image space F/#	像空间 F/#（近轴）
OBSN	Object space numerical aperture	物空间数值孔径
EFLX	Effective focal length in the local X plane	"X"向有效焦距
EFLY	Effective focal length in the local Y plane	"Y"向有效焦距
SFNO	Sagittal working F/#	弧矢有效 F/#

表附.2 像差

类 型	像差操作符	全 称	意 义
像差	SPHA	Spherical aberration	球差
	COMA	Coma aberration	彗差
	ASTI	Astigmatism aberration	像散
	FCGS	Generalized field curvature, sagittal.	弧矢场曲
	FCGT	Generalized field curvature, tangential	子午场曲
	FCUR	Field curvature	场曲
	DIST	Distortion	畸变
	DIMX	Distortion maximum	最大畸变
	DISC	Standard distortion	标准畸变
	DISG	Relative distortion	相对畸变
	AXCL	Axial color	轴向色差
	LACL	Lateral color	垂轴色差

续　表

类　型	像差操作符	全　称	意　义
以主光线为参照的垂轴几何像差	TRAR	Transverse aberration radial direction	径向尺寸
	TRAD	The X component of the TRAR only	TRAR 的 X 分量
	TRAE	The Y component of the TRAR only	TRAR 的 Y 分量
	TRAI	Transverse aberration radius	垂轴几何像差半径
	TRAX	Transverse aberration x direction	X 面(弧矢平面)内的垂轴几何像差
	TRAY	Transverse aberration y direction	Y 面(子午平面)内的垂轴几何像差
以质心为参照的垂轴几何像差	TRCX	The X component of transverse aberration	垂轴几何像差的 X 分量
	TRCY	The Y component of transverse aberration	垂轴几何像差的 Y 分量
	TRAC	Transverse aberration radial direction	像面上的弥散圆半径
波像差控制操作符	OPDC	Optical path difference	以主光线为参照的波像差
	OPDM	Optical path difference with respect to the mean OPD	以 Mean 为参照的光程差
	OPDX	Optical path difference with respect to the mean OPD	以质心为参照系的光程差

表附.3　MTF 数据

类　型	像差操作符	全　称	意　义
衍射传递函数	MTFA	Modulation transfer function, average	平均衍射调制传递函数
	MTFT	Modulation transfer function, tangential	子午调制传递函数
	MTFS	Modulation transfer function, sagittal	弧矢调制传递函数
几何传递函数	GMTA	Geometric modulation transfer function, average	平均几何调制传递函数
	GMTS	Geometric modulation transfer function, sagittal	弧矢几何调制传递函数
	GMTT	Geometric modulation transfer function, tangential	子午几何调制传递函数
方波调制传递函数	MSWA	Modulation square-wave transfer function, average	平均方波调制传递函数
	MSWT	Modulation square-wave transfer function, tangential	子午方波调制传递函数
	MSWS	Modulation square-wave transfer function, sagittal	弧矢方波调制传递函数

表附.4　衍射能量

像差操作符	全　称	意　义
DENC	Diffraction encircled energy(distance)	衍射包围圆能量
DENF	Diffraction encircled energy(fraction)	衍射能量
GENC	Geometric encircled energy(distance)	几何包围圆能量

表附.5　透镜数据约束

类　型	像差操作符	全　称	意　义
控制玻璃厚度与空气间隔以及边缘厚度	MNCG	Minimum center thickness glass	最小玻璃中心厚度
	MNEG	Minimum edge thickness glass	最小玻璃边缘厚度
	MXCG	Maximum center thickness glass	最大玻璃中心厚度
	MXCA	Maximum center thickness air	最大空气中心厚度
	MNCA	Minimum center thickness air	最小空气中心厚度
	MXEG	Maximum edge thickness glass	最大玻璃边缘厚度
	MNEA	Minimum edge thickness air	最小空气边缘厚度
	MXEA	Maximum edge thickness air	最大空气边缘厚度
	MXET	Maximum edge thickness	最大边缘厚度
	MNCT	Minimum center thickness	最小中心厚度
	MNET	Minimum edge thickness	最小边缘厚度
	MXCT	Maximum center thickness	最大中心厚度
	XNEG	Minimum glass edge thickness	最小玻璃边缘厚度
	XNEA	Minimum air edge thickness	最小空气边缘厚度
	XNET	Minimum edge thickness	最小边缘厚度
	XXEG	Maximum glass edge thickness	最大玻璃边缘厚度
	XXEA	Maximum air edge thickness	最大空气边缘厚度
	XXET	Maximum edge thickness	最大边缘厚度
单个光学面的控制符	CTLT	Center thickness less than	中心厚度小于
	CTGT	Center thickness greater than	中心厚度大于
	CTVA	Center thickness value	中心厚度值
控制透镜形状	CVVA	Curvature value	曲率值
	CVGT	Curvature greater than	曲率值大于
	CVLT	Curvature less than	曲率值小于
	SVGZ	Elevation of the vector in the YZ plane	XZ平面内矢高

续 表

类 型	像差操作符	全 称	意 义
控制透镜口径以及口径与厚度比	ETGT	Edge thickness greater than	边缘厚度大于
	ETLT	Edge thickness less than	边缘厚度小于
	ETVA	Edge thickness value	边缘厚度值
	COGT	Greater than conic	Conic 大于
	COLT	Less than conic	Conic 小于
	COVA	Conic value	Conic 值
	SAGY	Elevation of the vector in the YZ plane	YZ 平面内矢高
	DMVA	Diameter value	口径值
	DMGT	Diameter greater than	口径大于
	DMLT	Diameter less than	口径小于
	MNSD	Minimum semi-diameter	最小半口径
	MXSD	Maximum semi-diameter	最大半口径
	MNDT	Minimum diameter to thickness ratio	最小直径/中心厚度
	MXDT	Maximum diameter to thickness ratio	最大直径/中心厚度
	TTLT	Total thickness less than	总厚度小于
	TTVA	Total thickness value	总厚度值
	TOTR	Total length	系统总长
	TTGT	Total thickness greater than	总厚度大于
	TTHI	Thinkness	指定起始面到最后一个面的光轴厚度总和

表附.6　附加数据约束

像差操作符	全 称	意 义
XDVA	Extra data value	附加数据值＝目标值(1～99)
XDGT	Extra data value greater than	附加数据值＞目标值(1～99)
XDLT	Extra data value less than	附加数据值＜目标值(1～99)

表附.7　玻璃数据约束

像差操作符	全 称	意 义
MNIN	Minimum index at d-light	最小 d 光折射率
MNAB	Minimum Abbe number	最小阿贝色散系数
MNPD	Minimum partial dispersion	最小部分色散
MXIN	Maximum index at d-light	最大 d 光折射率
MXAB	Maximum Abbe number	最大阿贝色散系数
MXPD	Maximum partial dispersion	最大部分色散
RGLA	Reasonable glass	合理的玻璃

表附.8 近轴光线数据

像差操作符	全　称	意　义
PARX	Paraxial ray X-coordinate	指定面近轴 X 向坐标
PARY	Paraxial ray Y-coordinate	指定面近轴 Y 向坐标
REAZ	Paraxial ray Z-coordinate	指定面近轴 Z 向坐标
REAR	Real ray radial coordinate	指定面实际光线径向坐标
REAA	Real ray X-direction cosine	指定面实际光线 X 向余弦
REAB	Real ray Y-direction cosine	指定面实际光线 Y 向余弦
REAC	Real ray Z-direction cosine	指定面实际光线 Z 向余弦
RENA	Real ray X-direction surface normal at the ray-surface intercept	指定面截距处实际光线同面 X 向正交
RENB	Real ray Y-direction surface normal at the ray-surface intercept	指定面截距处,实际光线同面 Y 向正交
RENC	Real ray Z-direction surface normal at the ray-surface intercept	指定面截距处,实际光线同面 Z 向正交
RANG	Ray angle in radians with respect to z axis	同 Z 轴向相联系的光线弧度角
OPTH	Optical path length.	规定光线到面的距离
DXDX	Derivative of transverse X-aberration with respect to X-pupil coordinate.	"X"向光瞳"X"向像差倒数
DYDX	Derivative of transverse X-aberration with respect to Y-pupil coordinate	"X"向光瞳"Y"向像差倒数
DXDY	Derivative of transverse Y-aberration with respect to X-pupil coordinate.	"Y"向光瞳"X"向像差倒数
DYDY	Derivative of transverse Y-aberration with respect to Y-pupil coordinate.	"Y"向光瞳"Y"向像差倒数
RETX	Real ray X-direction ray tangent	实际光线"X"向正交
RETY	Real ray Y-direction ray tangent	实际光线"Y"向正交
RAGX	Global ray X-coordinate	全局光线"X"坐标
RAGY	Global ray Y-coordinate	全局光线"Y"坐标
RAGZ	Global ray Z-coordinate	全局光线"Z"坐标
RAGA	Global ray X-direction cosine	全局光线"X"余弦
RAGB	Global ray Y-direction cosine	全局光线"Y"余弦
RAGC	Global ray Z-direction cosine	全局光线"Z"余弦
RAIN	Real angle of incidence	入射实际光线角

表附.9 变更系统数据

像差操作符	全　称	意　义
CONF	Configuration	结构参数
PRIM	Primary wavelength	PRIM 主波长
SVIG	Sets the vignetting factors	设置渐晕系数

表附.10 一般操作数

像差操作符	全　称	意　义
SUMM	Summary	两个操作数求和
OSUM	Sum of all numbers between two operands	合计两个操作数之间的所有数
DIFF	Difference	两个操作数之间的差
PROD	Product of two operands	两个操作数值之间的积
DIVI	Division of first by second operand	两个操作数相除
SQRT	Square root	操作数的二次方根
OPGT	Operand greater than	操作数大于
OPLT	Operand less than	操作数小于
CONS	Constant value	常数值
QSUM	Quadratic sum	所有统计值的二次方根
MINN	Minimum range of change for the operand	返回操作数的最小变化范围
MAXX	Maximum range of change for the operand	返回操作数的最大变化范围
ACOS	Arc cosine	操作数反余弦
ASIN	Arc sine	操作数反正弦
ATAN	Arctangent	操作数反正切
COSI	Cosine	操作数余弦
SINE	Sine	操作数正弦
TANG	Tangent	操作数正切
EQUA	Equal operand	等于操作数

表附.11 多结构数据

像差操作符	全　称	意　义
CONF	Configuration	结构

表附.12 梯度率控制操作数

像差操作符	全　称	意　义
GRMN	Minimum gradient rate	最小梯度率
GRMX	Maximum gradient rate	最大梯度率
LPTD	Axial gradient distribution	轴向梯度分布率

表附.13 其他

像差操作符	全　称	意　义
ZPLM	ZPL Macro Instruction Optimization	ZPL 宏指令优化
RELI	Relative illumination	像面相对亮度

备注:附录 B 中的操作符仅为部分像差操作符,详情见 ZEMAX 软件 Help 手册。